"十四五"时期水利类专业重点建设教材（职业教育）
高等职业教育水利类新形态一体化教材

堤防工程
防汛抢险

主　编　熊　君
副主编　万怡国
主　审　李鸿均

中国水利水电出版社
www.waterpub.com.cn
·北京·

内 容 提 要

本教材是"十四五"时期水利类专业重点建设教材,是按照《关于加强"十四五"时期水利类专业教材建设的通知》文件精神及相关行业课程标准编写完成的。全书共分为4个模块,34个任务点,包括:基本概念、防汛组织与查险、堤防防汛抢险技术、建筑物防汛抢险技术,并附有相关法律法规。根据课程教学特点,本教材采用分模块教学法进行编写,是传统纸质材料与富媒体数字资源相结合的新形态一体化教材,配套建设了课程标准、全课程PPT课件、微课视频、章节测验等教学资源,对学生巩固所学知识、检验目标达成情况有很大帮助。

本教材主要作为高等职业教育水利水电建筑工程、水利工程、智慧水利技术等专业的教学用书,也可作为基层水利职工岗位培训和水利工程技术人员的学习用书。

图书在版编目(CIP)数据

堤防工程防汛抢险 / 熊君主编. -- 北京 : 中国水利水电出版社, 2024.1(2025.1重印).
"十四五"时期水利类专业重点建设教材. 职业教育
高等职业教育水利类新形态一体化教材
ISBN 978-7-5226-1967-5

Ⅰ.①堤… Ⅱ.①熊… Ⅲ.①堤防-防洪工程-高等职业教育-教材 Ⅳ.①TV871

中国国家版本馆CIP数据核字(2023)第237808号

书 名	"十四五"时期水利类专业重点建设教材(职业教育) 高等职业教育水利类新形态一体化教材 **堤防工程防汛抢险** DIFANG GONGCHENG FANGXUN QIANGXIAN
作 者	主 编 熊君 副主编 万怡国 主 审 李鸿均
出版发行	中国水利水电出版社 (北京市海淀区玉渊潭南路1号D座 100038) 网址:www.waterpub.com.cn E-mail:sales@mwr.gov.cn 电话:(010)68545888(营销中心)
经 售	北京科水图书销售有限公司 电话:(010)68545874、63202643 全国各地新华书店和相关出版物销售网点
排 版	中国水利水电出版社微机排版中心
印 刷	天津嘉恒印务有限公司
规 格	184mm×260mm 16开本 12.5印张 304千字
版 次	2024年1月第1版 2025年1月第2次印刷
印 数	3501—6500册
定 价	**45.00元**

凡购买我社图书,如有缺页、倒页、脱页的,本社营销中心负责调换
版权所有·侵权必究

前 言

党的十八大以来，以习近平同志为核心的党中央高度重视水利工作，多次就水旱灾害防御、水资源节约保护、河湖治理保护等作出重要指示批示，明确了习近平总书记"节水优先、空间均衡、系统治理、两手发力"治水思路。在二十大报告中提出提高公共安全治理水平，坚持安全第一、预防为主，完善公共安全体系，提高防灾减灾救灾和急难险重突发公共事件处置保障能力。文件精神为新时代治水指明了方向并提出了更高的要求。

本教材是根据《关于加强"十四五"时期水利类专业教材建设的通知》文件精神，在中国水利教育协会的精心组织和指导下，由江西水利职业学院组织编写的"十四五"时期水利类专业重点建设教材。本教材以习近平新时代中国特色社会主义思想为指导，全面贯彻党的教育方针，落实立德树人根本任务，积极弘扬践行社会主义核心价值观和新时代水利精神。教材注重吸收行业新知识、新技术、新工艺，并配有丰富的数字化教学资源，是一套理论联系实际，面向本、专科水利专业学生、水利工作者的专业教材。

防汛抢险事关人民群众生命财产安全和经济社会发展的大局，是全国各级党委和政府防灾、减灾、救灾工作的重要任务。为提升各级防汛抢险队伍的应急处置能力和抢险水平，实施科学防汛、精准抢险，我们在总结各种成功防汛抢险经验基础上编写了本教材。教材主要由基本概念、防汛组织与查险、堤防防汛抢险技术、建筑物防汛抢险技术几个部分组成。

本书编写单位及编写人员：江西水利职业学院熊君、胡红亮、曾敏、熊芳金、彭志荣、葛淑敏，江西省水利科学院万怡国、胡强、戴国强、胡国平，中国安能集团第三工程局有限公司李鸿均。本书由熊君担任主编，并负责全书内容规划和统稿；由江西省水利科学院万怡国担任副主编；由中国安能集团第三工程局有限公司李鸿均担任主审。

本教材在编写过程中，得到了江西省水利系统以及出版社的支持和帮助，同时在编写中参考了大量的规范、文献和资料，在此对有关作者表示诚挚的谢意！

由于编者水平有限，对书中存在错漏和不足之处，恳请广大读者批评指正。

编者

2023 年 10 月

"行水云课"数字教材使用说明

"行水云课"水利职业教育服务平台是中国水利水电出版社立足水电、整合行业优质资源全力打造的"内容"＋"平台"的一体化数字教学产品。平台包含高等教育、职业教育、职工教育、专题培训、行水讲堂五大版块，旨在提供一套与传统教学紧密衔接、可扩展、智能化的学习教育解决方案。

本套教材是整合传统纸质教材内容和富媒体数字资源的新型教材，它将大量图片、音频、视频、3D动画等教学素材与纸质教材内容相结合，用以辅助教学。读者可通过扫描纸质教材二维码查看与纸质内容相对应的知识点多媒体资源，完整数字教材及其配套数字资源可通过移动终端APP、"行水云课"微信公众号或中国水利水电出版社"行水云课"平台查看。

数 字 资 源 索 引

序号	资源名称	资源类型	页码
1	防汛组织结构及职责	视频	7
2	巡堤查险	视频	18
3	堤防	视频	40
4	散浸	视频	45
5	管涌	视频	52
6	漏洞	视频	59
7	漫溢	视频	67
8	滑坡	视频	72
9	风浪淘刷	视频	78
10	裂缝	视频	82
11	坍塌	视频	88
12	跌窝	视频	94
13	堤防溃口概述	视频	98
14	堤防堵口	视频	100
15	堵口方法	视频	104
16	水闸	视频	113
17	泵站	视频	124
18	闸（站）基础渗漏或管涌	视频	130
19	与堤坝结合部接触冲刷险情抢护	视频	131
20	失稳险情抢护	视频	135
21	裂缝或止水破坏险情	视频	137
22	闸门险情	视频	139
23	上下游险情抢护	视频	143

目 录

前言
"行水云课"数字教材使用说明
数字资源索引

模块 1 基本概念 ·· 1

模块 2 防汛组织与查险 ··· 6
  项目 2.1 防汛组织结构及职责 ·· 7
    任务 2.1.1 防汛方针和任务 ·· 7
    任务 2.1.2 防汛组织结构 ·· 8
    任务 2.1.3 防汛机构职责 ·· 10
    任务 2.1.4 防汛队伍 ·· 15
    任务 2.1.5 防汛物资储备 ·· 16
  项目 2.2 巡堤查险 ··· 18
    任务 2.2.1 组织与职责 ·· 19
    任务 2.2.2 巡堤查险技术方法 ·· 23
    任务 2.2.3 携带工具及物料 ·· 33
    任务 2.2.4 巡查记录 ·· 33
    任务 2.2.5 险情警号与报警 ·· 34
    任务 2.2.6 险情报告 ·· 36
    任务 2.2.7 保障措施及注意事项 ·· 36

模块 3 堤防防汛抢险技术 ·· 39
  项目 3.1 堤防 ··· 40
    任务 3.1.1 堤防种类、防洪级别和标准 ·· 40
    任务 3.1.2 堤防设计 ·· 42
  项目 3.2 堤防防汛抢险技术 ·· 45
    任务 3.2.1 散浸 ·· 45
    任务 3.2.2 管涌 ·· 52
    任务 3.2.3 漏洞 ·· 59
    任务 3.2.4 漫溢 ·· 67
    任务 3.2.5 滑坡 ·· 72

任务 3.2.6　风浪淘刷 ………………………………………………………… 78
　　　任务 3.2.7　裂缝 …………………………………………………………… 82
　　　任务 3.2.8　坍塌 …………………………………………………………… 88
　　　任务 3.2.9　跌窝 …………………………………………………………… 94
　项目 3.3　堤防堵口技术 …………………………………………………………… 98
　　　任务 3.3.1　堤防溃口概述 ………………………………………………… 98
　　　任务 3.3.2　堤防堵口技术 ………………………………………………… 100

模块 4　建筑物防汛抢险技术 ………………………………………………………… 113
　项目 4.1　穿堤建筑物 …………………………………………………………… 113
　　　任务 4.1.1　水闸 …………………………………………………………… 113
　　　任务 4.1.2　涵洞 …………………………………………………………… 119
　　　任务 4.1.3　泵站 …………………………………………………………… 124
　项目 4.2　涵闸抢险技术 …………………………………………………………… 130
　　　任务 4.2.1　闸（站）渗漏或管涌 ……………………………………… 130
　　　任务 4.2.2　失稳险情抢护 ………………………………………………… 135
　　　任务 4.2.3　漫溢险情抢护 ………………………………………………… 136
　　　任务 4.2.4　裂缝或止水破坏险情 ………………………………………… 137
　　　任务 4.2.5　闸门险情 ……………………………………………………… 139
　　　任务 4.2.6　上下游险情抢护 ……………………………………………… 143

附录　相关法律法规 …………………………………………………………………… 146
　中华人民共和国防洪法 …………………………………………………………… 146
　中华人民共和国防汛条例 ………………………………………………………… 156
　国家防汛抗旱应急预案 …………………………………………………………… 162

参考文献 …………………………………………………………………………………… 187

模块 1

基 本 概 念

1. 汛期

流域内降雨或融冰化雪都可以引起河水显著上涨。春季，气候转暖，流域上的季节性积雪融化、河流解冻或春雨，引起河水上涨称为春汛。因正值桃花盛开时节，故亦称桃汛（或桃花汛）。我国北方把春季河冰解冻引起的涨水现象专称为凌汛。黄河在宁夏—内蒙古段、山东河口段和松花江下游等由南向北流的河段都有凌汛。夏季，流域上的暴雨或高山冰川和积雪融化，使河水急剧上涨，称夏汛。习惯上把发生在夏季三伏前后的汛水称为伏汛。秋季由于暴雨，河水发生急剧上涨称秋汛。

2. 防汛

为了防止和减轻洪水灾害，在洪水预报、防洪调度、防洪工程运用等方面进行的有关工作即防汛。防汛的主要内容包括：天气形势预报，洪水水情预报，堤防、水库、水闸、蓄滞洪区等防洪工程的调度和运用，出现险情灾情后的抢险救灾，非常情况下的应急措施等。我国现行的防汛方针是"安全第一，常备不懈，以防为主，全力抢险"。

3. 抗洪

抗即是抗御，抗击或者抵御外来之敌以保护、保存自己的目的；洪即指洪水，洪水是指暴雨引起江河湖泊水量猛增，水位急剧上涨超过一定水位，威胁有关地区安全，甚至造成灾害的水流。

4. 降雨

降雨是指在大气中冷凝的水汽以不同方式下降到地球表面的天气现象。为度量降雨的大小，一般用降雨量来表示，降雨量是指从天空降落到地面上的雨水，未经蒸发、渗透、流失而在水面上积聚的水层深度，一般以毫米（mm）为单位，它可以直观地表示降雨的多少。

通常说的小雨、中雨、大雨、暴雨等，一般以日降雨量衡量。其中小雨指日降雨量在10mm以下；中雨日降雨量为10～24.9mm；大雨降雨量为25～49.9mm；暴雨降雨量为50～99.9mm；大暴雨降雨量为100～250mm；特大暴雨降雨量在250mm以上。

5. 副热带高压

副热带高压为气象学名词，又称亚热带高压、副热带高气压、副热带高压脊，是指位于副热带地区的暖性高压系统，在南北半球的副热带地区，由于海陆的影响，高压带常断裂成若干个高压单体，形成沿纬圈分布的不连续的高压带，统称为副热带高压。副热带高压对中、高纬度地区和低纬度地区之间的水汽、热量、能量的输送和平衡起着重要的作用，是大气环流的一个重要系统。在高压的东部，下沉运动特别强，下沉气流因绝热压缩而变暖，造成很强的下沉逆温，称为信风逆温，这种强逆温的层结非常稳定，抑制了垂直对流的发展，使天气持续晴好，形成了副热带大陆西岸的干燥气候带；而副热带高压的西部是低层暖湿空气辐合上升运动区，容易出现雷阵雨天气。

6. 防洪区

防洪区指洪水泛滥可能淹及的地区，分为洪泛区、蓄滞洪区和防洪保护区。

7. 洪泛区

洪泛区指尚无工程设施保护的洪水泛滥所及的地区。

8. 蓄滞洪区

蓄滞洪区是指包括分洪口在内的河堤背水面以外临时贮存洪水的低洼地区及湖泊等。

蓄滞洪区是主要江河防洪工程体系的重要组成部分，与水库、堤防、河道等共同防控洪水。利用堤防和河道泄洪，运用水库拦蓄洪水，如果仍不能够控制洪水，再适时启用蓄滞洪区，以分蓄超额洪水，削减洪峰，最大程度地降低洪水灾害总体损失。

蓄滞洪区可分为行洪区、分洪区、蓄洪区和滞洪区等细类。蓄滞洪区在防御大洪水中具有重要的作用。以长江流域荆江分洪区为例，荆江分洪区曾于1954年3次开闸分洪，蓄滞洪水总量122.6亿 m^3，有效削减了长江干流的洪峰，降低沙市水位0.96m，保障了荆江大堤和武汉市的安全，使江汉平原避免了毁灭性灾害，同时还减轻了洞庭湖的防洪压力。

2000年颁布的《蓄滞洪区运用补偿暂行办法》，规定在蓄滞洪区运用后，国家对于区内常住居民遭受的农作物、专业养殖、经济林、住房以及无法转移的家庭农业生产机械、役畜和家庭主要耐用消费品等的水毁损失进行补偿。2010年1月7日，经国务院同意，水利部以水汛〔2010〕14号文公布《国家蓄滞洪区修订名录》（2010）中，蓄滞洪区共有98处，其中长江流域44处、黄河流域2处、海河流域28处、淮河流域21处、松花江流域2处、珠江流域1处。国家蓄滞洪区总面积约3.4万 km^2，总蓄洪容积超过1000亿 m^3。

蓄滞洪区既是重要的防洪设施，又是区内居民赖以生存的家园。蓄滞洪区的建设和管理既要考虑分洪需要，也要保障区内居民的生产生活和发展需求。因此，在加强区内蓄洪控制工程体系和生命财产安全保障体系建设的同时，还应注重采用科学的土地利用方式和发展模式，保证能够正常启用，启用后居民损失可控。

9. 防洪保护区

防洪保护区指在防洪标准内受防洪工程设施保护的地区。

10. 水位

水位指江、河、水库的水面比固定基面高多少的数值，通常反映河水上涨或下降的标志。防汛抗旱通常用的特征水位有警戒水位、保证水位和汛限水位。

11. 防汛警戒水位

堤防及穿堤建筑物可能出现险情或河段内可能发生洪水灾害的水位，又称防汛警戒水位。是我国规定的江河堤防需要处于防守戒备状态时的水位。

对有堤防的江河湖泊，一般指洪水普遍漫滩或堤防开始挡水的水位。对没有堤防的河流，一般指洪水漫滩并可能发生洪水灾害的水位。当水位达到警戒水位时，有关部门应进一步落实防汛值守、抢险备料和巡堤查险等工作，关闭交通闸口，视情况停止穿堤涵闸使用。同时密切关注降雨、洪水和堤防险情等的发展变化，做好应对洪水继续上涨的各项防汛安排部署。警戒水位由防汛部门根据堤防工程条件和出险规律、江河洪水特性、历史洪水灾害情况等长期防汛实践经验，并考虑防洪保护对象的重要程度等综合分析确定，也根据工程除险加固建设等情况适时调整。江河湖泊均以水文（水位）控制站作为河段或区域的代表来拟定警戒水位，并经上级防汛部门核定后颁布下达。

我国沿海的一些港区和重要地区也设有警戒水位，一般指防御标准较低的防潮工程的高程。潮位超过警戒水位，则有局部地区受淹。该水位由潮位站与当地防汛部门根据保护区的地面高程、重要程度以及防御能力共同商定，经上级部门核定后颁布下达。

12. 保证水位

能够保证堤防及穿堤建筑物自身安全运行的上限水位，又称防汛保证水位，是我国根据江河堤防情况规定的防汛安全上限水位。

当洪水不高于保证水位时，应当保证堤防及穿堤建筑物的安全运行。保证水位是制定度汛方案及防洪调度的重要依据，也是体现工程实际防洪能力和标准的具体指标。为保证堤防工程和保护区的安全，当洪水位接近或达到堤防保证水位时，应禁止穿堤涵闸使用、轮船航行和社会车辆上堤或限制排涝泵站外排。根据防洪法的规定，县级以上人民政府可以宣布进入紧急防汛期，防汛指挥机构有权在其管辖范围内调用人力、物力等资源，进一步加强抗洪抢险力量。当超过保证水位时，动员全社会力量抗洪抢险，加高加固堤防，或者根据上游水势、工程出险严重程度和防汛预案启用分蓄洪措施，尽最大可能减少洪灾损失。

保证水位主要根据堤防工程条件、历史洪水和工程出险情况、江河洪水特性和保护区的情况等因素综合分析拟定，并经上级防汛部门核定后颁布下达。实际工作中，多采用水文（水位）控制站或重要穿堤建筑物的历史最高洪水位。同时也应根据工程条件和保护区情况的变化适时调整。

13. 汛限水位

汛限水位指水库在汛期允许兴利蓄水的上限水位，也是水库在汛期防洪运用时的起调水位，每年汛前由相应权限的防汛抗旱指挥机构审批核定。

14. 雨水情预报

雨水情预报包括雨情预报和水情预报两部分。

（1）雨情预报。雨情预报通常是指天气形势分析及暴雨预报，主要根据天气形势的发展，预报洪水来源地区将出现暴雨的时间、范围和量级，为洪水预警、判断水情发展趋势提供依据。这部分工作一般由气象部门来做，并根据专家实际工作经验做适当调整。

（2）水情预报。水情预报是建立在充分掌握水循环运动规律的基础上，根据防汛部门在生产实际中能实时获取的水情信息，预报未来水情变化的一门实用技术。水情预报是防洪非工程措施中的关键环节，它可广泛服务于防洪抢险、水利工程运用、水资源调度乃至工农业生产，为国民经济发展起到基础支撑作用。水情预报按水的现象可分为洪水预报和其他水文预报两个方面。

15. 水情预警信号

水情预警信号分为洪水预警信号和干旱预警信号两类。

水情预警信号等级根据洪水量级、干旱程度及其发展态势，以及可能造成的危害程度由低至高分为四级，依次用蓝色、黄色、橙色和红色表示，分别代表一般、较重、严重和特别严重四级危害程度。

洪水预警信号的蓝色、黄色、橙色和红色四个预警等级，分别反映小洪水、中洪水、大洪水和特大洪水。

等级划分指标应根据洪水量级及其发展态势，以及可能造成的危害程度，采用与预警级别相应的水位（流量）或洪水重现期综合确定。采用水位（流量）指标时，宜参照警戒水位（流量）、保证水位（流量）等防汛指标或历史最高水位（流量）特征值指标确定。

洪水预警信号见表 1.1。

表 1.1 洪 水 预 警 信 号

预警等级	标 准	图标	洪水程度
洪水蓝色预警	水位（流量）接近警戒水位（流量）或洪水要素重现期小于 5 年的洪水。		小洪水
洪水黄色预警	水位（流量）达到或超过警戒水位（流量）或洪水要素重现期为 5～20 年的洪水。		中洪水

续表

预警等级	标　准	图标	洪水程度
洪水橙色预警	水位（流量）达到或超过保证水位（流量）或洪水要素重现期为20～50年的洪水。	橙 FLOOD 洪水	大洪水
洪水红色预警	水位（流量）达到或超过历史最高水位（最大流量）或洪水要素重现期大于50年的洪水。	红 FLOOD 洪水	特大洪水

模块 2

防汛组织与查险

新中国成立后，政府一直把防洪当作安民兴邦的大事，坚持"蓄泄兼施，以泄为主"的治水方略和坚持"安全第一，常备不懈，以防为主，全力抢险"的防汛方针，防洪工程措施和非防洪工程措施并重，扎实做好水旱灾害防御工作。

经过多年工作，编制了各大江河流域综合规划、防洪规划和必要的补充修订规划，应用计算机、气象卫星等高科技手段预报洪水，制定和颁布了水法、防洪法、水土保持法和防汛条例等法规，健全了从中央到地方各级防汛组织机构。防洪能力有了较大提高，基本建成了防洪体系。

但是受全球气候变化和人类活动影响，近年来极端天气事件呈现趋多、趋频、趋强、趋广态势，暴雨洪涝干旱等灾害的突发性、极端性、反常性越来越明显，突破历史纪录、颠覆传统认知的水旱灾害事件频繁出现。如2021年郑州"7·20"特大暴雨最大日降雨量接近常年的年降雨量，最大小时降雨量突破了我国大陆气象观测记录历史极值；2021年黄河中下游秋汛历时之长、洪量之大历史罕见；2021年塔克拉玛干沙漠地区罕见地发生洪水；2022年珠江流域连发8次编号洪水。这些都警示我们，当"非常态"成为"常态"时，极端天气和罕见水旱灾害在每个地区、每个流域、每个年份都有可能发生，水利工作者仍需为解除洪水威胁而继续努力。

防汛工作是在各级政府领导下组织群众与洪水作斗争的一项社会活动，事关大局又极其复杂，并且具有长期性和连续性的特点。要做好防汛工作，首先就必须要有坚强的领导集体和完善的组织机构来有机的配合和科学的决策，做到统一指挥，统一行动，以保证各项工作有序顺利开展。

巡堤查险是汛期堤防日常管理和及时发现险情的重要措施，是防汛工作的重要环节，是发现事故苗头、揪出安全隐患的第一道防线，其重要性影响着防汛工作全局。做好巡堤查险工作，是确保工程安全度汛的基础。因此充分认识巡堤查险排险工作的重要性，落实防汛责任，加强堤段管理，严格落实巡查工作是非常有必要的。

本模块主要介绍了防汛组织结构及职责、巡堤查险的内容和主要方法等。

【学习目标】

学习内容		知识目标	能力目标	素质目标
项目 2.1	防汛组织结构及职责	①防汛的基本任务；②防汛机构组成；③防汛物资的储备工作内容	①掌握防汛工作开展流程；②掌握防汛队伍的基本组成以及各自的职责	①有良好的思想品德、道德意识和献身精神；②具有较高职业素养和团队合作精神；③具备独立思考、有效沟通与团队合作的能力
项目 2.2	巡堤查险	①巡堤查险的组织构成；②巡堤查险的方式方法；③险情报告包含的内容	①了解巡堤查险的组织机构的职责任务；②具备准确判断描述险情的能力；③了解查险的新技术；④具备险情报告编写能力	①有良好的思想品德、道德意识和献身精神；②具有严谨的工作态度和一丝不苟的工作作风；③了解本行业技术革新的信息

项目 2.1　防汛组织结构及职责

防汛组织结构及职责

任务 2.1.1　防汛方针和任务

2.1.1.1　防汛方针

《中华人民共和国防汛条例》第三条规定：防汛工作实行"安全第一，常备不懈，以防为主，全力抢险"的方针，遵循团结协作和局部利益服从全局利益的原则。

防汛工作坚持以习近平新时代中国特色社会主义思想为指导，深入贯彻关于防汛救灾工作重要指示批示精神，坚决践行"两个坚持、三个转变"，牢固树立以人民为中心的发展思想，坚持人民至上、生命至上，强化以党政同责、行政首长负责制为核心的各项防汛责任制的落实，进一步健全工作机制、明确目标职责、强化责任落实、落实预案演练、抓好隐患排查、提升应急保障。做到汛前有准备，汛期有措施，汛后有总结。

2.1.1.2　防汛任务

防汛工作的基本任务是积极采取有效的防御措施，最大限度地减轻洪水灾害的影响和损失，保障经济建设的顺利发展和人民生命财产的安全。

根据《中华人民共和国防汛条例》规定，有防汛任务的县级以上人民政府，应当根据流域综合规划、防洪工程实际状况和国家规定的防洪标准，制定防御洪水方案（包括对特大洪水的处置措施）。

有防汛抗洪任务的城市人民政府，应当根据流域综合规划和江河的防御洪水方案，制定本城市的防御洪水方案，报上级人民政府或其授权的机构批准后施行。防御洪水方案经批准后，有关地方人民政府必须执行。

有防汛任务的地方人民政府应当建设和完善江河堤防、水库、蓄滞洪区等防洪设施，以及该地区的防汛通信、预报警报系统。有防汛任务的县级以上地方人民政府设立防汛指挥部，由有关部门、当地驻军、人民武装部负责人组成，由各级人民政府首长担任指挥。各级人民政府防汛指挥部在上级人民政府防汛指挥部和同级人民政府的领导下，执行上级防汛指令，制定各项防汛抗洪措施，统一指挥本地区的防汛抗洪工作。

防汛工作基本任务主要包括以下几个方面内容：

（1）认真贯彻执行《中华人民共和国水法》《中华人民共和国防洪法》和《中华人民共和国防汛条例》等有关法规，提高全社会的防洪减灾意识。

（2）严格实行防汛工作行政首长负责制，对汛前准备、汛期抗洪抢险、汛后水毁工程修复全过程负责，并层层落实各项防汛责任制。

（3）认真开展汛前检查，切实做好汛前各项准备工作，做到思想认识到位、防汛责任到位、组织措施到位、工程措施到位、通信设施到位、防汛物资到位、预案落实到位。

（4）划分事权，分级管理，分级负责，加大投入，排除隐患，制定防御洪水预案，研究洪水调度和防汛抢险最优方案，保证水利工程安全度汛。

（5）全面掌握雨情、水情、工情、灾情等信息，搞好预测预报，进行科学决策，充分发挥水利工程抗灾效益。

（6）一旦出现险情，采取果断措施，全力组织抢险，尽量减轻灾害损失。

（7）汛后及时修复水毁工程，开展灾后救助，尽快恢复生产；讲大局，讲纪律，统一指挥，协同作战，团结抗灾；坚持防汛抗旱两手抓，做到两不误。

任务2.1.2 防汛组织结构

防汛是一项综合性工作，需要协调和调动各部门、各方面的力量，分工合作、同心协力、共同完成。需要建立强有力的组织机构，负责有机的配合和科学的决策，做到统一指挥，统一行动。

各级防汛抗旱行政责任人要以习近平新时代中国特色社会主义思想为指导，全面贯彻党的二十大精神，认真贯彻党中央、国务院决策部署，坚持人民至上、生命至上，树牢总体国家安全观，立足于防大汛、抗大旱、抢大险、救大灾，压紧压实各方防汛抗旱责任，切实履行工作职责，注重源头治本、精准治理，强化关口前移，优化安全监管，推动公共安全治理模式向事前预防转型，突出防范化解重大洪涝干旱灾害风险，全力组织做好防汛抗旱防台风各项工作，为全面建设社会主义现代化国家开局起步创造良好安全环境。

根据《中华人民共和国防洪法》《中华人民共和国防汛条例》《中华人民共和国抗旱条例》，关于防汛抗旱工作实行各级人民政府行政首长负责制。实行统一指挥，分级分部门负责，实现有机协作配合，构建完整防汛组织体系，各有关部门实行防汛岗位责任制。

国务院设立国家防汛指挥机构，负责领导、组织全国的防汛抗洪工作，其办事机构设在国务院水行政主管部门。在国家确定的重要江河、湖泊可以设立由有关省（自治区、直辖市）人民政府和该江河、湖泊的流域管理机构负责人等组成的防汛指挥机构,指挥所管辖范围内的防汛抗洪工作,其办事机构设在流域管理机构。

有防汛任务的县级以上地方人民政府设立防汛指挥部,由有关部门、当地驻军、人民武装部负责人组成,由各级人民政府首长担任指挥。各级人民政府防汛指挥部在上级人民政府防汛指挥部和同级人民政府的领导下,执行上级防汛指令,制定各项防汛抗洪措施,统一指挥本地区的防汛抗洪工作。各级人民政府防汛指挥部办事机构设在同级水行政主管部门;城市市区的防汛指挥部办事机构也可以设在城建主管部门,负责管理所辖范围的防汛日常工作。

防汛指挥机构各成员单位,按照分工,各司其职,做好防汛抗洪工作。经设区市人民政府决定,可以设立设区市的城市市区防汛办事机构,在同级防汛抗旱指挥部的统一领导下,负责设区市的城市市区防汛抗旱日常工作。有防汛任务的乡、镇也应成立防汛组织,负责所管辖范围内防洪工程的防汛工作。

水文、气象、石油、电力、邮电、铁路、公路、航运、工矿以及商业、物资等有防汛任务的相关部门和单位,汛期应当设立防汛机构,在有管辖权的人民政府防汛指挥部统一领导下,负责做好本行业和本单位的防汛工作。

2018年机构改革后,防汛抗旱职能有所调整。国家防汛指挥部的办事机构(即国家防汛指挥部办公室)已转设到国务院应急管理部门,多数省份的防汛指挥部的办事机构也已转设到省政府应急管理部门。江西省防汛组织结构如图2.1所示。

以江西省为例,江西省防汛抗旱组织体系:总指挥由省长担任,指挥长由省政府分管副省长担任;副指挥长由省军区副司令员、省政府副秘书长、应急厅厅长、水利厅厅长、省气象局局长等担任;秘书长由水利厅副厅长、应急厅副厅长

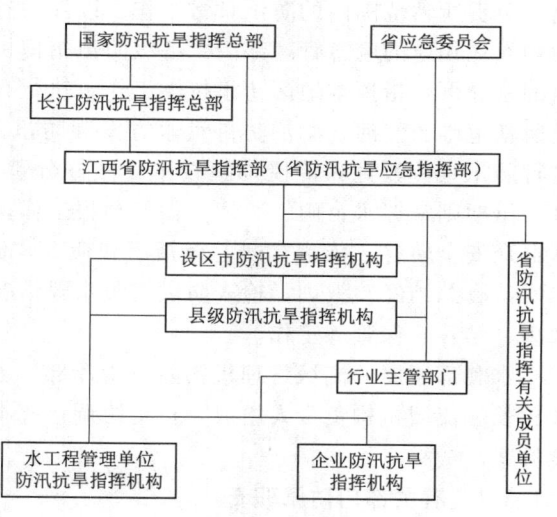

图2.1 江西省防汛组织结构

担任;副秘书长由省公安厅副厅长、省消防救援总队总队长、省应急厅副厅长、武警江西省总队副参谋长等担任;成员单位包括省委宣传部、省委网信办、省发展改革委、省教育厅、省工业和信息化厅、财政厅、自然资源厅、住房和城乡建设厅、交通厅、农业农村厅、商务厅、文化和旅游厅、省卫生健康委、省国资委、省林业局、省广电局、省粮食和储备局、省能源局、司法厅、省通信管理局、民航江西监管局、省供销社、省水文局、江西日报社、江西广播电视台、国网江西省电力公司、中国铁路南昌局集团有限公司、中国安能集团第二工程局有限公司等。省防汛抗旱指挥部办公室设在省应急厅。

任务 2.1.3 防汛机构职责

国务院设立国家防汛总指挥部：由国务院副总理（国务委员）任总指挥，领导全国的防汛工作。国家防汛抗旱总指挥部成员由中央军委总参谋部和国务院有关部门负责人组成。国家防汛抗旱总指挥部办公室是负责组织、协调、指导、监督全国防汛抗旱工作的组织机构。负责国家防汛抗旱总指挥的日常工作。国家防汛抗旱总指挥部办公室设在应急管理部。统一指挥全国的防汛工作，制定有关防汛工作的方针、政策、法令和法规，组织制定重要江河的洪水防御方案，根据气象和水情进行防汛动员，对大江大河的洪水进行统一调度，监督各大江河防御特大洪水方案的执行，会同国务院有关部门审定防洪资金和防汛补助经费，对各地动用重大分滞洪区要求进行审批，组织对重大灾区的救灾，负责全国重点防汛物资储备、调拨及管理，指导灾区恢复生产，重建家园。

因机构改革，防汛指挥部办事机构设在相应的应急管理部门或水利行政主管部门，负责所辖范围内的防汛日常工作。以江西省为例，省各级防汛指挥部办事机构目前均设在相应的应急管理部门。各级防汛指挥机构在上级防汛指挥机构和本级人民政府的领导下，指挥本地区防汛抗洪工作，执行有关法律、法规和上级命令，制订和审批所辖范围内江河、湖泊防御洪水方案和防汛工作计划，组织队伍，划分防守堤段，进行防汛宣传教育和传授抢险技术，做好分蓄洪准备与河道清障，执行防汛调度命令；汛期则掌握水、雨、工情，做好预报工作，组织和监督巡堤查险及抢险，指挥灾区群众安全转移，传达贯彻上级指示和命令，储备和管理防汛物资，整顿防汛队伍；汛后认真总结经验教训，检查防洪工程水毁情况并制订修复计划，做好器材及投工的清理、结算、保管等工作。

水利部所属的流域管理机构防汛指挥部：由有关省、自治区、直辖市人民政府行政首长和流域机构负责人组成，负责协调指挥本流域的防汛抗洪工作，执行规定的调度方案。

2.1.3.1 有关部门防汛职责

防汛抗洪是一项综合性很强的工作，需要动员和调动各部门各方面的力量，在政府和防汛指挥部的统一领导下，分工合作、同心协力共同完成抗御洪水灾害的任务。以下以江西省防汛指挥部各成员单位职责分工为例。

（1）省应急管理厅：承担省防指日常工作；组织指导防汛抗旱体系建设规划、专项预案编制；协调负责重要江河湖泊和重要水工程的防御洪水抗御旱灾调度和应急水量调度方案的批复并监督执行；指导协调水旱灾害综合预警，指导水旱灾害综合风险评估工作。按照分级负责的原则，组织协调重特大水旱灾害应急救援工作；组织指导水旱灾害受灾群众基本生活救助。承担水旱灾情信息的统计发布；承担防汛抗旱物资、资金的计划管理；指导、协调和监督各有关行业、部门涉及防洪安全的在建工程的管理。督促省内工矿企业落实所属尾矿坝、尾砂坝汛期安全防范措施；组织指导水毁基础设施修复工作；组织或参与防汛安全事故的调查处理。

（2）省水利厅：组织指导水利部门防汛抗旱应急预案编制并监督实施；组织编制重要江河湖泊和重要水工程的防御洪水抗御旱灾调度和应急水量调度方案，按程序报批后，依省防指授权实施权限范围内水工程防汛抗旱调度并监督指导全省水工程防汛抗旱调度；负责水情旱情监测预警工作；组织指导全省防汛抗旱水利工程体系的建设和管理；组织指导行业防汛抗旱水毁工程的修复；承担防御洪水应急抢险技术支撑工作。承担台风防御期间重要水工程调度工作。必要时提请省应急管理厅以省防指名义部署水旱灾害防治工作。

（3）省军区：根据汛情、旱情需要，组织指挥辖区民兵参加抗洪抢险救灾行动，协调军兵种及预备役部队支援重大抗洪抢险救灾，负责向军队系统上级单位申请对我省抢险救灾给予有关方面支援，负责协调任务部队遂行抢险救灾任务的保障。

（4）省公安厅：负责维护防汛交通、抗洪抢险秩序和灾区社会治安工作，负责做好防汛抢险、分洪爆破时的戒严、警卫等工作，打击破坏防汛抗旱救灾行动和防汛抗旱设施安全、盗窃防汛抗旱物资设备等违法犯罪行为，做好防汛抗旱的治安保卫工作。防汛紧急期间，协助组织群众撤离和转移，根据防汛需要实施交通管制。

（5）省委宣传部：负责牵头组织全省新闻单位对防汛抗旱工作进行宣传报道；负责防汛抗旱舆论引导。

（6）省发展改革委：负责组织协调防汛抗旱体系建设与水毁工程修复所需基建资金的筹集。

（7）省财政厅：负责筹集防汛抗旱资金，在本级财政预算中安排资金，用于：防汛抗旱应急除险，水毁防洪工程、抗旱工程的修复，防汛抗旱非工程措施水毁修复；根据省防汛抗旱指挥部提出的资金分配建议，按照相关规定及时下达资金，并会同有关部门监督检查资金使用情况。

（8）省自然资源厅：负责降雨引发的山体滑坡、崩塌、泥石流等地质灾害的巡查排查、监测预警、工程治理等防治工作的组织指导协调和监督，及时向防汛指挥部门提供地质灾害预测预报预警信息。负责提供防汛抗旱救灾所需的基础测绘资料和技术支持，做好防灾救灾的测绘保障工作。负责农村居民住房灾后重建的规划工作。

（9）省气象局：负责监测天气气候形势，做好灾害性天气预测预报预警工作，及时向省防指提供天气实况和气象预测预报预警信息；承担气象灾害预警信息的发布。

（10）武警江西省总队：根据汛情需要，组织指挥驻赣武警部队参加抗洪抢险救灾、营救群众、转移物资及执行爆破等任务。协助做好维护灾区社会安全稳定工作，并根据省防指要求，申请调配抢险救灾物资、器材。

（11）省消防救援总队：根据汛情、旱情需要，组织指挥全省消防综合性救援队伍执行抗洪抢险救灾、营救群众、转移物资等任务，负责干旱时城乡群众的应急送水工作。

（12）省交通运输厅：指导水运和公路交通设施的防洪安全，负责所辖枢纽工程防洪安全的协调、督促、检查和落实，指导汛期通航秩序监管和督促地方政府加强渡运安全管理。汛期督促船舶航行服从防洪安全要求，配合水利部门做好汛期通航河道的堤岸保护。保障抗洪抢险车辆的优先通行。组织调配紧急抢险和撤离人员所需车辆、船舶等运输工具，必要时实行水上交通管制。

（13）省卫生健康委员会：负责组织水旱受灾群众及防汛抗洪人员的医疗救护、健康教育、心理援助和灾区卫生防疫工作。对灾区重大突发公共卫生事件实施紧急处理，防止疫病的传播、蔓延。

（14）省工业和信息化厅：负责协调有关工业企业的防汛工作。

（15）省教育厅：指导、协调、监督高校及地方教育行政部门做好防汛抗旱宣传教育工作；督促涉及防洪安全的高校及地方教育行政部门落实汛期安全防范措施，保障师生生命安全，指导学校灾后规划重建工作。

（16）省文化和旅游厅：组织指导旅游景区、旅行社制订防汛应急预案，负责旅游景区防汛工作的组织协调，督促旅游景区、旅游团队落实防汛应急各项措施，保障团队游客生命安全。

（17）省农业农村厅：负责组织指导灾后农业救灾、生产恢复及农作物种子的供应。负责所辖场、所的堤防建设、管理和抗洪抢险工作。

（18）省林业局：负责组织协调抗洪抢险所需木材、毛竹等器材的供应，组织做好林业系统的防汛工作。

（19）省商务厅：负责组织协调抗洪、抢险、抗旱、救灾所需生活必需品的供应。

（20）省供销社：负责组织协调抗洪、抢险、抗旱、救灾有关物资的筹集和供应。

（21）省住房和城乡建设厅：负责有关城市城区排涝及城市公用设施建设工地等安全工作。

（22）省粮食和物资储备局：负责紧急情况下抗洪抢险所需麻袋、编织袋、灾民救济粮供应，以及洪水威胁区内粮食转移等工作。

（23）省广播电视局、江西广播电视台、江西日报社：负责组织对全省防汛抗旱工作进行宣传报道及重大灾情资料的收集、录像工作，主动及时向上级新闻部门提供稿件。必要时，根据省防指的要求，及时发布防汛抗旱信息。

（24）省监狱管理局：负责编制监狱部门防汛抗旱应急预案并组织实施；负责所辖监狱农场圩堤的建设、管理和抗洪抢险工作。

（25）省国有资产监督管理委员会：负责督促指导出资企业编制防汛应急预案并实施，督促指导圩堤建设、管理和抗洪抢险工作，负责协调提供抗洪抢险所需炸药。

（26）中国铁路南昌局集团有限公司：组织指导铁路部门防汛抗旱应急预案编制并组织实施；负责铁路防洪工作。优先运送防汛抢险、抗旱、救灾、防疫人员和物资、设备。

（27）民航江西监管局：负责协调、督促、检查江西民航的防洪安全工作。优先组织协调运送防汛、抢险、防疫、抗旱、救灾物资和设备。紧急情况下，负责协调安排视察灾情、紧急抢险和受困人员撤离所需航空器。

（28）国网江西省电力有限公司：组织指导电力部门防汛抗旱应急预案编制并组织实施；保障抗洪、排涝、抗旱、救灾的电力供应以及应急抢险救援现场的临时供电；负责供电系统所属水电厂防洪安全的协调、督促、检查和落实；负责按防汛抗旱要求实施电力调度。

（29）省通信管理局：负责保障防汛期间通信设施的安全，保障水情信息和防汛抗旱调度命令、水旱灾害信息传递及时。紧急情况下，调度应急通信设备，保障防汛指挥调度联络畅通；负责协调电信、移动和联通公司发布重大汛情预警信息。

（30）省能源局：负责协调调度防洪排涝和抗旱用电、用油。

（31）省水文局：承担水、雨情的监测、分析、预测、预报；承担墒情监测、分析，收集墒情资料并编制土壤墒情公报；承担发布洪水、枯水水情预警。

（32）中国安能第二工程局：根据汛情、旱情需要，参加抗洪抢险救灾、营救群众、转移物资、抗旱应急等任务。

2.1.3.2　防汛责任制

防汛是一项责任重大而复杂的工作，关系到国民经济的发展和城乡人民生命财产的安全。洪水到来时，工程一旦出现险情，防汛抢险是压倒一切工作的大事，需要动员和调动各部门各方面的力量投入战斗，必要时还要当机立断，做出牺牲局部、保存全局的重要决策，必须建立和健全各种防汛责任制，实现防汛工作正规化和规范化，做到所有工作各负其责，这是做好防汛工作的关键。

2023年7月4日，习近平总书记对防汛救灾工作作出重要指示，要求各级党委和政府要全面落实防汛救灾主体责任，各级领导干部要加强应急值守、靠前指挥，坚持人民至上、生命至上，守土有责、守土负责、守土尽责，切实把保障人民生命财产安全放到第一位，努力将各类损失降到最低。2023年7月5—7日，习近平总书记在江苏考察时专门强调，"各地区各部门要立足于防大汛、抗大旱、救大灾""提前做好各种应急准备"。2023年7月21日，召开国务院常务会议，听取防汛等有关工作情况汇报，要求要坚持底线思维、极限思维，强化防汛抗旱各项应对准备，在已有工作基础上进行再部署、再检查、再落实，压实各环节责任，注重运用基层干部的实践经验，及时采取有效措施消除重点部位和薄弱环节风险隐患。

据《中华人民共和国防洪法》第三十八条"防汛抗洪工作实行各级人民政府行政首长负责制，统一指挥、分级分部门负责"。所以各级防汛抗旱指挥部要建立健全契合本地实际的防汛管理责任制度。防汛责任制包括行政首长负责制、分级管理责任制、分包责任制、岗位责任制、技术责任制和值班工作责任制等。

1. 行政首长负责制

按照《中华人民共和国防洪法》规定，必须实行地方行政首长负责制。

行政首长负责制是各种防汛责任制的核心，是取得防洪抢险胜利的重要保证，也是历来防汛斗争中最行之有效的措施。防汛抢险需要动员和调动各部门各方面的力量，党、政、军、民全力以赴，发挥各自的职能优势，同心协力共同完成。因此，防汛指挥机构需要政府主要负责人亲自主持，全面领导和指挥防汛抢险工作，实行防汛行政首长负责制。

行政首长负责制的主要内容如下：

（1）贯彻实施国家有关防洪法律、法规和政策，组织制订本地区有关防洪措施。

(2) 建立健全本地区防汛指挥机构及其常设办事机构。

(3) 按照本地区的防洪规划,加快防洪工程建设。

(4) 负责督促本地区各项防汛准备工作的落实和重大清障项目的完成。

(5) 组织有关部门制订本地区防御洪水预案,并督促各项措施的落实。

(6) 贯彻执行上级防洪调度命令,做好防汛宣传和思想动员工作,组织抗洪抢险,及时安全转移受灾人员和国家重要财产。

(7) 组织筹集防汛抗洪经费和物资。

(8) 组织开展灾后救助,恢复生产,水毁工程修复,保持社会稳定。

2. 分级管理责任制

根据水库、堤、闸所处地区、工程等级和重要程度等,确定省、地(市)、县、乡、镇分级管理运用、指挥调度的权限责任。在统一领导下,对水库、堤、闸实行分级管理、分级调度、分级负责。

3. 分包责任制

为确保水库、堤、闸工程和下游保护对象的汛期安全,省、地(市)、县、乡负责人和县防汛指挥部领导成员实行包库、包堤段责任制,责任到人,有利于防汛抢险工作的开展。

4. 岗位责任制

工程管理单位的业务处室和管理人员以及护堤员、防汛工、抢险队要制定岗位责任制。明确任务和要求,定岗定责,落实到人。岗位责任制的范围、项目、安全程度、责任时间等,要做出条文规定,要有几包几定,一目了然。要规定进行评比、检查制度,发现问题及时纠正;强调严格遵守纪律。

5. 技术责任制

为实现科学抢险、优化调度以及提高防汛指挥的准确性和可靠性,凡是评价工程抗洪能力、确定预报数字、制定调度方案、采取的抢险措施等有关技术问题,均应由专业技术人员负责,建立技术责任制。县、乡的技术人员要实行技术包库、包堤段负责制,责任到人,对水库、堤、闸安全技术负责。

6. 值班工作责任制

为了随时掌握汛情,减少灾害损失,在汛期,各级防汛指挥机构应建立防汛值班制度,汛期值班室24h不离人。值班人员必须坚守岗位,忠于职守,熟悉业务,及时处理日常事务,以便防汛机构及时掌握和传递汛情。要加强上下联系,多方协调,充分发挥水利工程的防汛减灾作用。防汛值班主要责任是:

(1) 熟悉辖区的防汛基本资料。对所发生的各种类型洪水要根据有关资料进行分析研究。

(2) 按时请示报告。对于重大汛情及灾情要及时向上级汇报,对需要采取的防洪措施要及时请求批准执行,对授权传达的指挥调度命令及意见,要及时准确传达。

(3) 及时掌握汛情。汛情一般包括雨情、水情、工情和灾情。要按时了解雨情、水情实况和水文、气象预报;了解水库和河道等防洪工程的运用和防守情况;主动了解受灾地区的范围和人员伤亡以及抢救情况。

(4) 及时掌握水库、堤、闸发生的险情及处理情况。
(5) 对发生重大险情要整理好值班记录，以备查阅，并归档保存。
(6) 严格执行交接班制度，认真履行交接班手续。
(7) 做好保密工作，严守国家机密。

任务 2.1.4 防 汛 队 伍

现代科学手段还不能对洪水危机发生规律及时、准确地做出预测预报，只能年年准备，年年防守。为充分做好抗洪抢险准备，确保防洪工程安全，各地各部门每年汛前应组织防汛队伍，并登记造册，落实到工程。各地防汛队伍名称不同，基本可分为专业队、常备队、预备队和抢险队等。

2.1.4.1 专业队

专业队由国家、省、市防汛指挥部临时指派的专家组与防洪工程管理单位的管理人员组成，平时根据掌握的工程情况，分析工程的抗洪能力，做好出险时抢险准备。进入汛期，要上岗到位，密切注视汛情，加强检查观测，及时分析险情。专业队要不断学习养护修理、水库调度和巡视检查知识以及防汛抢险技术，必要时进行实战演习。

2.1.4.2 常备队

常备队是防汛抢险的基本力量，是群众性防汛队伍，人数比较多，由防洪工程附近的城市居民和乡（镇）、村的民兵或青壮年组成。常备防汛队伍组织要健全，汛前登记造册编成班、组，要做到思想、工具、料物、抢险技术"四落实"。汛期按规定分批组织出动。另外，在库区也要成立群众性的转移救护组织，如救护组、转移组和留守组等。

2.1.4.3 预备队

预备队是防汛的后备力量，当防御较大洪水或紧急抢险时，为补充加强常备队的力量而组建的。人员条件和距离范围更宽一些。必要时可以扩大到距离水库较远的县、乡和城镇，要落实到户到人。

2.1.4.4 抢险队

抢险队主要参加圩堤、水库工程突发险情的抢险，关系到防汛的成败，既要做到迅速及时，又要组织严密，指挥统一。所有参加人员必须服从命令听指挥。汛前，可从群众防汛队伍中选拔有抢险经验的人员组成抢险队。有条件的地区要组建机动抢险队，配备必要的抢险机动设备。

解放军和武警部队是防汛抢险的主力军和突击力量，每当发生大洪水和紧急抢险时，他们总是不惧艰险，承担着重大险情抢护和救生任务。一般各级防汛指挥部主动与当地驻军联系，及时通报汛情、险情和防御方案，明确部队防守任务和联络部署制度。当遇大洪水和紧急险情时，立即请求解放军和武警部队参加抗洪抢险。凡重要险工险段都有部队参加防守。

任务 2.1.5 防汛物资储备

物资储备是指为抢护可能发生的各类险情而储存备用的物料、器械、设备和车辆等。为支持全国防汛抗旱减灾工作，保障抗洪抢险和抗旱减灾物资急需，截至目前，国家防办先后在 27 个地区设立了 29 处中央防汛抗旱物资仓库。这些仓库靠近大江大河防汛重点地区、重点防洪城市、干旱易发区和商品粮主产区，交通方便、调运快捷、辐射面广，具备较好的仓储条件、较完善的管理机构和制度。大多数省、市、县也为防汛抗旱应急抢险建立了相应的地方救灾物资储备库。

2.1.5.1 物资储备库

物资储备库一般可分为室外和室内两种。

（1）室外物资储备库一般设置在水利工程附近，用于储备不易风化水毁的建筑类材料，如泥土、黄砂、卵石、块石等。

（2）室内物资储备库用以储存容易被风化腐蚀的工具、材料、设备和设施，包括编织袋、覆膜编织布、防管涌土工滤垫、围井围板、快速膨胀堵漏袋、橡胶子堤、吸水速凝挡水子堤、钢丝网兜、铅丝网片、橡皮舟、冲锋舟、嵌入组合式防汛抢险舟（艇）、救生衣、管涌检测仪、液压抛石机、抢险照明车、应急灯、打桩机、汽柴油发动机、救生器材等。

2.1.5.2 物资储备管理

1. 物资储备原则

防汛物料应本着"宁可备而不用、不可用而无备"的原则，以足额储备实物的方式进行储备；要遵循"安全第一，常备不懈，以防为主，全力抢险"和"讲究实效、定额储备"的方针进行防汛物料的储备。有时为了防御超标准洪水，弥补常备防汛物料的不足，通常也需要利用商业、供销等方式进行储备，以满足防汛抢险的需要。

2. 完善管理制度

物资储备库应有专人管理，对于防汛物料的管理应完善健全岗位职责制度，如物资验收与发放、日常维护与保养、日常巡查、安全消防、资料建档、运输、保管、交接、报废等各项制度，并采取积极有效的措施保证各项制度落实到岗、落实到人。

3. 防汛物料的验收与发放

验货时要仔细核对运送单据中防汛物料的数量、规格和质量，认真检查并做好相关记录。物料发放时要审核领料手续，仔细清点发货规格、数量，做到发货后及时登记记账。在物料验收与发放时，发现问题应及时处理，特别是紧急调用的防汛物料，更应现场交验，做到准确无误。

防汛物料本着"先近后远、满足急需、先主后次"的原则使用，常备物料的使用本着快速、灵活、实用的原则，由当地防汛部门根据险情的大小、抢护方法及时填写物资调拨清单，同级防汛指挥部批准后使用。如果本辖区内所备物料不能满足防汛抢险需要时，当地防汛指挥部应及时向上级防汛指挥部请示，调拨本辖区以外的防汛物料，以满足抢险需求。

4. 防汛物料的保养

库区规划布局应合理、堆垛有序、标记明显，库存设备有合格证、说明书。库内物料按"四号定位，五五摆放"（"四号"即库号、架号、层号、位号；"五五"即五五成行、五五成方、五五成串、五五成堆、五五成层）的方法，分区、分类、合理存放。对库区的防汛物料应进行经常化、科学化保养，做到无锈蚀、无霉烂变质、无损坏。及时盘点仓库，更新过期的防汛物料，做到账、卡、物相符。要搞好仓库内的卫生，保持仓库整洁，及时检查仓库电路、门窗，防止易燃物品入库，做好防火、防盗工作，确保防汛物料存放的安全、完整。露天存放的物料做到分区、分类、整齐划一。

5. 物资的报废与更新

防汛物料有的具有明显的使用年限，当其过了存放年限后，就必须申请报废；否则将影响抢险效果。每年汛后应对本单位仓储内的防汛物料进行系统、全面地查看和清理，及时与账、卡、物相对照，统计出需更新、补充的防汛物料的种类和数量，以便进行更新和补充。对于报废、报损鉴定的防汛物料要及时处理，并形成制度化，定期检查，定期补充，确保防汛物料储备的数量和质量。

2.1.5.3 防汛物资准备与供应

防汛物资须在汛前筹备妥当，以满足抢险的需要。汛期发生险情时，应根据险情的性质尽快从储备的防汛物资中选用合适的抢险料物进行抢护。如果料物供应及时，抢险使用得当，会取得事半功倍的效果，化险为夷。否则，将贻误战机，造成抢险被动。

防汛使用的主要物资有砂料、石料、石子、木料、竹料、草袋、麻袋、编织袋、土工织物、土工膜、篷布、铅丝、绳索、照明器材、运输工具和救生设备等。防汛物资准备工作，主要是根据水库、堤防、涵闸等工程防洪标准和质量、易出险的部位和下游保护对象等情况，检查所备防汛物料品种是否齐全，数量是否满足需要，堆放地点是否合理以及库房是否安全等。汛前要对机械设备、照明和救生设备等检查清理，必要时要进行检修和测试。为汛期运送抢险物料的交通道路要保持通畅。

（1）土料。用得最多的是散土，主要用途为：修筑土质堤坝、路基、黏土防渗，黏土灌浆、堤坝抢险。

（2）砂石料。包括石料、砂料和石子。

石料有块石、料石。在防汛抢险和堵口复堤中用量很大，如抛石防冲、固脚、填塘、压枕、沉排以及砌石护坡等多采用石料。

砂料有山砂、河砂、海砂。主要用于防汛抢险做反滤层和压渗排水。

石子在抢险中配合砂料做反滤和压渗材料。

（3）木材与竹材。在防汛抢险中常用于签桩护坡、打桩堵口、扎排防浪等。

（4）编织物料。包括草袋、麻袋、苇席、编织袋、编织布等。草袋、麻袋、编织袋等在防汛抢险中有抢堵、缓冲、铺垫等用途。苇席、编织布等在防汛抢险中常用来防冲、护坡、搭棚、铺垫等。

（5）梢料。指山木、榆、柳等树的枝梢。有的岗柴、芦苇以及秸秆柴草等也统称为梢料，在防汛抢险中用来制作柳捆、寻枕、沉排等。

（6）土工合成材料。主要分为土工织物和土工膜两大类，分别为透水材料和不透水合成材料，土工织物又可细分为编织物、机织物、无纺织物及复合织物四种。在防汛抢险中主要利用土工合成材料的排水和防渗功能，进行坍塌、管涌、流土、滑坡等险情的抢护，应用较普遍的品种有编织袋、编织布、无纺布、土工膜（或复合土工膜）。选用时应该根据应用要求和被保护土体的颗粒大小与级配来确定。

（7）绑扎材料。主要有铁丝、棕麻绳、尼龙绳等，在防汛抢险中用于绑扎块体和捆缆物料。

（8）油料。主要有汽油、柴油及润滑油、钢丝绳脂等。汽油、柴油为抢险车辆、机械（汽油机和柴油机等）的燃料，润滑油、钢丝绳脂用于抢险车辆、机械的维护保养。

（9）照明设备。主要有电石灯、应急手持电灯、柴油发电机组、小型汽油发电机等，用于防汛抢险照明。

（10）爆炸材料。主要有炸药、起爆器材、点火器材等。主要用于汛期破口分泄洪水，或清除行洪障碍时的爆破作业。

（11）防汛救生设备。主要有救生衣、救生圈、橡皮船、冲锋舟、救生艇等。主要用于紧急转移洪水淹没区群众。

【综合练习】

一、单选题

1.《中华人民共和国防汛条例》第四条规定："防汛工作实行各级人民政府行政首长负责制，实行统一指挥，分级分部门负责。各有关部门实行防汛（　　）。"

A. 职责责任制　　　　　　　　　B. 职业责任制
C. 岗位责任制　　　　　　　　　D. 职能责任制

2.（　　）是各种防汛责任制的核心。

A. 分级责任制　　　　　　　　　B. 岗位责任制
C. 技术责任制　　　　　　　　　D. 行政首长负责制

二、判断题

1. 分级责任制是指防汛抢险工作在统一领导下，实行分级管理、分级调度、分级负责的权限责任制。（　　）

2. 行政首长对本地区的防汛抢险工作负总责。（　　）

项目 2.2　巡 堤 查 险

巡堤查险

根据河道堤防工程管理相关要求，堤防工程检查分为经常检查、定期检查、特别检查和不定期检查。汛前对防汛工程进行全面检查，汛期更要加强对防汛工程险情的巡查。两者虽然在时间上不同，但目标一致，都围绕"以防为主"的防汛方针开展工作。在防汛工作中，巡堤查险是一项极为重要的工作，是指汛情达到某一指定要求时，需要对堤防开展定时间、定频次、定巡查人员数量的分堤段的全覆盖巡查，及时发现潜在的险情，为抢险工作争取时间。

江西省总结多年防汛经验，编制了一首查险歌，通过这首歌可以体会到巡堤查险在防汛工作中的重要性。

> 查　险　歌
>
> 抗洪不怕险情多，就怕查险走马过。
> 堤身堤脚两百米，都是诱发险情窝。
> 老险段上藏新险，涵闸险情是大祸。
> 及时发现是关键，果断处理安全多。

任务2.2.1　组　织　与　职　责

2.2.1.1　组织

按照国家防汛抗旱总指挥部印发的《国家防总巡堤查险工作规定》的有关规定：巡堤查险工作实行各级人民政府行政首长负责制，统一指挥，分级分部门负责。各级防汛指挥机构要加强巡堤查险工作的监督检查。每年汛前，县（市、区）防汛抗旱指挥部要报请当地政府对本行政区巡堤查险责任人进行明确落实。县、乡（镇）行政首长要对所辖区段巡堤查险工作负总责，做好督促检查和思想动员工作。汛前，每一个有巡堤查险任务的县、乡（镇）均要成立防汛指挥部，负责巡堤查险的领导和监督检查工作，并明确指挥部的主要领导负责组织巡堤查险工作。

根据防护对象的重要性、防守范围及水情，组织巡堤查险队伍。巡查队队员须挑选责任心强，有抢险经验，熟悉堤坝情况的人担任，当有抢险经验、熟悉堤坝情况的人员较少时，需做合理调整，穿插分配。组织要严密，分工要具体，严格执行巡查制度，按照巡查方法及时发现和鉴别险情并报告上级。

2.2.1.2　职责任务

应按堤段的重要性配备力量，固定堤段分队包干，统一领导，分段负责。同时各队也可分派专组、专人、专地看守，使其熟悉堤情、水情以及估计可能发生的险情。要求对一般险情及时处理，定期汇报；对重大险情，可随时上报并提出意见。

1. 划分责任段

巡堤查险工作首先要明确巡查任务，划分责任堤段。巡堤查险一般以村为基层单位进行组织，以班组为单位进行巡查。每个班组汛前要上堤熟悉防守点情况，并实地标立界桩，了解堤防现状，随时掌握工情、水情、河势的变化情况，做到心中有数。

2. 签订责任书

各乡（镇）按照军事化编制，组织好巡堤查险队伍，以村为单位，以青壮年为基础，以党、团员为骨干，并吸收有防汛抢险经验人员参加。巡堤查险队伍要逐级落实，层层签订责任状，在汛前完成组建工作，对巡堤查险人员由村委会对本人签订合同书，以保证各项任务、责任落到实处，并应将乡镇带班干部名单落实到位。

3. 分组编班

巡查班以村为单位组织，每班5～6人，其中正、副班长和技术员以及宣传员、统计员、安全员各1人。每班由村组干部、党员担任班长，负责班组人员组织到位、任务落实到位、巡查措施到位。

4. 登记造册

各村汛前将巡查班人员按所辖巡查堤段落实到位，将带班班长、各班人员登记造册。一式三份，报县（市、区）防汛抗旱指挥部、乡（镇）防汛抗旱指挥部留存备查。

5. 巡查制度

巡查制度是做好巡堤查险工作的保障，只有建立健全各项规章制度，才能确保巡堤查险工作顺利开展。

（1）报告制度。巡查人员必须听从指挥，坚守岗位，严格按要求巡查，发现险情立即上报抢险情况及时上报。交接班时，巡查班班长要向乡、村带班人员汇报巡查情况，带班人员一般每日向上级报告一次巡查情况。

（2）交接班制度。巡查必须实行昼夜轮班，并严格交接班制度。巡查换班时，上一班要将水情、工情、险情、工具料物数量及需注意的事项等全面向下一班交接清楚，对尚未查清的可疑情况，要共同巡查一次，做好交接班记录，详细介绍其发生、发展、变化情况。

（3）请假制度。巡查人员上堤后，要坚守岗位，未经批准不得擅自离岗，休息时要在指定地点。巡查人员不准请假，若遇特殊情况，须经乡镇防汛指挥机构批准，并及时补充人员。

（4）督察制度。各级防汛指挥机构应组织有关部门和单位成立巡堤查险督察组，认真开展巡堤查险督察工作监查组必须对照登记名册督查到人，检查参加巡查的领导和人员是否到位，是否按照规定的要求开展巡查，各项制度措施是否落实。

（5）奖罚制度。对巡堤查险工作认真负责、完成任务好的人员要给予表扬，对做出突出贡献的人由县级以上人民政府或防汛指挥机构予以表彰、记功和物质奖励；对不负责任的人要给予批评；对拒不执行有关防汛指令，没有按时上堤巡查，疏于防守，造成漏查、误报，贻误抢险时机，造成损失，后果严重的依照有关法律追究责任。

（6）技术培训。巡堤查险人员汛前应参加技术培训，学习掌握巡堤查险方法、各种险情的识别和抢护知识，了解责任段的工程情况及抢险方案，熟悉工程防守和抢护措施。对巡查人员进行查险抢险知识培训，着重讲清巡查人员职责和渗水、管涌、滑坡、漏洞等堤防险情的类别、辨别方法及一般处理原则，使其了解不同险情的特点及抢护处理办法，做到判断准确、处理得当。

（7）牌配标。巡堤查险期间，所有参与巡堤查险人员都要佩戴标志。防汛指挥人员佩戴"防汛指挥"袖标，县、乡带班人员要佩戴"巡查员"袖标，以强化责任，接受监督。

2.2.1.3　堤防检查

1. 堤防工程检查的分类和频次

堤防工程检查可分为经常检查、定期检查、特别检查和专项检查。

（1）经常检查：巡堤人员应对所管堤段每1~3天检查一次；基层管理组织（班、组、站、段）应每10天左右检查一次；堤防工程管理单位应每1~2个月组织检查一次。具体频次根据堤防的重要性、所处位置及其运行状态等因素确定，汛期应根据汛情增加检查频次。

（2）定期检查：可分为汛前检查、汛期检查、汛后检查以及凌汛期检查等。汛前、汛后应进行一次堤防工程检查，遇特殊情况应增加检查次数。当汛期洪水漫滩、偎堤或达到警戒水位时，应对工程巡视检查，每天不应少于一次。

（3）特别检查：发生大洪水、大暴雨、台风等工程非常运用情况和发生重大事故后，应及时对堤防工程的受损情况进行全面检查。

（4）专项检查：水下根石（抛石、护脚）探测，以及对经常检查、定期检查、特别检查中发现的严重问题或缺陷以及堤身裂缝，需要通过隐患探测、钻探、安全监测等进一步勘查分析的，应进行专项检查。

2. 堤防工程巡查范围

堤防工程巡查范围应包括堤防工程管理范围和堤防工程保护范围。堤防工程管理范围一般包括堤防及临背水护堤地、堤岸防护工程及管理用地、交叉连接建筑物、管理设施的建筑场地，一级管理范围生产、生活区用地等。堤防工程保护范围又称堤防工程安全保护区，是根据堤防的重要程度、堤基土质条件等，在堤防工程管理范围的相连地域依法划定的堤防工程安全保护区域。在堤防工程保护范围内，禁止从事影响堤防工程运行和危害堤防工程安全的爆破、打井、采石、取土等活动。

3. 巡查内容

巡查时主要是查看圩堤是否有漏洞、跌窝、脱坡、裂缝、渗水（潮湿）、管涌（泡泉）、崩塌、风浪淘刷等险情，河势流向有无变化，涵闸有无移位、变形、基础渗漏水，闸门启闭是否灵活等情况。此外，还需特别巡查堤防附近的水井（含废弃压水井）、抗旱井、堤后地质钻孔、历史老险情等人为孔洞和历史险情。

堤防巡查范围包括堤顶、堤坡、堤脚、内外坡临水区域（含水田）等。汛期重点巡查堤脚、内外坡堤脚临水区域和已处理的出险点。

（1）堤身外观检查。

堤顶：是否坚实平整，堤肩和防浪（挡水）墙是否变形缺损，有无凹陷、裂缝、残缺，相邻两堤段之间有无错动；是否存在硬化堤顶与土堤或垫层脱离现象；堤顶路交通限载限行设施是否完好；路面有无破损。

堤坡：是否平顺；有无雨淋沟、滑坡、裂缝、塌坑、洞穴；有无杂物垃圾堆放；有无动物洞穴或活动痕迹；有无渗水；排水沟是否完好、顺畅，排水孔是否顺畅；渗漏水量有无变化等。

堤脚：有无隆起、下沉，有无冲刷、残缺、洞穴；有无管涌、流土等现象。

混凝土：有无溶蚀、侵蚀、裂缝、破损、老化等情况。

砌石：是否平整、完好、紧密；有无松动、塌陷、脱落、风化、架空等情况。

（2）堤身内部检查。根据需要，采用人工探测、电法探测、钻探等方法，适时进行堤身内部隐患探测，以检查堤身内部有无洞穴、裂缝和软弱层存在。

（3）堤基、堤防工程管理范围和保护范围检查堤基有无隆起、下沉，有无冲刷沟；堤基防渗排水设施是否正常；有无溶蚀，渗漏水量和水质有无变化；背水坡堤脚以外有无管涌、渗水等。

堤防工程管理范围和保护范围内有无违章建筑，有无取土、开渠、打井、堆放弃渣、葬坟、开采地下资源、钻探等违章作业情况；背水侧河滩地有无种植高秆植物、设置阻水坝埝等阻碍行洪的行为。

（4）堤岸防护工程检查。

坡式护岸：坡面是否平整、完好；砌体有无松动、塌陷、脱落、架空、垫层淘刷等现象；护坡上有无杂草、杂树和杂物等；浆砌石或混凝土护坡变形缝和止水是否正常完好；坡面是否发生局部侵蚀剥落、裂缝或破碎老化；排水孔是否堵塞。

坝式护岸（丁坝、顺坝）：砌石护坡坡面是否平整、完好，有无松动、塌陷、脱落、架空等现象；砌缝是否紧密；散抛块石护坡坡面有无浮石、塌陷；顶部是否平整；土石结合是否紧密；有无陷坑、脱缝、水沟、动物洞穴等。

墙式护岸：混凝土墙体相邻段有无错动；伸缩缝和止水是否完好；墙顶、墙面有无裂缝、溶蚀；排水孔是否顺畅；浆砌石墙体变形缝内填料有无流失，坡面是否发生侵蚀剥落、裂缝或破碎、老化，排水孔是否顺畅。

护脚：护脚体表面有无凹陷、坍塌；护脚平台及坡面是否平顺。

河势有无较大改变；滩岸有无坍塌。

（5）防渗设施及排水设施检查。

防渗设施：保护层是否完整；渗漏水量和水质有无变化。

排水设施：排水沟进口处有无孔洞暗沟、沟身有无沉陷、断裂、接头漏水、阻塞，出口有无冲坑悬空；减压井井口工程是否完好，有无积水流入井内；减压井、排渗沟是否淤堵；排水导渗体或反滤体有无淤塞现象。

（6）建筑物检查。

检查穿堤建筑物与土质堤防结合部的结合是否紧密。

穿堤建筑物与土质堤防的结合部临水侧截水设施是否完好无损，背水侧反滤排水设施有无阻塞现象，穿堤建筑物变形缝有无错动、渗水。

跨堤建筑物支墩与堤防的接合部是否有不均匀沉陷、裂缝、空隙等。

上下堤道路及其排水设施与堤防的接合部有无裂缝、沉陷、冲沟。

跨堤建筑物与堤顶之间的净空高度，能否满足堤顶交通、防汛抢险、管理维修等方面的要求穿堤、跨堤建筑物有无损坏，能否安全运用。

闸室设施检查：①水闸地基渗流异常或过闸水流流态异常情况，水下部位有无止水失效、结构断裂、闸基土流失、冲坑和塌陷等异常现象；②闸室或岸墙、翼墙发生异常沉降、倾斜、滑移等情况；③主要结构构件或有防渗要求的结构，有无出现破坏结构整体性或影响工程安全运用的裂缝，承重结构有无产生明显变形，主要结构构件表面有无发生锈胀裂缝或剥蚀、磨损、保护层破损；④水闸上下游砌石工程有无松动、塌陷、错缝；浆砌石墙排水是否通畅，有无倾斜、错动；混凝土结构表面是否整洁，有无脱壳、剥落、露筋、裂缝等现象；护坡、翼墙后填土有无塌陷、脱空现象；⑤检查混凝土、浆砌石和砌砖等建筑物的结构缝（伸缩缝、施工缝和接缝）的张合变化情况、是否有错动迹象，缝内填充物是否流失或老化变质；⑥水闸下游流态是否正常，闸门底板是否脱空，下游是否存在冲坑等。

闸门设施检查：①检查门叶锈蚀、变形或损坏情况；②承重构件锈蚀、磨损、变形、裂纹或断裂情况；③行走支承变形情况，转动是否灵活；④门槽不均匀沉降或扭曲变形情况；⑤吊耳板、吊座、有无裂纹或严重锈损；⑥闸门止水密封是否可靠，有无渗漏，压板是否紧密，固定螺栓是否齐全；⑦运转部位的加油设施是否完好、畅通；⑧锁定是否齐全有效；⑨钢丝绳水上部分是否缺油、断股断丝现象；⑩表面是否涂有保护油，有无砂粒。

启闭机检查：①卷扬式启闭机检查，机架、机座主要承重构件腐蚀、裂缝、变形情况；吊板、吊钩、吊头的裂纹变形情况；卷筒的磨损、裂纹、变形情况；制动装置的磨损、裂纹、变形情况，制动是否灵活、可靠；传动齿轮的磨损、裂纹、断齿情况，传动件的传动部位是否保持润滑；联接件是否保持紧固，联轴器同心度是否符合规定，双吊点同步机构运行是否良好；滑动轴承的轴瓦、轴颈有无划痕或拉毛，轴与轴瓦配合间隙是否符合规定；滚动轴承的滚子及其配件有无损伤、变形或严重磨损，钢丝绳的防腐、润滑、完好情况。②液压式启闭机检查，缸体或活塞杆的腐蚀、裂缝、变形、泄漏情况；阀组动作是否灵活，油泵运转是否灵活，有无异响；供油管和排油管：腐蚀、泄漏、通畅情况；油箱的油位、油质情况。③螺杆式启闭机检查，螺杆的锈蚀、磨损、弯曲变形情况；螺母的磨损、断牙情况，机座的表面是否清洁，有无裂纹；连接件是否保持紧固，传动件的转动部位是否保持润滑，限位装置是否灵活可靠，启闭机和闸门运行时是否有异常的声响和杂音。

此外还要对涵闸电气设备、监测设施及其他附属设施能否正常使用进行定期检查。

（7）防汛抢险设施检查。是否按规定备有土料、砂石料、编织袋等防汛抢险料物。是否按规定配备有防汛抢险的照明设施、探测仪器和运载交通工具。各种防汛抢险设施是否处于完好待用状态。

（8）堤防工程管理设施检查。观测、监测设施是否完好，能否正常运用；观测、监测设施的标志、围栏或观测房是否丢失或损坏；观测、监测设施及其周围有无动物巢穴。

4. 巡查路线

沿圩堤背水侧巡查堤脚及各出险点，沿堤顶重点巡视堤顶、迎水坡及堤脚临近水域。

任务2.2.2 巡堤查险技术方法

2.2.2.1 查险方式

洪水期间，负责巡堤查险的班组实行24h分组轮流巡查。夜间巡查，要增加巡查组次和人员。每个巡查班巡查规定的责任段。

（1）当堤根水深在 2.0m 以下、汛情不太严重时，可由一个组沿临河巡查，返回时沿背河巡查。当巡查到两个责任段接头处时，两组要交叉巡查 10～20m，以免漏查。

（2）当堤根水深为 2.0～4.0m、汛情较为严重时，由两组分别从临河、背河同时出发，再交换巡查返回。必要时固定人员进行观察。

（3）当堤根水深在 4.0m 以上、汛情严重或降暴雨时，应增加巡查组次，每次由两组分别从临河、背河同时出发，再交换巡查返回。第一组出发后，第二组、第三组……相继出发。必要时固定人员进行观察。

（4）对未淤背或淤背未达标准的堤段，可根据水情和工程情况适当增加巡查次数。

（5）背河堤脚外 50m 范围内的地面及 100m 范围内的积水坑塘，应组织专门小组进行巡查，检查有无渗水、管涌等现象，并注意观测其发展变化情况。当汛情特别严重时，已淤背的堤段可对临河堤坡、淤背区堤肩及淤背区堤脚外 50m 范围内地面实行地毯式排查；未淤背堤段临河堤坡、背河堤坡及背河 100m 范围内的地面实行地毯式排查，背河有积水坑塘的，其排查范围扩大到 200m。

巡查交接时，交接班应紧密衔接，以免脱节。接班的巡堤队员提前上班，与交班的共同巡查一遍，交代情况。相邻小队碰头时应互通情报。并应建立汇报、联络与报警制度。

2.2.2.2 查险方法

巡查人员应通过步行的方式进行全面细致的检查，采用眼看、耳听、脚踩、手摸等直观方法或辅以一些简单工具对工程表面和异常现象进行检查，并对发现的情况作出判断分析。

堤上、堤下、堤身内外均要进行巡查，每组 5～7 人成排前进。一人走堤外水边，趁浪花起落的时机，用脚查探破绽和防浪情况；一人走堤顶，查看堤顶和内肩以下若干米的堤坡，注意有无跌窝和裂缝；一人走背水坡堤腰；一人走堤内脚；一人走渍水边，注意浸漏、滑脱现象及草下暗漏。如果堤脚附近没有渍水池要在离堤脚较远处巡查有无管涌险情。巡堤人员要时分时合，迂回巡查，不可有空白点，要不断交换巡查。在风雨夜或风浪大时，堤外水边巡查人员要注意安全，巡视示意图如图 2.2、图 2.3 所示。

查险是一件细致艰苦的工作，天气越恶劣（狂风、暴雨、黑夜），查夜工作越要抓得紧。不仅对重点险工堤段要加倍注意，对一般堤防也决不可放松。根据各地经验，江西省防总编撰了巡堤查险"46553"要诀。

（1）"四必须"：①必须坚持统一领导、分段负责；②必须坚持拉网式巡查不遗漏，相邻对组越界巡查应当相隔至少 20m；③必须做到 24h 巡查不间断；④必须清理堤身、堤脚影响巡查的杂草、灌木等，密切关注堤后水塘。

（2）"六注意"：①注意黎明时；②注意吃饭时；③注意换班时；④注意黑夜时；⑤注意狂风暴雨时；⑥注意退水时。在这些时候最容易疏忽忙乱，注意力不集中，容

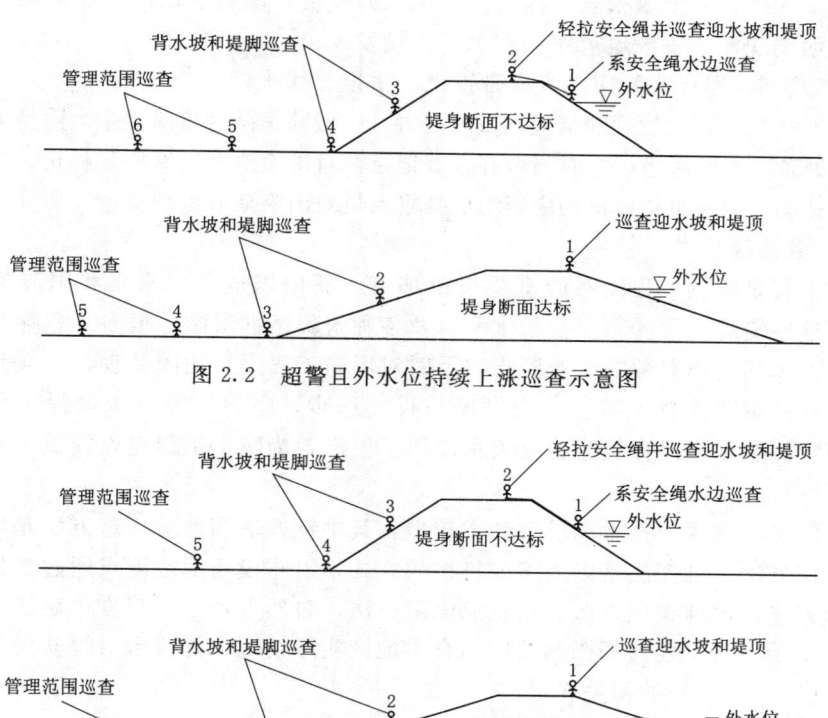

图 2.2 超警且外水位持续上涨巡查示意图

图 2.3 超警且外水位持续回落巡查示意图

易遗漏险情。同时对险情和隐患处理后，还要注意观测，必须提高警惕。

(3)"五部位"：①背水坡；②险工险段；③砂基堤段；④穿堤建筑物；⑤堤后洼地、水塘。

(4)"五到"。

1）眼到。密切观察堤顶、堤坡、堤脚有无裂缝、塌陷、崩垮、浪坎、脱坡、潮湿、渗水、漏洞、翻沙冒水，以及近堤水面有无小漩涡、流势变化。（眼到，用眼看清堤面、堤坡脚有无崩挫、裂缝、散浸、管涌等现象，看清堤外水边有无浪坎、崩坍、近堤水面有无漩涡等现象。）

2）手到。用手探摸检查。尤其是堤坡有杂草或障碍物的，要拨开查看。（手到，主要是用手来探摸和检查。检查堤边签桩或堤上绳缆是否有松动拉断情况。）

3）耳到。听水声有无异常，判断是否堤身有漏洞，滩坡有崩坍。（耳到，用耳探听水声，有无异样的声音。如武汉市在1954年巡查时，听到水声"咕噜咕噜"、与风浪冲击堤岸的"啪啪"声不同，因而发现了很多漏洞；又如在荆江大堤巡查孙家屏墙漏洞，也是经伏地静听到的。）

4）脚到。用脚探查。看脚踩土层是否松软，水温是否凉，特别是水下部分更要赤脚探查。（脚到，用脚查探发现险情。特别是不易发现险情的水淌地区，更要靠赤脚来试探水温及土壤松软情况。如水温很低有侵骨感觉就要仔细检查。可能是由冒水孔或漏洞来的水；如土壤松软，深入内层也软如弹簧，说明不是正常的情况。堤外坡有无跌窝崩塌现象，一般也可用脚在水下探摸发现。）

5）工具到。巡堤查险应随身携带铁锹、木棍、探水杆。

(5)"三应当"：①发现险情应当及时处置，一般险情随时排除，重大险情要组织队伍、专业处置、不留后患；②应当做好巡查记录，对出险地方做好明显标记，安排专人看守观察；③当地防汛指挥机构应当组织技术人员对出险地方组织复查，妥善处置。

2.2.2.3 查险新技术

堤防工程是防洪工程体系的重要组成部分。新中国成立以来，我国修筑大量堤防，但是这些堤防工程受当时技术水平以及各种筑堤条件限制，很多工程存在不同程度的隐患。如何快速有效的探查隐患，及时对堤防工程进行加固处理，一直是防洪工程管理工作的重要课题。随着社会发展与科技进步，隐患探测技术取得了突破性进展，采用物探技术快速探找隐患已大量应用于生产，为防洪工程建设提供了有力的支持手段。

堤防隐患内部探测技术和设备种类较多，其中锥探法和地球物理方法是堤防内部探测的常用方法。锥探法是以人工或机械的方式，沿布设断面或测点通过探杆探测根石深度的方法；地球物理方法包括直流电阻率法、自然电场法、瞬变电磁法、探地雷达法等。用于堤防工程内部探测的应结合本地区实际情况，并符合《堤防隐患探测规程》（SL 436—2023）的相关规定。

1. 瞬变电磁法

(1) 定义：向地下发送脉冲电磁波，通过测量由该脉冲电磁场感应的地下涡流产生的二次电磁场探测堤防隐患的一种电法勘探方法。

(2) 工作原理：应用二次感应电磁波信号，检测堤（坝）异常区域。一次电磁波传播到堤（坝）内部，产生二次感应电磁场。若有异常体，则会产生异常二次感应电磁场。地表的接收机在接收到的一系列二次感应电磁场信号中发现异常信号，从而判断堤（坝）内部存在异常体。因此只要测出二次感应电磁场衰减特性曲线，即可反演出深度电导率剖面曲线，判别堤（坝）中的隐患。

(3) 采用瞬变电磁法探测堤防隐患应满足下列条件：

1) 堤防表面平坦，便于布设电极。

2) 堤防隐患与周边介质有明显的电阻率差异，并在所用装置的探测深度范围内。

3) 测线应避开金属体、高压电力线等。

(4) 适用范围：可用于堤（坝）及其基础的性态现状与内部隐患检测。具体内容为：堤（坝）特性、浸润线、内部渗流通道、堤（坝）裂缝、内部空洞、松散体、滑动面检测。

(5) 仪器特点：与电法比较，电磁测深法具有位置分辨率和测深分辨率高、操作简便迅速、不受接地电阻影响、可做大面积长距离普查等优点。

2. 大地电导率仪

(1) 工作原理：利用改变检测频率、检测不同深度地层的电导率。高频检测浅地层、低频检测深地层、可探测 7.5m、15m、30m 和 60m 四种测深大地的视电导率值。

(2) 适用范围：可用于堤（坝）渗漏隐患检测、坝基和坝肩山体地质断裂带检测以及孔洞等检测。

(3) 仪器特点：分辨率低于瞬变电磁仪和高密度电法仪。大地电导率仪与瞬变电磁仪的区别在于前者发射连续波，改变频率可探测不同深度，高频信号探测浅地层，低频信号探测深地层；而后者发射脉冲波，利用不同时间采样信号探测不同深度地层。

3. 探地雷达法

(1) 定义：利用雷达发射天线向地下发射高频脉冲电磁波，由接收天线接收目的体的反射电磁波，以探测堤防隐患的一种探测方法。

(2) 工作原理：向地下发射高频电磁波，若是遇到介质常数不同的物体，电磁波即发生反射，根据反射波的性态来判别地下隐患。

(3) 采用该方法探测堤防隐患应满足下列条件：

1) 隐患与周边介质之间有明显的介电常数差异，埋深及规模应在探地雷达法探测深度范围内。

2) 表层无低阻屏蔽层。

3) 探测区内无大范围的金属体或无线电发射频源等较强的人工电磁波干扰；在泵站及水闸等场所，可使用高频雷达天线进行混凝土层脱空等浅层探测。

(4) 适用范围：可以用来检测堤（坝）内部存在的隐患（如渗漏区、空洞、松散未压实处等），也可用于检测堤（坝）内部浸润线及砂土特性，还可在水上检测，检测水底砂土特性及构造，用于崩岸检测。

(5) 仪器特点：检测数据直观，分辨率高，解译简单，检测速度快，因此得到广泛应用。车载探地雷达探测速度可以达到每小时几十千米。利用探地雷达的这一特点，可进行长距离堤防隐患普查。但是，探地雷达在堤（坝）上应用的主要限制因素是电磁波在黏土中衰减大，穿透距离小。

4. 稳态表面波法

(1) 工作原理：采用稳态表面波法，在混凝土表面采用稳态激振，实现从表面以下逐层对不同深度范围内的混凝土进行扫描，分层检测混凝土的内部特性。

(2) 适用范围：检测结构物开口缝、隐蔽缝（表面未裂开而内部裂开）、有充填物的缝、水平缝（与表面近似平行）等裂缝深度及性态；结构物接合面、新老混凝土接合面、碾压混凝土层间接合面及混凝土与岩土接合性态，查出其中是否脱空及混凝土板后面岩石及砂土特性。

(3) 仪器特点：需要专门的激振器，多次激发，野外工作较为复杂，但资料处理较简单，结果精度也较高。

5. 瞬态面波仪

(1) 工作原理：主要由震源激发出表面波，不同频率的表面波叠加在一起，以脉冲的形式向前传播，通过测线上定距离的加速度传感器接收，由仪器记录下来。通过利用小波分析法对表面波频散曲线做出奇异性显示方式，使岩性界面分层频散突变点在探测深度曲线上直观地显示出来,用于物探异常推断解释。

(2)适用范围:探查覆盖层厚度,划分松散地层沉积层序;探查基岩埋深和基岩界面起伏形态,划分基岩的风化带;探测构造破碎带;探测地下隐埋物体、古墓遗址、洞穴和采空区等。

(3)仪器特点:同稳态表面波法最大不同点是激发震源采用锤击,多道接收信号,探测深度比稳态表面波法大大增加。

6. 红外热像仪

(1)工作原理:存在管涌和散浸的区域,其温度场相比其他区域存在差异,通过温度场的变化检测,识别可能存在的工程安全问题。红外热像仪近年来逐渐应用于堤(坝)、建筑物等的渗漏、空鼓、缝隙问题。通过获得红外热像图,可以帮助操作人员进行目标物体的探测,了解目标物体的具体参数信息。

(2)适用范围:主要用来检测堤(坝)异常渗流的位置及范围,包括管涌、集中渗漏等,还可以用于闸门、启闭机、机电设备检测。

(3)仪器特点:被动接收目标自身的红外热辐射,与气候条件无关,无论白天黑夜均可以正常工作。红外线的波长较长,因此红外热像仪观测距离较远。克服雨、雪、雾的能力较强,适应较恶劣的环境。将红外热像仪安装在无人机上,可在洪水期快速大面积检测防管涌及渗漏,用于堤防普查。

7. 地层地温仪

(1)工作原理:利用堤(坝)内温度场变化,检测堤(坝)层土1m深处温度值,以此来判定堤(坝)中渗漏通道是否存在及其性质。

(2)适用范围:可用于检测浸润线以下的渗流通道。将温度传感器布置成检测阵列,测量出地下1m深处深度场数值,推算(坝)内的渗流分布情况。

(3)仪器特点:仪器结构简单、价格低、功效较大,可以作为探测堤(坝)渗漏的普用仪器。

8. 水下机器人

(1)工作原理:由水面上的工作人员,通过连接潜水器的脐带提供动力,操纵和控制潜水器,通过水下摄像机进行观察。

(2)适用范围:可用于检测堤(坝)水下病险情况,如堤(坝)水下剥蚀、裂缝位置、渗漏进水口、漏斗区等。

(3)仪器特点:具有安全、经济、高效和作业深度大等突出特点,小体积水下机器人可以深入体积狭小部位进行观测,但存在一定的局限性,不适宜在流速过快、垃圾杂物多、水下结构复杂(如上游坝面存在大量模板、钢筋和树枝等)等环境中实施检测。

9. 侧扫声呐

(1)工作原理:利用回声测深原理探测水底地貌和水下物体。

(2)适用范围:可用于水下地形探测和水下渗漏区的检测,还可用于堤防顶冲崩岸状况、观测水下地形、抛石护岸,以及水库地质、微地貌调查,搜救和紧急救援等。

（3）仪器特点：可进行快速大面积水下测量，通过对声速、斜距、拖曳体距水底高度等参数进行校正，得到无畸变的图像，拼接后可绘制出准确的水底地形图。从侧扫声呐的记录图像上，能判读出泥、砂、岩石等不同底质。

10. 堤（坝）管涌渗漏检测仪

（1）工作原理：通过在背水侧的堤（坝）背水侧与临水侧的水中同时发送特殊波形电流场的信号去拟合强化异常水流场的分布，并分析电流场的分布来探测水流场的动向。

（2）具体用途：主要用于堤（坝）管涌渗漏检测，可快速准确探测渗漏入水口区域。

（3）仪器特点：根据探测区域的水文地质情况，运用伪随机流场法测井进行坝基廊道内的排水孔检测，或者结合双频激电法，区分金属排水管与管涌渗漏通道，提高检测的准确率。

11. 高密度电阻率法

（1）定义：电剖面法和电测深法的组合，可同时探测电阻率沿水平方向和垂直方向的变化情况，依据隐患与周边介质的电阻率差异探测堤防隐患的一种电法勘探方法。

（2）工作原理：高密度直流电法勘探属于阵列勘探方法，是基于传统的对称四极直流电测深法基本原理，以岩（矿）石的导电性差异为基础的一种电学勘探方法。该方法主要研究在施加电场的作用下地中传导电流的分布规律，推断地下具有不同电阻率的地质体的赋存情况。

（3）适用范围：适用于堤防隐患详查，也可用于普查，探测裂缝、洞穴、松散体、高含砂层以及渗漏区域等隐患。

（4）仪器特点：高密度电阻率法最大特点是可以一次性沿测线同时布设几十到几百根电极，采集装置按选定的供电、测量排列方式自动采集测量电极间的电位值及回路中的电流值。电极距可以视探测深度和探测目标体的尺度进行设置，充分体现了高密度的特点。大量的数据为反演成像打下良好基础，为高精度、小目标的浅层勘探提供了可靠的保证。该方法既可用于剖面测量，还能用于面积性三维电性结构成像。

高密度电阻率法属于体积勘探方法，通过地层的电性差异来进行电性分层，尤其对第四系、含水层的反应较灵敏，是对第四系、破碎带等判别的有效勘探方法之一。

【案例分析】 峡江库区渗漏隐患探测

1. 工程概况

峡江库区金滩防护区位于赣江干流左岸，属水库常水位淹没区及临时淹没区，防护区东临赣江，西侧为山地，上游经金滩镇南拐向西侧山地，下游在柘口村北拐向西侧山地结束。金滩堤线起于金滩镇西部岭下村丘岗地带，至金滩镇政府所在地，再沿赣江设防至柘口村向西拐后，终止于柘塘南堤，堤线长5.59km。全堤堤身为新填均质黏土，堤基防渗主要采用射水造墙防渗，建筑物穿堤部位采用高喷（摆喷）灌浆。据地质勘察资料，工区内地质分层大致如下：①标高0～－7m：浅黄色～黄褐色砂壤土；②标高－7～－10m：砂层，含少量砾石；③标高－10～－16m：砂砾、卵石层，卵石粒径大多为8cm以下；④标高-16m以下：红色泥质粉砂岩层。

2016年9月，库区在桩号为4+800～5+550处的堤后发现多处管涌现象。本次拟采用高密度电阻率法结合瑞雷面波法，对渗漏隐患进行探测。

2. 高密度电阻率法探测

（1）工作布置。本次工作选用12根10道电缆，共120道电极。实际使用电缆数及道间距根据现场情况做出调整。断面测量时所有电极一次性铺设完成，为确保电极接地良好、各电极接地电阻均一，剖面测量前对所有电极进行接地电阻检查，采取浇盐水等手段保证各电极接地电阻均小于7kΩ。采集过程中供电电压200～400V。

（2）成果分析。

1）1号测线。1号测线起点桩号为5+512，终点桩号为5+392，道间距1m，共120道电极。从视电阻率等值图（图2.4）可以看出，白鹭电排站穿堤涵（中心桩号5+426）位于横坐标86左右，电阻率较低。在电排站左侧，测线横坐标64～72（桩号5+440～5+448附近）及横坐标40～48（桩号5+464～5+472附近）出现两组低阻异常带（电阻率为30～90Ω·m），推断该两处可能为隐伏的渗漏通道。

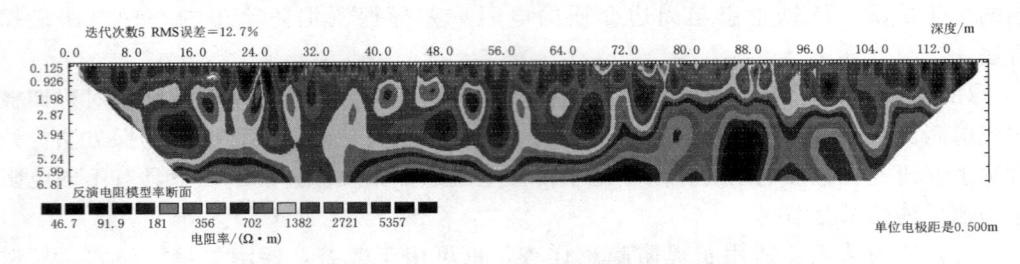

图2.4　1号测线高密度电阻率法反演电阻率剖面图

2）2号测线。2号测线起点桩号为5+496，终点桩号为5+376，道间距1m，共120道电极。从视电阻率等值图（图2.5）可以看出，白鹭电排站穿堤涵（中心桩号5+426）位于横坐标70左右，电阻率较低。在电排站左侧，测线横坐标54～59（桩号5+438～5+443附近）及横坐标39～45（桩号5+452～5+458附近）出现两组低阻异常带（电阻率为30～90Ω·m），推断该两处可能为隐伏的渗漏通道。

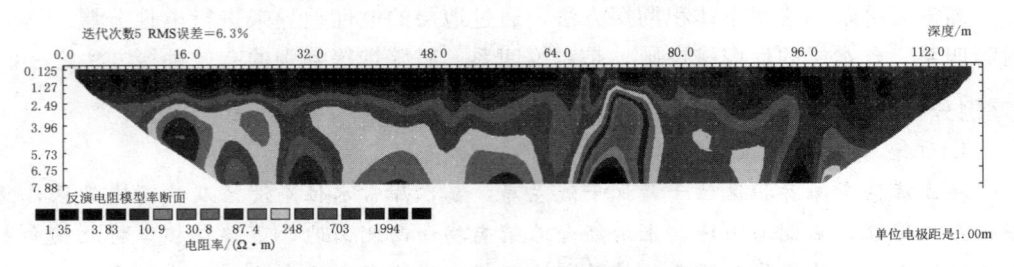

图2.5　2号测线高密度电阻率法反演电阻率剖面图

3）3号测线。为进一步验证1号、2号测线的结果，3号测线起始及终点与2号测线桩号线保持不变，高程降低1m。从视电阻率等值图（图2.6）可以看出，两处低阻异常桩号基本对应上，电阻率约为40Ω·m。综上可以推断出桩号5+438～5+448

及桩号 5+452～5+465 附近，堤顶以下 6～8m 处，有极大可能存在隐伏渗漏通道，深度大约距堤顶 8～10m。

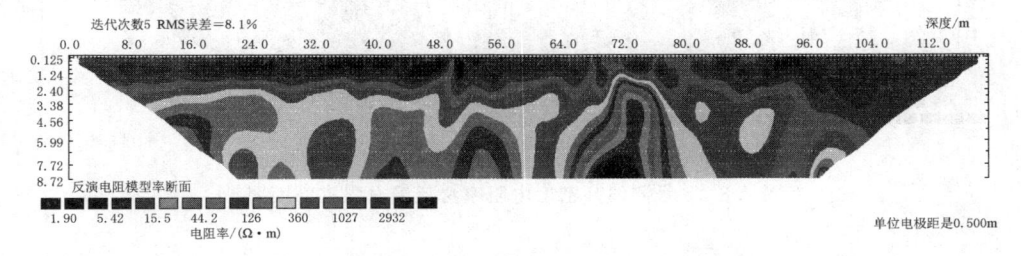

图 2.6　3 号测线高密度电阻率法反演电阻率剖面图

4) 4 号测线。4 号测线起点桩号为 5+288，终点桩号为 5+138，道间距 1.5m，共 100 道电极。从视电阻率等值图（图 2.7）可以看出，在测线横坐标 36 及 51（桩号 5+252 及 5+237 附近）出现明显低阻异常（电阻率为 60～120Ω·m），推断可能为渗漏通道，深度为堤顶以下 10～13m。但是由于电阻率相对偏高，可能性也就相对较小。在横坐标 60～130（桩号 5+228～5+158）之间，测线下方深度 4～6m，出现低阻带（电阻率为 90～200Ω·m），推断可能是含水量偏大的砂砾层。

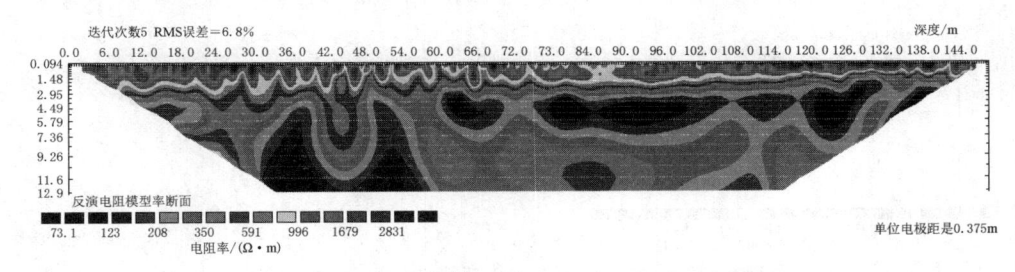

图 2.7　4 号测线高密度电阻率法反演电阻率剖面图

5) 5 号测线。5 号测线起点桩号为 5+162，终点桩号为 5+002，道间距 2.0m，共 80 道电极。从视电阻率等值图（图 2.8）可以看出，在测线横坐标 62 及 105（桩号 5+100 及 5+055 附近）出现明显低阻异常（电阻率为 20～70Ω·m），推断可能为渗漏通道。其中 5+100 处通道深度约为堤顶以下 15～18m，5+055 处通道深度约为堤顶以下 7～11m。在横坐标 24～80（桩号 5+104～5+082）之间，测线下方深度 4～6m，出现低阻带（电阻率为 90～200Ω·m），推断可能是含水量偏大的砂砾层。

6) 6 号测线。6 号测线起点桩号为 4+990，终点桩号为 4+910，道间距 1m，共 80 道电极。从视电阻率等值图（图 2.9）可以看出，在测线横坐标 31（桩号 4+959 附近）出现高阻异常（电阻率为 300～600Ω·m），推断可能为孔洞，深度约为堤顶以下 7～11m。在横坐标 16～70（桩号 4+974～4+920）之间，测线下方深度 3～7m，出现低阻带（电阻率为 90～200Ω·m），推断可能是含水量偏大的砂砾层。

7) 7 号测线。7 号测线起点桩号为 4+970，终点桩号为 4+890，道间距 1m，共 80 道电极。从视电阻率等值图（图 2.10）可以看出，测线下方深度 4～6m，出现低阻带（电阻率为 90～200Ω·m），推断可能是含水量偏大的砂砾层。

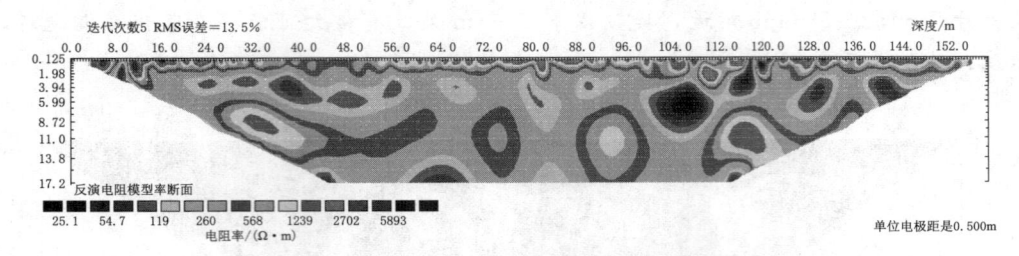

图 2.8　5号测线高密度电阻率法反演电阻率剖面图

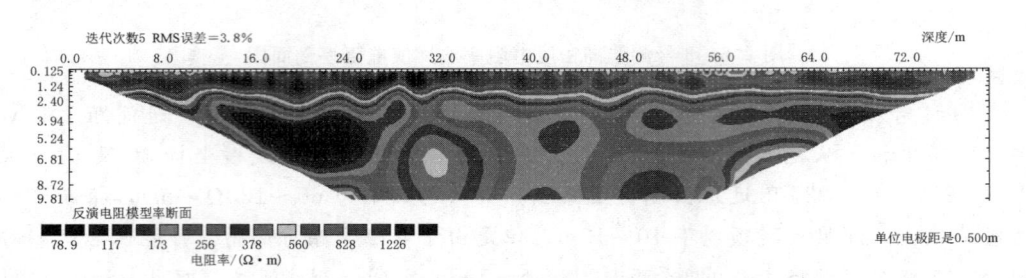

图 2.9　6号测线高密度电阻率法反演电阻率剖面图

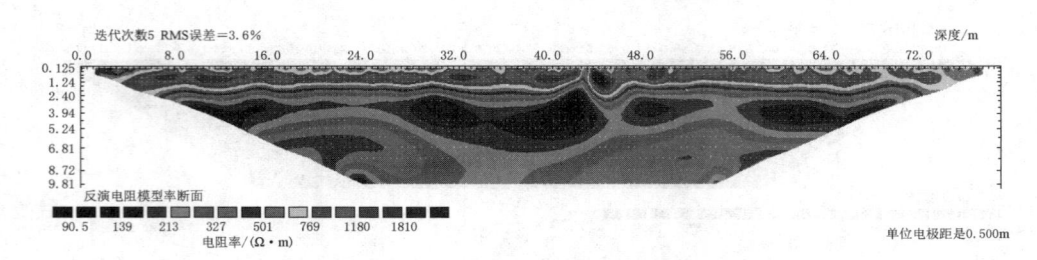

图 2.10　7号测线高密度电阻率法反演电阻率剖面图

12．自然电场法

（1）定义：通过观测地下水与岩土的渗透、过滤作用和溶液中离子的扩散、吸附作用，以及地下介质的电化学作用等因素而产生的自然电场的规律和特点，探测堤防渗漏及管涌通道的一种电法勘探方法。

（2）适用范围：可用于探测堤防的集中渗流、管涌通道，确定渗漏进口位置及流向等。

（3）采用该方法探测堤防隐患应满足下列条件：

1）渗流场有较大的压力差，在渗透过滤、扩散吸附等作用下形成较强的自然电场。

2）测区内没有较强的工业游散电流、大地电流或电磁干扰。

13．拟流场法

（1）定义：利用电流场模拟渗漏水流场，用于查明堤防渗漏和管涌进水口位置的一种探测方法，也可用于追踪存在集中渗漏的均质土坝中的渗漏通道。

（2）适用范围：可用于堤防渗漏及管涌的进水口部位探测，也可用于追踪存在集中渗漏的均质土坝中的渗漏通道。

（3）采用拟流场法探测时，水深应大于 0.5m。

14．温度场法

（1）定义：用温度传感器连续探测地下一定深处或钻孔中的垂向温度值，计算分析地下温度场，判断堤防及其基础上集中渗漏、管涌通道的方法。

（2）适用范围：探测深度为 1～10m（地表到渗漏通道顶部的距离），适用于探测浸润线以下的渗漏通道。

（3）采用该方法探测堤防隐患应满足下列条件：

1）地下 1m（可根据实际情况调整，但不超过 1.5m）深处温度与渗流水温度之差应大于 2.5℃。

2）渗漏通道内渗流速度应不小于 $8×10^{-3}$cm/s。

15．同位素示踪法

（1）定义：采用人工放射性同位素标记天然流场或人工流场中的地下水流，用示踪或稀释原理来探测渗漏、管涌的放射性测量方法。堤防隐患探测的同位素示踪法分为单孔稀释法、单孔示踪法和多孔示踪法。

（2）适用范围：单孔稀释法适用于测定水平流速和流向、底层渗透系数（在已知水力坡降时），判断多含水层中的涌水含水层和涌水量、吸水含水层和吸水量以及各含水层的静水头高度，测定垂向流速和流向等；单孔示踪法适用于测定垂向流速和流向；多孔示踪法适用于测定地下水流向、孔间平均流速、平均孔隙度，计算地层弥散系数等。

（3）采用该方法探测堤防隐患应满足下列条件：渗漏水流速大于 $1×10^{-6}$cm/s。

任务 2.2.3　携带工具及物料

（1）记录本——用于记录险情。

（2）小红旗（木桩、红漆）——作险情标志。

（3）卷尺（探水杆）——丈量险情部位及尺寸。

（4）铁铲——铲除表面草丛，试探土壤内松软情况，必要时还可处理一般的险情。

（5）电筒——黑夜巡查照明用等。

巡堤查险是一件艰苦细致的工作，天气越恶劣（狂风、暴雨、黑夜），查险工作越要抓紧，不可松懈。同时巡查人员要注意自身安全。

任务 2.2.4　巡　查　记　录

巡堤查险时应做好记录，便于掌握险情的发展，对于后期处理险情、预判圩堤安全性和汛后除险加固等有很好的依据，巡查记录一般格式见表 2.1。

表 2.1　　　　　　　　　　巡 查 记 录 表

日期	月　日 时至　时		外水位 /m		天气情况	
	巡查内容		巡查结果			发现问题及报告情况
堤防	堤顶路面		鼓起□；凹陷□；裂缝□；垃圾□；杂草□；正常□			
	堤顶防浪墙		错位□；倾斜□；裂缝□；正常□			
	迎水坡		滑坡□；裂缝□；塌坑□；淋沟□；洞穴□； 杂草、杂树和杂物□；垃圾□；正常□			
	背水坡		渗水□；散浸□；漏洞□；滑坡□；裂缝□； 塌坑□；淋沟□；洞穴□；草皮过高□； 杂草、杂树和杂物□；垃圾□；正常□			
	防渗排水设施		破损□；沉陷□；断裂□；阻塞□；正常□			
	堤后（压浸台）		渗水□；漏洞□；泡泉□；塌坑□；鼓起□； 杂草、杂树和杂物□；垃圾□；正常□			
	砌石或混凝土结构		破损□；裂缝□；松动□；塌陷□；脱落□； 架空□；止水破损□；垫层淘刷□；渗水□；正常□			
建筑物	与堤防结合部位		渗水□；漏洞□；塌坑□；不均匀沉陷□；裂缝□； 空隙□；正常□			
	穿堤闸站		渗水□；漏洞□；泡泉□；塌坑□；沉陷□； 裂缝□；损坏□；不能正常运行□；正常□			
	跨河建筑物支墩		阻水漂浮物□；不能正常运行□；正常□			
	其他建筑物		损坏□；阻水□；不能正常运行□；正常□			
巡查通道			泥泞难行□；杂草、杂树和杂物阻挡□； 民房或其他建筑物阻挡□；正常□			
其他需要报告的						
全体巡查人员（签名）：						
带班组长（签名）：						
交接班时间：　　　月　　日　　时　　分						
交接班重点事项说明：						
全体接班人员（签名）：						

任务 2.2.5　险情警号与报警

设定险情警号，制定严格的报警方式和责任制。"警报信号"及"解除警报信号"要做到家喻户晓，可利用电视、广播、报刊、网络等媒体报警，或通过移动电话、对话机、报警器等方式报警，当没有条件采用现代设备进行报警时，可因地制宜地采用口哨、锣鼓，甚至鸣枪报警，警号应事先约定，以达到向群众广为宣传的目的。针对出险和抢险的地点，要作出显著的标志，如红旗、红灯等。

无论用何种报警器具和方法，都要有严密的组织和纪律，并发布安民告示，使之家喻户晓。

2.2.5.1 险情警号

1. 警号形式

险情报警采取手机和电喇叭相结合的方法。各级防汛指挥机构汛前应向沿堤群众公布报险电话，并保证汛期24h畅通，有人接听。

（1）发现险情时，用手机向防汛指挥机构报警。一般险情、较大险情和重大险情的分类分级见表2.2。

表2.2　　　　　　　　堤防工程主要险情分类分级

险情类型	险情级别与特征		
	重大险情	较大险情	一般险情
漫溢	各种险情		
漏洞	各种险情		
管涌	出浑水	出清水，出口直径大于5cm	出清水，出口直径小于5cm
渗水	渗浑水	出清水，有沙粒流动	渗清水，无沙粒流动
风浪淘刷	堤坡淘刷坍塌高度在1.5m以上	堤坡淘刷坍塌高度为0.5~1m	堤坡淘刷坍塌高度为0.5m以下
坍塌	堤坡坍塌堤高在1/2以上	堤坡坍塌堤高为1/2~1/4	堤坡坍塌堤高在1/4以下
滑坡	滑坡长在50m以上	滑坡长度为20~50m	滑坡长度在20m以下
裂缝	贯穿横缝、滑动性纵缝	其他横缝	非滑动性纵缝
塌坑	水下与漏洞有直接关系	水下背河有渗水、管涌	水上

（2）手机报警由带班巡查的乡镇、村干部掌握，或指定专人负责，不得乱发。

（3）防汛指挥机构接到报警后，应迅速组织工程技术人员赴现场鉴别险情，逐级上报，并指定专人定点观测或适当增加巡查次数，对威胁工程安全的迅速采取抢护措施。各巡查堤段的巡查人员继续巡查，不得间断。

2. 险情标志

紧急出险地点应设立警示标志，白天悬挂红旗，夜间悬挂红灯或点火，作为抢险人员集合标志。出险堤段应尽快架设照明线路或落实移动发电设备，安设照明设施，方便夜间查险、抢险。

2.2.5.2 报警守则

（1）报警的同时，应根据险情类别按抢护原则立即组织抢护，防止险情扩大，并火速报告上级防汛指挥部。

（2）防汛指挥部门接到报警后，应按照防汛预案的规定立即组织人力、料物赶赴现场，全力抢险，但检查工作不得停止或中断。

（3）继续巡查。基层防汛组织听到报警信息后，应立即组织人员增援，同时报告上一级防汛指挥部，但原岗位必须留下足够的人员继续做好巡查工作，不得间断。相邻责任段巡查班人员除坚持巡查的人员外，其余人员都要急驰增援。

(4) 警号宣传。所有警号、标志，应对沿河群众广泛宣传。

任务 2.2.6 险 情 报 告

堤防工程出现险情后，应当按照规定逐级上报。一般险情报至地市级防汛指挥机构，较大险情报至省级防汛指挥机构，重大险情要求在报至省级防汛指挥机构的同时，还要上报至流域防汛指挥机构。

2.2.6.1 报险内容

险情报告的基本内容：险情类别，出险时间、地点、位置，各种代表尺寸（如长、宽、深、坡度等），出险原因，险情发展经过与趋势，河势分析及预估，危害程度，拟采取的抢护措施及工料和投资估算等。

有些险情应有特殊说明，如渗水、管涌、漏洞等的出水量及清浑状况等，较大险情与重大险情同时还应附平面、断面示意图。一般险情要按照相关技术要求尽快排除，不留后患，并加强巡查观测。重大险情要在技术人员的指导下，制订抢险方案并立即处置。同时，要做好重大险情恶化应对预案。在重大险情消除或控制后，要安排专人驻守观测。

2.2.6.2 报险时间

防洪工程报险应遵循"及时、全面、准确、负责"的原则。查险人员发现险情或异常情况时，巡堤查险组长要迅速在 5min 内电话报告乡镇政府防汛责任人，同时向其他巡堤查险人员、乡镇现场防汛指挥人员和防汛抢险人员发出报险预警信号，乡（镇）人民政府带班责任人与业务部门岗位责任人应立即对险情进行初步鉴别，并在 20min 内电话报至县（市、区）防汛抗旱指挥部。发现重大险情时，要随发现随报告，并在第一时间向可能受到威胁的附近居民和防汛抢险人员发出报险预警信号。

2.2.6.3 报险要求

险情报告要遵循逐级报告的原则。各级防汛抗旱应急指挥部门及河道管理单位要根据险情大小、险情种类和规范格式逐级书面报告，特殊情况可越级或电话报告。紧急险情应边报告边组织力量抢护，不能听任险情发展。但是不论出现何种险情，均应按前述规定逐级上报，险情紧急时可以先用电话报告，但应尽快完备手续。

任务 2.2.7 保障措施及注意事项

巡堤查险督查工作坚持"全方位、全过程开展工作，突出重点，兼顾一般，以点促面，全面落实，物质奖励与精神鼓励相结合，注重实效，有功必奖、有过必罚"的原则。

2.2.7.1 保障措施

1. 落实巡堤查险行政首长负责制

县（市、区）防汛抗旱指挥部在每年汛前对各自行政区所有堤防的巡堤查险责任逐个明确，落实以行政首长负责制为核心的各项防汛责任制，采取分堤段设立巡堤查险责任牌、颁发巡堤查险责任手册等形式予以公示，增加透明度，把巡堤查险职责和任务真正落到实处。

2. 搞好巡堤查险技术指导

巡堤查险期间，要以县（市、区）水利、河务部门为主体组成若干个巡堤查险技术指导组，负责在现场进行巡堤查险方法、技术的指导服务，向巡堤查险人员传授巡堤查险工作要领，答疑并解决巡堤查险中遇到的实际问题。

3. 加强巡堤查险督察

县（市、区）防汛抗旱指挥部可根据巡堤查险工作的实际情况，成立由本级政府有关部门、防汛抗旱指挥部成员单位负责人参加的巡堤查险督察组，负责在巡堤查险一线巡回督察，监督巡堤查险人员到岗和巡堤查险工作是否到位。发现有人员缺岗或工作缺位的问题，督察组要及时指正并责令其迅速整改。对整改不力、不及时的，督察组可以代表县（市、区）防汛抗旱指挥部在现场采取必要措施进行处置。

4. 搞好巡堤查险物资供应

巡堤查险所需的常规工具、器材及物料由承担巡堤查险任务的村组、单位自备自带。非常规工具、器材及物料由县（市、区）、乡（镇）负责统一配置，专库存放，每年汛前统一发放、汛后统一收回、统一维修保养，及时更换易损物品，充盈库存，满足巡堤查险工作需要，其所需费用纳入本级财政预算。

5. 保证巡堤人员安全

巡堤查险、抢险必须以确保参与人员生命安全为前提，凡参与巡堤查险的人员，必须佩戴有效的救生设备。认真做好巡堤查险后勤保障工作，针对可能发生的不利情况，科学合理地安排查险巡护工作，为巡堤抢险人员提供良好保障。

6. 严明巡堤查险奖惩制度

对巡堤查险不负责任、擅离工作岗位、报险不及时、抢险处置不当而造成不良后果的，要按有关规定给予巡堤查险负责人和当事人严肃的经济处罚或党政纪律处分；情节严重的，要依法追究其法律责任。对巡堤查险责任心强、发现险情及时抢险预警和抢护除险有功人员，应及时给予表彰鼓励和物质奖励。

7. 保证通信设施正常运行

汛前要检查维修各种防汛通信设施，包括有线、无线设施，对值班人员应组织培训，建立话务值班制度，保证汛期通信畅通。

与电信部门通报防汛情况，建立联系制度，约定紧急防汛通话的呼号。

蓄滞洪区应按照预报时限、转移方案和安全建设情况，布置配备通信报警系统。

2.2.7.2 注意事项

（1）巡查工作要做到统一领导，分段分项负责。要确定检查内容、路线及检查时间（或次数），把任务分解到班组，落实到人。

（2）巡查人员必须熟悉堤坝情况，切实了解堤防、险工现状，并随时掌握工情、水情、河势的变化情况，做到心中有数，以便及时采取抢护措施。巡查小组力求固定，一旦成立，全汛期不变。巡查人员要按照要求填写检查记录（表格应统一规定）。发现异常情况时，应详细记述时间、部位、险情和绘出草图，同时记录水位和气象等有关资料,必要时应测图、摄影或录像,并及时采取应急措施,上报主管部门。

(3) 防汛队伍上堤后,先清除责任段内妨碍巡堤查险的障碍物,以免遮挡视线和影响巡查,防守期间,要及时平整堤顶,填垫水沟浪窝,捕捉害堤动物,检查处理堤防隐患,清除高秆杂草。在背水堤脚、临背水堤坡及临水水位以上0.5m处,整修查水小道,临水查水小道应随着水位的上升不断整修。要维护工程设施的完整,如护树草、护电线、护料物、护测量标志等。

(4) 防汛队伍上堤防守期间,应严格按照国家防汛抗旱总指挥部《巡堤查险工作规定》及巡堤查水和抢险技术各项规定进行拉网式巡查,采用按责任堤段分组次、昼夜轮流的方式进行,相邻队组要越界巡查。对险工险段、砂基堤段、穿堤建筑物、堤防附近洼地、水塘等易出险区域,要扩大查险范围,加强巡查力量,发现问题,及时判明情况,采取恰当的处理措施,遇有较大险情,应及时向上级报告。

(5) 堤防巡查人员必须精力集中,认真负责,不放松一刻,不忽视一点,严格按江西省防总编撰的巡堤查险"'46553'要诀"执行,并做到"三清""三快"。

"三清"即出现险情原因要查清,报告险情要说清,报警信号和规定要记清。"三快":发现险情要快,报告险情要快,抢护险情要快。这样才能做到及时发现险情,小险迅速处理,以免发展扩大;重大险情,上级能及时准确了解,必要时能调集力量支援抢护。

(6) 按照险情早发现、不遗漏的要求,根据水位(流量)、堤防质量、堤防等级等,确定巡堤查险人员的数量和查险方式。遇较大水情或特殊情况,应加派巡查人员、加密巡查频次,必要时应24h不间断巡查。

(7) 发现险情后,应迅速判明险情类别,如果是一般险情,应指定专人定点观测或适当增加巡查次数,及时采取处理措施,并向上一级报告,在特定情况下可边抢护、边上报、边做好抢大险的准备工作。如果是严重险情,应立即采取抢护措施,并立即按照规定时间要求向上级报告。

(8) 汛期当发生暴雨、台风、地震、水位骤升骤降及持续高水位或发现堤坝有异常现象时,应增加巡查次数,必要时应对可能出现重大险情的部位实行昼夜连续监视。

(9) 应合理安排巡堤查险人员的就餐及轮流休息,保持巡堤查险人员精力充沛,防止因疲劳过度造成巡堤查险工作缺漏和失误。

(10) 提高警惕,防止一切破坏活动,保护工程安全。

【综合练习】

1. 堤防巡查人员必须认真负责,不放松一刻,不忽视一点,注意"五时""五到""三清""三快",请指出"五时""五到""三清""三快"都包含哪些方面内容?
2. 什么是河道防护工程?河道防护工程险情的观察与检查主要有哪几方面?

模块 3

堤防防汛抢险技术

新中国成立以来，党和各级政府都十分重视水利工程建设，水利基础设施建设实现重大进展。根据2021年全国水利发展统计公报，截至2021年年底，全国已建成5级及以上江河堤防33.1万km，累计达标堤防24.8km，堤防达标率为74.9%；其中，1级、2级达标堤防长度为3.8万km，达标率为84.3%。全国已建成江河堤防保护人口6.5亿人，保护耕地4.2万千公顷。

我国现有江河堤防主要有以下几个方面的特点：一是堤基条件差，堤防傍河而建，堤线选择受到河势条件制约，堤防基础大多为沙性基础，而且绝大部分堤防未做基础处理，有的堤防建在古河道或历史上决口后堵复的老口门上，堤基松软，容易出险；二是堤身填土质量差，不少堤防在原堤基础上，经过历年逐渐加高培厚而成，质量不佳，有的局部夯实不均匀，新旧堤结合不密实，或因土料干缩、湿陷、不均匀沉陷产生裂缝，有的因鼠、蛇、白蚁等动物掏蚀形成洞穴，或填埋在堤防内部的树根、桩木腐烂形成洞隙等；三是堤后坑塘多，由于在堤后取土筑堤，使堤后覆盖层薄弱。由于上述隐患的存在，当遭遇洪水时堤防经常发生散浸、管涌、漏洞、漫溢、滑坡、风浪淘刷、裂缝、坍塌、跌窝等险情。

党的二十大会议指出，我国发展进入战略机遇和风险挑战并存、不确定难预料因素增多的时期。在防汛抢险工作中，我们要增强风险意识、忧患意识，树牢底线思维、极限思维，践行"两个坚持、三个转变"防灾减灾救灾新理念，以"时时放心不下"的责任感，用大概率思维应对小概率事件，主动防范化解风险，坚决守住水旱灾害防御底线。因此，根据险情有针对性地采取措施，及时进行抢护，以防止险情扩大，保证工程安全，是汛期抢险的重点。

本模块主要针对堤防的类型、设计标准、结构布置以及可能出现的各种险情的出险原因、险情鉴别、抢护原则、抢护方法以及相关工程案例进行详细介绍。使学生掌握判别险情、抢护险情的基本方法，培养学生解决实际问题的能力。

【学习目标】

学习内容		知识目标	能力目标	素质目标
项目3.1	堤防	①堤防种类及防洪级别；②堤防结构设计；③堤防险情种类	①了解堤防种类、防洪级别和标准；②理解堤防设计相关指标参数；③掌握土堤渗控措施	①具有良好的纪律意识和实事求是精神；②具有良好职业道德；③具备独立思考、有效沟通与团队合作的能力

续表

学习内容		知识目标	能力目标	素质目标
项目 3.2	堤防防汛抢险技术	①堤防各类险情定义；②堤防各类险情的特征；③堤防各类险情抢护原则及方法	①掌握堤防工程各类险情的判别方法以及抢护方法；②能够准确地判断堤防工程存在的隐患，探查险情；③具有正确处置险情的能力	①有严谨认真、爱岗敬业的工作作风和良好职业道德；②有勤于思考、勇于科学探索的创新能力
项目 3.3	堤防堵口技术	①堤防决口分类；②堤防决口抢险原则；③堤防堵口方法	①能够正确分析堤防决口出现的原因；②掌握堤防堵口的抢护方法；③掌握堤防堵口技术操作要点	①具有团队协作精神和大局观念；②具有良好职业道德和扎实的职业素养；③具有良好的心理素质和克服困难的能力

项目 3.1　堤　　防

堤防

堤防由围护一区一地变为沿江河的防御，战国时黄河下游两岸有了系统堤防，堤防成为防洪主要手段。沿河、渠、湖、海岸或行洪区、分洪区、围垦区的边缘修筑的挡水建筑物称为堤防。堤防工程作为江西省防洪工程的重要组成部分具有悠久的历史，早在后汉永元年间豫章太守张躬即开筑堤防洪之先河，堤防建设得到了很快发展。

堤防主要用于防御洪水泛滥，保护居民、田地和各种建设；限制分洪区（蓄洪区）、行洪区的淹没范围；围垦洪泛区或海滩，增加土地开发利用的面积；抵挡风浪或抗御海潮；约束河道水流，控制流势，加大流速，以利于泄洪排沙。作为水利工程重要的组成部分，在防洪抗汛和保证民众生命和财产安全方面，发挥着极为重要的作用。

新中国成立以后党和政府对水利工作非常重视，江西省的堤防工程建设取得了巨大成就，千亩以上圩堤达 880 余座，堤线总长 6400 多千米，保护 1009km^2 范围内 98 万亩耕地，1100 余万人口的生命财产和工农业生产的安全，为江西省的国民经济持续、稳定、快速发展提供了可靠的安全屏障作出了重大贡献。

任务 3.1.1　堤防种类、防洪级别和标准

3.1.1.1　堤防种类

堤防按其修筑的位置不同，可分为河堤、江堤、湖堤、海堤以及水库、蓄滞洪区低洼地区的围堤等；按其功能可分为干堤、支堤、子堤、隔堤、行洪堤、防洪堤、围堤（圩垸）、防浪堤等；按建筑材料可分为土堤、石堤、土石混合堤和混凝土防洪墙等。

河（江）堤是修建在江河两侧的堤防，是典型的堤防工程。河（江）堤是江河主要的防洪工程。河（江）堤依所处位置不同又分为干堤和支堤，干堤是干流河道上的

堤防，支堤是支流河道上的堤防。

湖堤是修建在湖泊周围的堤防。由于湖泊水位相对稳定，湖堤具有挡水时间较长、风浪淘刷严重的特点，需要做好防渗和防浪工作。水库沿水边修建的堤防所临水的特性与湖堤相似。

海堤是修建在海边的用以防御潮水危害的堤防，又称海塘或防潮堤。海堤具有挡水频繁、风浪冲刷严重、地基软弱的特点。

围堤包括修建在蓄、滞、行洪区周围的堤防以及在滩区或湖区修建的圩堤或生产堤。另外，为了减小临水堤防决口的淹没范围，在某些堤防危险堤段的背水侧修建第二道堤防，称为月堤、备塘或备用堤。当临水堤防与第二道堤防之间面积较大时，也有在两者之间修建隔堤的。

库区堤是在水库回水区外沿修建堤防，可以控制水库蓄水时的回水范围，减少淹没面积，降低淹没损失。通过修建库区围堤，可以在水库挡水大坝设计挡水能力范围内，抬高水库的蓄水水位，增加水库的蓄水量，以充分发挥水库的工程效能。

渠堤是修建在渠道两侧的堤防，可以实行高水位输水，增大输水能力，从而扩大送水范围，并减少沟渠占地面积。

目前我国多数堤防采用均质土堤，具有就地取材、便于施工、能适应堤基变形、便于加修改建、投资较少等特点，但是它体积大、占地多，易于受水流、风浪破坏，因而一些重要海堤和城市堤防采用了砌石堤、混凝土防洪墙等形式。

3.1.1.2 堤防防洪级别

堤防工程的级别划分主要是根据防护对象的要求、重要性和防护区范围大小而确定的。通常以洪水的重现期或出现频率表示，按照《堤防工程设计规范》（GB 50286—2013）的规定，堤防工程级别划分详见表3.1。

表3.1　　　　　　　　　　堤 防 工 程 级 别

防洪标准/[重现期(年)]	≥100	<100且≥50	<50且≥30	<30且≥20	<20且≥10
堤防工程级别	1	2	3	4	5

当堤防工程的防护区内有多个防护对象时，其应根据防洪标准较高的防护对象确定防洪标准。

蓄滞洪区堤防工程的防洪标准及等级，根据批准的流域防洪规划或区域防洪规划进行专门确定。

堤防工程上的闸、涵、泵站等建筑物的设计防洪标准不应低于堤防工程的防洪标准。

对于由水库、滞（蓄、分）洪工程、堤防等组成防洪工程体系的江河、湖泊的防洪标准是指防洪工程体系整体发挥防洪作用而达到的防洪标准。

3.1.1.3 堤防设计洪水标准

根据防洪级别确定的设计洪水标准，是堤防设计的首要资料，目前设计洪水标准，主要依据洪水重现期或出现频率。对于重要部位或影响大的地区，可以提高标准。例如，上海市新建的黄浦江防汛（洪）墙采用1000年一遇的洪水作为设计洪水标准：长江堤防以1954年型洪水为设计洪水标准。

目前设计洪水标准的表达方法，以采用洪水重现期或出现频率较为普遍。堤防工程的重现期和频率的关系为

$$T=\frac{1}{p} \tag{3.1}$$

式中：T 为重现期，年；p 为洪水频率。

例如，洪水频率为1%，则其重现期为100年，即该堤防可以防御100年一遇的洪水。作为参考比较，还可以调查、实测某次大洪水水位作为设计洪水标准，如长江干流以1954年型洪水水位为设计洪水标准。为了安全防洪，还可根据调查的大洪水水位适当提高设计洪水标准。

因为堤防工程的功能之一是挡水，在发生超设计标准的洪水时，除临时防汛抢险外，还可运用其他工程措施来配合，所以《堤防工程设计规范》（GB 50286—2013）规定堤防的高程可采用一个设计标准，再加超高值。

确定堤防工程的防洪标准时，还应考虑到有关防洪体系的作用。例如，江河、湖泊的堤防工程，由于上游修筑水库或开辟分洪区、滞洪区、分洪道等，同时根据保护区对象的重要程度和失事后遭受洪灾的损失影响程度，可适当降低或提高堤防的防洪标准。当采用低于或高于规定的防洪标准时，应进行论证并报水行政主管部门批准。

任务3.1.2 堤 防 设 计

堤防设计主要包括堤顶高程、堤顶宽度、堤防边坡等堤防断面尺寸标准的确定。对于重要堤防工程，还须进行渗流计算与渗控措施设计、堤坡稳定分析等。

3.1.2.1 堤顶高程的确定

堤顶高程应按设计洪水位或设计高潮位加堤顶超高确定。

设计洪水位是指堤防设计防洪水位或历史上防御过的最高洪水位，是设计堤顶高程的计算依据。

堤顶超高应考虑波浪爬高、风壅增水、安全加高等因素。为了防止风浪漫越堤顶，须加上波浪爬高，此外还须加上安全超高，堤顶超高按式（3.2）计算确定。1级堤防的重要堤段堤顶超高值不得大于1.5m。

$$Y=R+E+A \tag{3.2}$$

式中：Y 为堤顶超高，m；R 为设计波浪爬高，m；E 为设计风壅增水高度，m；A 为安全加高，m，按表3.2确定。

表3.2 堤防工程的安全加高值

堤防工程级别		1	2	3	4	5
安全加高值 /m	不允许越浪的堤防工程	1	0.8	0.7	0.6	0.5
	允许越浪的堤防工程	0.5	0.4	0.4	0.3	0.3

波浪爬高与地区风速、风向、堤外水面宽度和水深，以及堤外有无阻浪的建筑物、树林、大片的芦苇、堤坡的坡度与护面材料等因素都有关系。

3.1.2.2 堤身断面尺寸

堤身横断面一般为梯形，首先初步拟定断面尺寸，然后对堤段进行渗流和稳定计算，使堤身满足抗滑和防渗的要求。

1. 堤顶宽度的确定

应根据防汛、管理、施工、构造、抢险交通运输以及防汛备用器材堆放的需要确定。一般情况下，1级堤防不宜小于8m；2级堤防不宜小于6m；3级及以下堤防不宜小于3m，堤顶应向一侧或两侧倾斜，坡度宜采用2%～3%。

2. 堤坡坡比的确定

堤坡应根据堤防级别、堤身结构、堤基、筑堤土质、风浪情况、护坡形式、堤高、施工及运用条件，经稳定计算确定。1级、2级土堤的堤坡不宜陡于1：3。若堤身较高，为增加其稳定性和防渗要求，常在背水坡下部加筑戗台或压浸台。

3. 护坡与坡面排水

土堤堤坡宜采用草皮等生态护坡；受水流冲刷或风浪作用强烈的堤段，临水侧坡面可采用砌石、混凝土等护坡形式。

砌石、混凝土等护坡与土体之间应设置垫层。垫层可采用砂、砾石或碎石、石渣和土工织物，砂石垫层厚度不应小于0.1m。风浪大的堤段的护坡垫层可适当加厚。

浆砌石、混凝土等护坡应设置排水孔，孔径可为50～100mm，孔距可为2～3m，宜呈梅花形布置。浆砌石、混凝土护坡应设置变形缝。

砌石、混凝土护坡在堤脚、戗台或消浪平台两侧或改变坡度处，均应设置基座，堤脚处基座埋深不宜小于0.5m，护坡与堤顶相交处应牢固封顶，封顶宽度可为0.5～1.0m。

高于6m的土堤受雨水冲刷严重时，宜在堤顶、堤坡、堤脚以及堤坡与山坡或其他建筑物结合部设置排水设施。

平行堤轴线的排水沟可设在戗台内侧或近堤脚处。坡面竖向排水沟可每隔50～100m设置一条，并应与平行堤轴向的排水沟连通。排水沟可采用混凝土或砌石结构，其尺寸与底坡坡度可由计算或结合已有工程的经验确定。

4. 护岸防护

堤防的岸坡受风浪、水流、潮汐等作用而可能发生冲刷破坏，应根据各类堤防的工作条件、采取相应的防护工程措施（简称护岸），以保护堤岸免遭冲刷、防止堤岸因冲刷而坍塌或诱发其他险情。

堤岸上游坡防护工程的形式主要有：坡式护岸、坝式护岸、墙式护岸等。

堤岸下游坡防护多采用草皮防护，草皮太厚容易藏匿害堤动物，太薄则影响防护效果；若坝坡为砂性土，可先用黏性腐殖土包边，然后再植草皮。

对于江河堤防，在经常靠河（水）着溜、易受水流冲刷、容易出险的堤段（称为险工段）修建的临河防护工程（如具有挑流御水作用的丁坝、堆垛、护岸），称为险工；为预防大水期间发生顺堤行洪和冲刷堤身，在平工堤段依堤修建的、具有挑水护岸作用的坝垛，称为滚河防护坝，也称防洪坝；对于间接保护堤防安全的控导工程，也应视为堤岸防护的工程措施之一。

3.1.2.3　土堤渗控措施设计

一般土质堤防工程,在水滞留时间较长时,均存在渗透问题。尤其是平原地区的堤防工程,堤基表层多为透水性较弱的黏土或壤土,而下层则为透水性较强的砂层、砂砾石层。当汛期堤外水位较高时堤基透水层内出现较大的水力坡降,形成向堤防工程背河的渗流。在一定条件下,该渗流会在堤防工程背河表土层非均质的地方突然涌出,形成翻沙鼓水,引起堤防工程险情,甚至出现决口。因此,在堤防工程设计中,必须进行渗流稳定分析计算和相应的渗控措施设计。

堤防工程渗透变形产生管涌、流土,往往是引起堤身塌陷溃决的主要原因。为此,必须采取措施,降低渗透坡降或增加渗流出口处土体的抗渗透变形能力。目前工程中常用的方法,除在堤防工程施工中选择合适的土料和严格控制施工质量外,还主要采用"外截内导"的方法治理。

1. 迎水面铺设铺盖、增加渗径长度

在堤防工程临水面堤脚外滩地上,铺设防渗土工膜或修筑连续的黏土铺盖、混凝土铺盖,以增加渗径长度,减小渗流的水力坡降和渗透流速,是目前工程中经常使用的一种防渗技术。铺盖的防渗效果,主要取决于铺盖宽度。根据规范规定,不同的土质铺盖宽度也不同。一般对于砂性土为临河水深的11~13倍。

2. 堤背防承压水击穿加载

当堤防迎土面的堤基透水层的承压水大于其上部不(弱)透水层的有效压重时,为防止发生击穿破坏,可采取填土加压,增加覆盖层荷载的办法来抵抗向上的渗透压力,以消除产生管涌、流土险情的条件。

近些年来,在一些重要堤段,采用堤背放淤或吹填的办法增加覆盖层厚度,同时起到了加固堤防和改良农田的作用。

3. 堤背脚滤水设施

对于洪水持续时间较长的堤防工程,堤背脚渗流出逸坡降达不到安全允许坡降的要求时,可在渗水逸出处修筑滤水戗台或反滤层、导渗沟、减压井等工程。

滤水戗台通常由砂、砾石滤料和集水系统构成,修筑在堤背后的表层土上,降低堤身浸润线的出溢点,并使堤坡渗出的水在戗台汇集排出。反滤层设置在堤背面下方和堤脚下,其通过拦截堤身和从透水性底层土中渗出的水流挟带的泥沙,防止堤脚土层流失,保证堤坡稳定。堤背后导渗沟的作用与反滤层相同,当透水地基深厚或为层状的透水地基时,可在堤坡脚处修建减压井,为渗流提供出路,减小渗压,防止管涌发生。

(1) 反滤层的结构。反滤层的作用是滤土排水,防止在水工建筑物渗流出口处发生渗透变形,由2~4层非黏性土、颗粒大小不同的砂、碎石或卵石等材料做成(图3.1),顺着渗流方向颗粒逐渐增大。按照施工条件,水平反滤层每层厚度一般为15~30cm。在土质防渗体与堤身或与堤基透水层相邻处以及渗流出口处,如不满足反滤要求,都必须设置反滤层。

(2) 反滤层的材料。反滤层的材料首先应该是耐久的、能抗风化的砂石料。为保证滤土排水的正常工作,材料的布置和要求应满足如下原则:

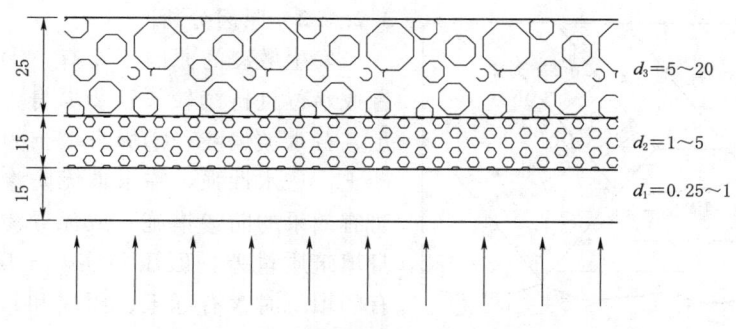

图 3.1 反滤层布置示意图（单位：cm）

1) 被保护土壤的颗粒不得穿过反滤层。但对细小的颗粒（如粒径小于 0.1mm 的砂土），则可允许被带走。因为它的被带走不会使土的骨架破坏，不至于产生渗透变形。

2) 各层的颗粒不得发生移动。

3) 相邻两层间，较小的一层颗粒不得穿过较粗一层的孔隙。

4) 反滤层不能被堵塞，而且应具有足够的透水性，以保证排水畅通。

3.1.2.4　土堤险情

在河道水位快速上涨，流速加快，水流偎堤危及堤防安全。堤防出现险情主要是有以下几个方面的原因：

（1）堤防的堤身、堤基本身存在安全隐患，在高水位渗流作用下产生险情，并迅速扩大。

（2）堤线通常蜿蜒曲折，水流顶冲堤防，造成堤岸（坡）塌陷。

（3）水位上涨，超过堤防的防洪标准，造成堤顶漫溢，危及堤防安全。

（4）堤防上的建筑物与堤防接触不良、基础处理不当或产生不均匀沉降等引起的险情。

项目 3.2　堤防防汛抢险技术

在防汛抢险过程中，正确判断堤防险情类别、性质，按"抢早抢小，就地取材"的原则确定抢险方法、制订抢险方案、及时组织抢险，对于险情处理所采取的措施应科学准确，恰到好处，才能进行科学、有效防护。

堤防险情一般可分为散浸（渗水）、漏洞、管涌（泡泉、翻砂鼓水）、漫溢、风浪、滑坡、崩岸、裂缝、跌窝等。

任务 3.2.1　散　　浸

3.2.1.1　定义

散浸也叫作渗水，一般也叫作"堤出汗"，是外水位上涨后，堤（坝）身浸润线升高，渗水从堤（坝）内坡或内坡脚附近逸出的现象，表象为堤坝背坡或坡脚土体潮湿发软并有水渗出，如图 3.2 所示。

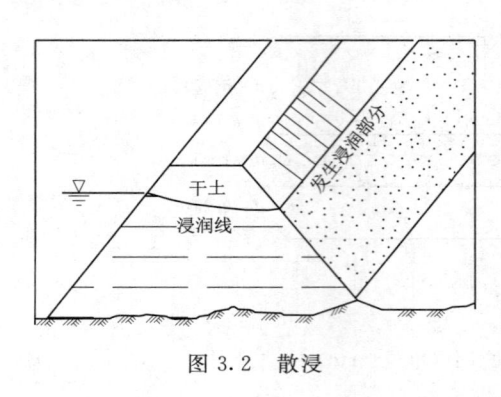

3.2.1.2 原因分析

发生散浸的原因主要有：①外河水位超警戒水位且持续较长；②堤身、坝体断面不足、背水坡偏陡；③堤身填土为砂性土或粉砂土，透水性强，临水坡无防渗斜墙或其他防有效果的防渗措施，或无导渗设施；④堤身填筑质量差，碾压不实，土壤孔隙率大，有的填筑时含有冻土、团块和其他杂物，夯实不够等；⑤地基透水性强，未作适当处理或原有防渗措施遭受破坏等；⑥堤身有隐患，如蚁穴、蛇洞、暗沟、易腐烂物、树根等。

图 3.2 散浸

3.2.1.3 险情判别

散浸险情的严重程度可从渗水量、出逸点高度和渗水的浑浊情况等方面判别：

（1）堤背水坡严重渗水或渗水已开始冲刷堤坡，渗水变浑浊，证明险情正在恶化，必须及时进行处理，防止险情的进一步扩大。

（2）渗水是清水，但出逸点较高，易产生堤背水坡滑坡等险情，需要及时处理。

（3）堤防渗水出逸点位于堤脚附近，为少量清水，经观察并无发展，同时水情预报水位不再上涨或上涨不大时，可加强观察，注意险情的变化，暂不处理。

针对散浸险情，选取散浸面积、散浸水况、土质松软程度、外水位为研判参数，将险情按严重程度分为一般险情、较大险情和重大险情三级，作为是否立即抢险、抢险方式选择的重要判别依据，参数由现场观测确定，详见表 3.3。

表 3.3 散浸险情严重程度参考表

险情严重程度	100m 堤（坝）段散浸面积/m²	散浸水况	土质松软程度	外水位情况
一般险情	<20	少量汗珠（<50%）	松软程度不明显	低于警戒水位/低于汛限水位
较大险情	20~100	大面积汗珠（>50%）	较大面积松软（>50%）	超警戒水位（<1m）/超汛限水位（<1m）
重大险情	>100	散浸水汇聚流动	松软呈淤泥化	超警戒水位（≥1m）/超汛限水位（≥1m）

3.2.1.4 抢护原则及方法

如渗水点低，量少且清，无发展趋势，预报水位不上涨时，可暂不抢险，但须专人密切观测。如渗水严重或已出现浑水，预报水位上涨，则须立即抢护。

散 浸 整 治 口 诀

散浸险小莫大意，及时开沟才给力；
反滤措施做到位，险情消除无忧虑。

1. 抢护原则

应按"临水面截渗、背水面导渗"的原则抢修。抢修时，宜减少对渗水范围的扰动，避免人为扩大险情。在渗水堤段背水坡脚附近有深潭、池塘时，抢护时宜在背水坡脚处抛填块石或土袋固基。

2. 抢护方法

为避免贻误时机，一般先背水面导渗，视情况采取临水面截渗。

（1）临水面截渗。在水浅流缓、风浪不大、取土较易的堤段，宜在临水侧采用黏土截渗。水深较浅而缺少黏性土料的堤段，可采用土工膜截渗（根据实际可采用彩条布、棚布或油布等材料代替）。如果堤前水流较大，戗土易冲走时，可采用土袋或木桩（土袋）前戗截流等形式，在临水面截住渗水口。

1）黏土前戗截流：根据渗水堤段的水深、渗水范围和渗水严重程度确定修筑尺寸。一般戗顶宽3～5m，长度至少超过渗水段两端5m，前截顶可视背水坡渗水最高出逸点的高度决定，高出水面约1m，戗底部以能掩盖堤脚为度。

填筑前应将边坡上的杂草、树木等杂物清除。在临水堤肩准备好黏性土料，然后沿临水坡由上而下、由里向外，向水中缓慢推下，形成截渗戗体。填土时切勿向水中猛倒，以免沉积不实，失去截渗作用。如临河流急，土料易被水冲失，可先在堤前水中抛投土袋作隔堤，然后在土袋与堤之间倾倒黏土，直至达到要求高度，如图3.3所示。

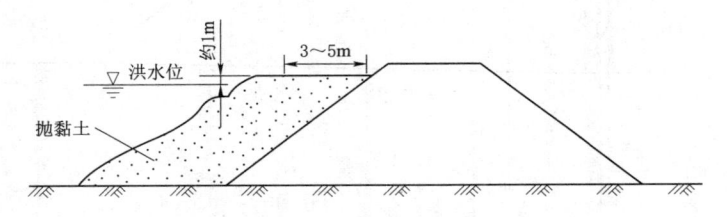

图3.3 抛黏土截渗示意图

2）土工膜截流：临水坡相对平整和无明显障碍时，可采用复合土工膜截渗。铺设前，先清除临水边坡和坡脚附近地面有棱角或尖角的杂物，并整平堤坡。土工膜宜铺满渗水段临水边坡并延长至坡脚以外1m以上，沿堤轴线铺设，宽度视堤背水坡渗水程度而定，一般超过险段两端5～10m，幅间的搭接宽度不小于50cm。

土工膜可根据铺设范围的大小预先黏接或焊接，土工膜的下边沿折叠粘牢形成卷筒，并插入直径4～5cm钢管。铺设前，宜在临水堤肩上将土工膜卷在滚筒上。土工膜沿堤坡紧贴展铺。土工膜铺好后，应在其上满压一两层土袋，由坡脚最下端压起，逐层错缝向上平铺排压，不留空隙，作为土工膜的保护层，同时起到防风浪的作用，如图3.4所示。

3）木桩（土袋）前戗截流：如果水深较浅，可在临水坡脚外砌筑一道土袋防冲墙。如水深较大，因水下土袋筑墙困难，工程量大，可做桩柳防冲墙，即在临水坡脚前0.5～1.0m处，打木桩一排，桩距1.0m，桩长根据水深和流势决定，一般以入土1/3桩长，且桩顶高出水面为宜。

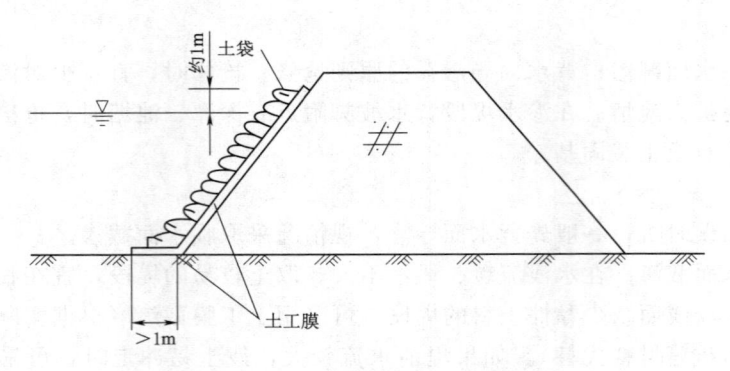

图 3.4 土工膜截渗示意图

在打好的木桩上，用柳枝或芦苇、秸料等梢料编成篱笆；或者用竹竿、木杆将木桩连起，上挂芦席或草帘、苇帘等。木桩顶端用铅丝与顶面或背水坡上的木桩拴牢。在做好坡面清理并备足土料后，桩柳防冲墙与边坡之间填土筑戗。戗体尺寸和质量要求与黏土前戗截渗法相同，如图 3.5 所示。

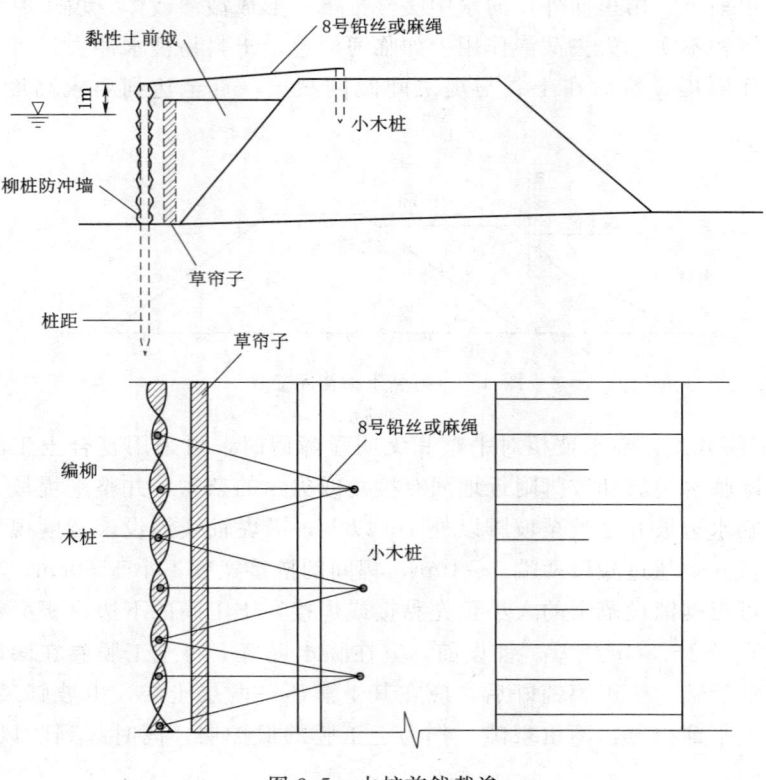

图 3.5 木桩前戗截渗

（2）背水面导渗。当堤防工程背水坡大面积严重渗水时，而在临水侧迅速做截渗有困难时，如果背水坡无脱坡或渗水变浑情况，可在堤背开挖导渗沟、铺设反滤料、土工织物或透水软管等，引导渗水排出，降低浸润线，使险情趋于稳定。

1) 反滤导渗沟法。根据导渗沟内所填反滤料的不同，导渗沟可分为：在导渗沟内铺设土工织物，其上回填一般的透水料，称为土工织物导渗沟；在导渗沟内填砂石料，称为砂石导渗沟；选用一些梢料作为导渗沟的反滤料，称为梢料导渗沟。透水软管导渗沟，即将导渗沟内铺设渗水软管，渗水软管四周充填粗砂。

导渗沟布置形式：导渗沟一般开挖成Y字形、人字形、纵横沟。排水纵沟应与附近原有排水沟渠连通，如图3.6所示。

导渗沟尺寸：沟深应不小于0.3m，沟底宽应不小于0.2m，竖沟间距4～8m，导渗沟的具体尺寸和间距宜根据渗水程度和土壤性质确定。堤防背水坡导渗沟的开挖高度宜达到或略高于渗水出逸点位置。开挖后排水仍不显著时，可增加竖沟或加开斜沟。施工时宜采用一次挖沟2～3m后，即回填滤料，再施工邻近一段，直至形成连续导渗沟。

反滤料为砂石料时，应控制含泥量，以免影响导渗沟的排水效果，分层依次填筑粗砂、小石子（粒径为0.5～2.0cm）、大石子（粒径为4～10cm），粒料填筑时应符合下细上粗、两侧细中间粗、上下分层排列、两侧分层包住，每层厚大于15cm。

在导渗沟内铺设土工织物时，应选择符合反滤要求的土工织物，将其紧贴沟底和沟壁铺好，并在沟口边沿露出一定宽度。沟内应填满粗砂、石子、砖渣等一般透水料。土工织物长度尺寸不足时，可采用搭接形式，搭接宽度不小于20cm为宜。

梢料导渗沟回填滤料为稻糠、麦秸、稻草等细料与柳枝、芦苇等粗料铺筑，并应符合下细上粗、两侧细中间粗的铺放要求，严禁粗料与导渗沟底、沟壁土壤接触。

导渗沟内透水料铺好后，宜在其上铺盖草袋、席片或麦秸、稻草，并压上土袋、块石。导渗沟铺填方式如图3.7所示。

2) 贴坡反滤法。适用条件：背水坡土体过于稀软，开反滤沟有困难；或堤坝断面过于单薄、渗水严重不宜开沟的；或管涌流土范围大，涌水翻砂成片的险情。

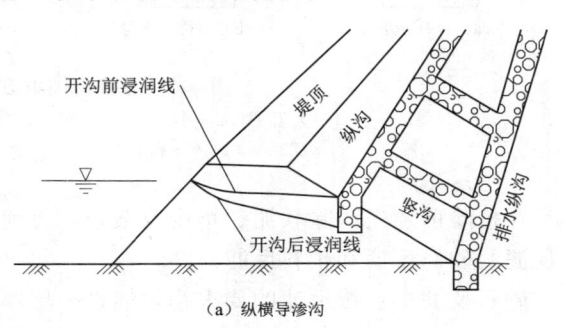

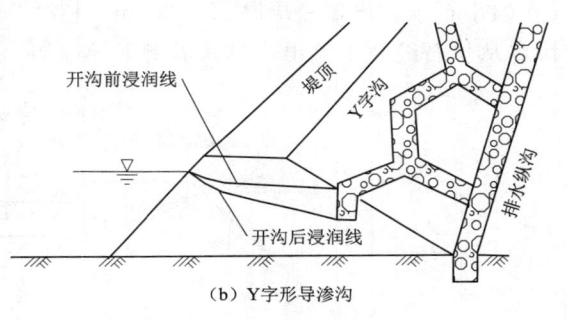

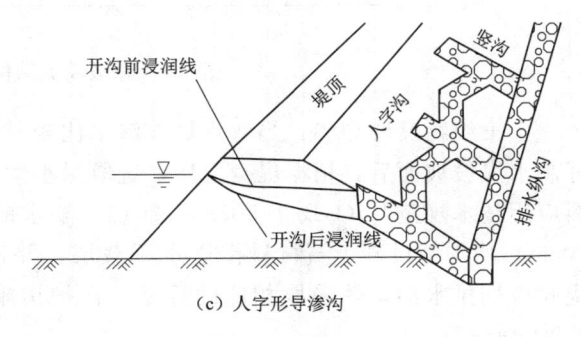

图3.6 导渗沟

（a）纵横导渗沟

（b）Y字形导渗沟

（c）人字形导渗沟

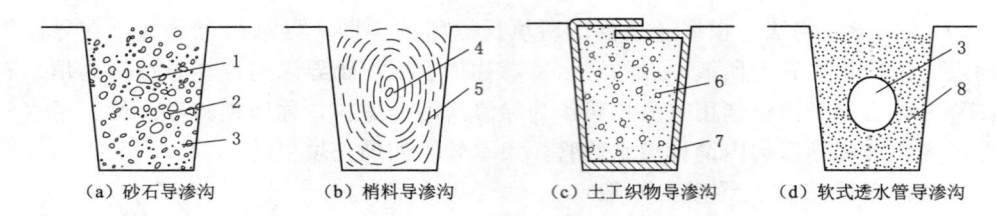

(a) 砂石导渗沟　　(b) 梢料导渗沟　　(c) 土工织物导渗沟　　(d) 软式透水管导渗沟

图 3.7　导渗沟铺填方式示意图

1—大石子；2—小石子；3—粗砂；4—粗梢料；5—细梢料；
6—一般透水料；7—土工织物；8—软式透水管

在抢险前须先清除软泥、草皮及杂物，再铺设反滤料，贴坡反滤可以分为土工织物反滤、砂石反滤和梢料反滤。

砂石反滤层：按反滤的要求均匀铺设一层厚15~20cm的粗砂，上盖一层厚10~15cm的小石子，再盖一层厚15~20cm、粒径2cm的碎石，最后压上块石厚约30cm，使渗水从块石缝隙中流出，排入堤脚下导渗沟。贴坡反滤结构布置如图3.8所示。

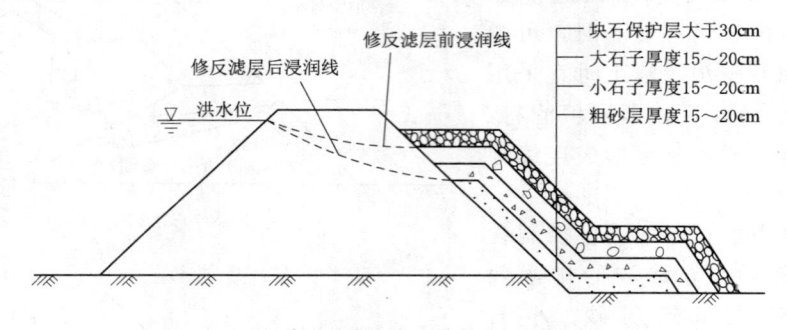

图 3.8　贴坡反滤结构布置图

土工织物反滤导渗：当背水堤坡渗水比较严重，堤坡土质松软时采用此法。清理好渗水堤坡坡面后，根据堤身土质，选取保水性、透水性、防堵性符合《土工合成材料应用技术规范》（GB/T 50290—2014）要求的土工织物。铺设时搭接宽度不小于30cm。均匀铺设砂、石材料作透水压载层，并避免块石压载与土工织物直接接触。堤脚应挖排水沟，并采取相应的反滤、保护措施。土工织物反滤导渗结构布置如图3.9所示。

梢料反滤层（又称柴草反滤层）：将渗水堤坡清理好后，铺设一层稻糠、麦秸、稻草等细料，其厚度不小于10cm，再铺一层秸秆、芦苇、柳枝等粗梢料，其厚度不小于30cm。所铺各层梢料都应粗枝朝上，细枝朝下，从下往上铺置，在枝梢接头处，应搭接一部分。梢料反滤层做好后，所铺的芦苇、稻草一定露出堤脚外面，以便排水；上面再盖一层草袋或稻草，然后压块石或土袋保护。梢料反滤层结构布置如图3.10所示。

3）透水后戗。当堤防断面单薄，渗水严重、滩地狭窄，背水坡较陡或背水坡堤脚附近有水潭、池塘的堤段，宜抢筑透水后戗压渗。透水压渗平台根据使用材料不同，有砂土后戗、梢土后戗两种方法。

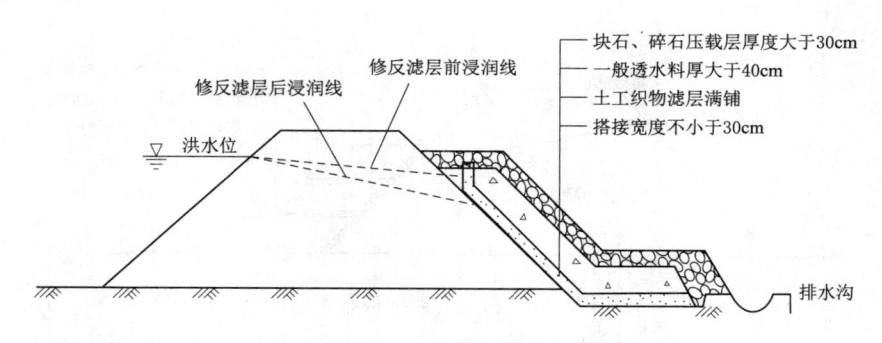

图 3.9 土工织物反滤导渗结构布置图

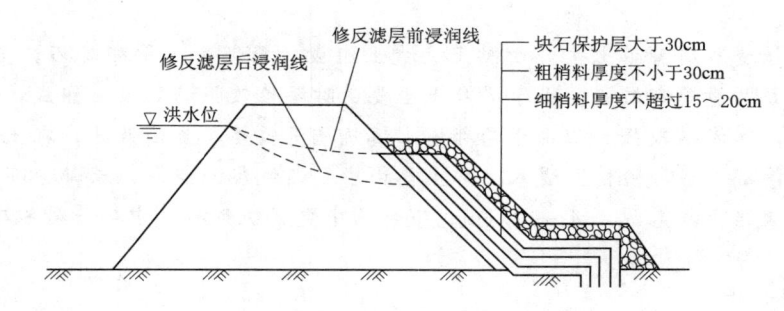

图 3.10 梢料反滤层结构布置图

砂土后戗：首先将边坡渗水范围内的杂草、杂物及松软表土清除干净，再用砂砾料填筑后戗，要求分层填筑密实，每层厚度 30cm，顶部高出浸润线出逸点 0.5～1.0m，顶宽 2.0～4.0m，戗坡一般为 1:3～1:5，长度超过渗水堤段两端至少 3.0m。砂土后戗结构布置如图 3.11 所示。

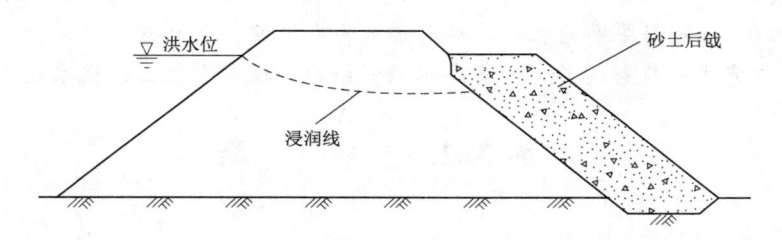

图 3.11 砂土后戗结构布置图

梢土后戗：当填筑砂土后戗缺乏足够料物或料源过远时，可采用梢土代替砂砾，筑成梢土后戗。梢土后戗厚度为 1.0～1.5m。贴坡段及水平段梢料均为四层，中间层粗，上、下两层细。细梢料厚度不小于 5cm，粗梢料厚度不小于 20cm。梢土后戗结构布置如图 3.12 所示。

【案例分析】 某堤防 31+350～31+800 段背水坡散浸抢护

1. 基本情况

在 2020 年 6—7 月，某堤防迎水面临湖，湖水位一直处于高水位，导致堤防 31

51

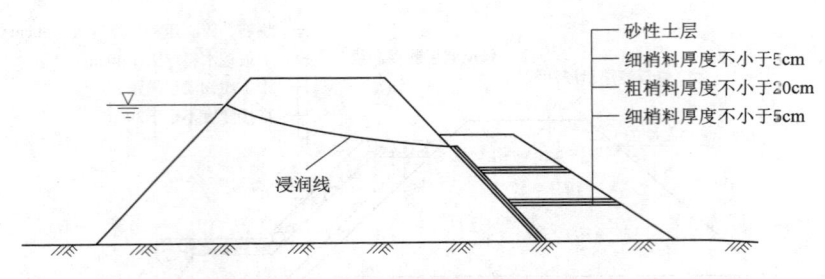

图 3.12　梢土后戗结构布置图

+350～31+800段背水坡发生散浸险情，出险堤段背水坡堤身填土呈潮湿状，用脚踩有陷落感。

发生险情堤段堤身填土主要由黏土、壤土组成，局部含少量卵砾石，呈松散-稍密状态，填筑质量局部较差。由于堤身土主要由防渗性较强的黏性土组成，故堤身总体质量较好，防渗性较强。但由于局部填土填筑质量较差，呈松散状，在汛期容易发生堤身集中渗漏及散浸险情。堤基上部主要由中更新统黏土组成，局部分布全新统淤泥质黏土，黏性土揭露厚4.4～12.1m。下部由中更新统细砂、中砂、砂卵砾石组成，揭露厚度为4.0～9.6m。

2. 原因分析

汛期外河持续处于高水位，堤身填土局部存在填筑质量较差，水流流速加大，浸润线抬高，造成渗水险情。

3. 抢护措施及效果

抢护方法采用反滤导渗沟处置。

在出险堤段背水坡堤身按10m间距开挖人字形导渗沟，导渗沟宽约0.5m，深约0.5m，沟内回填厚约30cm的砂卵石。在堤脚沿堤轴线方向挖一道纵向排水沟（沟宽0.6m，深约0.6m）与导渗沟相接，纵向排水沟有纵坡，通往就近洼地、池塘。导渗排水体系开挖完成一段时间后，堤身渗水顺利排出，堤身潮湿出汗现象逐步缓解。

任务3.2.2　管　　涌

3.2.2.1　定义

管涌是指在汛期高水位情况下，堤内平地发生"流土"和"潜蚀"两种不同含义的险情的统称。这种险情在湖北一般叫翻砂鼓水，在江西叫泡泉。管涌险情的发展，以流土最为迅速。它的过程是随着水位上升，涌水挟带出的砂粒增多，涌水量也随着加大，涌水量增大挟带出砂粒也就更多，如将附近堤（闸）基下砂层淘空，就会导致堤（闸）身骤然下挫，甚至酿成决堤的灾害。

当然有由于管涌孔距堤较远，一时尚未演成堤防、闸身的下挫或溃决的；也有由于水位转落，渗水压力减小，险情暂时稳定下来的；还有由于是潜蚀，没有产生堤（闸）身下挫、溃决险情的。但是险情是属于流土还是潜蚀，一时难以判明。而且流土也与地层下面的粉砂、细砂层埋藏的深度、厚度以及其结构的疏密，高水位持续的久暂等因素有关，而这些因素一时也是难以判定的。所以发生管涌时，不论它是流土，还是潜蚀和距堤远近，均不能掉以轻心，必须迅速予以处理。

3.2.2.2 原因分析

一般来说，长江中下游平原冲积地层，为二元结构，上面是黏性土，往下是粉砂、细砂等，砂层间也有黏性土夹层的，再往下则是砂砾及卵石等强透水层，在河床中露头与河水相通。在汛期高水位时由于渗水流经强透水层压力损失很小，堤内数百米范围内黏土层下面仍承受很大的水压力，如果这股水压力，冲破了黏土层，下面的粉砂、细砂会随水流出（在没有反滤层保护的情况下），从而发生管涌。江河湖堤内，表面黏土层不能抗御下面水压力而遭到破坏的原因大致为：

（1）防御水位提高，渗水压力增大，相对形成堤内黏土层厚度不够。

（2）历史上溃口段内黏土层遭受破坏，复堤后，堤内留有渊潭，里面常有管涌发生。

（3）历年在堤内取土加培堤防，将黏土层挖薄。

（4）建闸后渠道挖方及水流冲刷将黏土层减薄。如汉江罗汉寺闸，荆江观音寺闸等下游渠道内都因此发生过管涌。

（5）由于在堤内附近土钻孔，或勘探爆破孔，封闭不实，如1955年荆江大堤柳口堤内数百米地方就有因土钻孔封填不实，汛期发生管涌。近年来，在荆江大堤内仍有因此发生管涌的。

（6）由于其他原因将堤内黏土层挖薄了的。值得注意的是，由于战备防空需要，在堤防规定禁区内挖有防空洞工掩体的，除按规定处理回填外，汛期要加强检查。

3.2.2.3 险情判别

管涌险情的严重程度一般可以从以下几方面加以判别：管涌口离堤脚的距离、涌水浑浊度及带沙情况、管涌口直径、涌水量、洞口扩展情况、涌水水头等。由于抢险的特殊性，目前都是凭有关人员的经验来判断。具体操作时，管涌险情的危害程度可从以下几方面分析判别：

（1）管涌一般发生在背水堤脚附近地面或较远的坑塘洼地。距堤脚越近，其危害性就越大。一般以距堤脚15倍水位差范围内的管涌最危险。

（2）有的管涌点距堤脚虽远一点，但是，管涌不断发展，即管涌口径不断扩大，管涌流量不断增加，带出的沙越来越粗，数量不断增加，这也属于重大险情，需要及时抢护。

（3）有的管涌发生在农田或洼地中，多是管涌群，管涌口内有沙粒跳动，似"煮稀饭"，涌出的水多为清水，险情稳定，可加强观测，暂不处理。

（4）管涌发生在坑塘中，水面会出现翻花鼓泡，水中带沙、色浑，有的由于水较深，水面只看到冒泡，可潜水探摸，是否有凉水涌出或在洞口是否形成沙环。需要特别指出的是，由于管涌险情多数发生在坑塘中，管涌初期难以发现。因此在荆江大堤加固设计中曾采用填平堤背水侧200m范围内水塘的办法，有效控制了管涌险情的发生。

（5）堤背水侧地面隆起（牛皮包、软包）、膨胀、浮动和断裂等现象也是产生管涌的前兆，只是目前水的压力不足以顶穿上覆土层。随着江河水位的上涨，有可能顶穿，因而对这种险情要高度重视并及时进行处理。

3.2.2.4 险情分级标准

针对管涌险情,选择涌口位置、根据发生时间、位置和内外环境因素,通过实地调查、经验访谈、汛后评估和理论计算等方法,选取涌口直径、涌水柱高、涌水夹沙量、外水位为研判参数,将险情按严重程度分为一般险情、较大险情和重大险情三级,作为是否立即抢险、抢险方式选择的重要判别依据,参数根据经验、试验或理论计算确定,详见表3.4。

表 3.4 管涌险情严重程度参考表

险情严重程度	涌口距内坡脚/m	涌口直径/cm	涌水柱高/cm	涌水夹沙量/(kg/L)	外水位情况
一般险情	>100	<5	<2	<0.1(很少)	低于警戒水位/低于汛限水位
较大险情	50~100	5~30	2~10	0.1~0.2(较多)	超警戒水位(<1m)/超汛限水位(<1m)
重大险情	<50	>30	>10	>0.2(很多)	超警戒水位(≥1m)/超汛限水位(≥1m)

3.2.2.5 抢护原则及方法

> **管涌抢护口诀**
> 发生管涌切莫慌,压浸围井皆良方;
> 若是管涌在渠塘,蓄水反压来帮忙。

1. 抢护原则

管涌抢险应按照"导水抑沙"的原则抢护,并要求管涌口不应用不透水的材料强填硬塞,因地制宜选用符合反滤要求的滤料。出现管涌险情,除了在背水侧抢筑围井减小水头差,并采取反滤导渗措施导水抑沙外,还可以在临水侧坝坡采取"前堵"措施。减小水头差,制止涌水带沙,并留有渗水出路,这样既可使沙层不再被破坏,又可以降低附近渗水压力,使险情得以控制。

2. 抢护方法

管涌险情是各类水库、堤防、水闸和泵站发生频率最高的险情,一旦发现管涌险情,应根据险情的严重程度,采用反滤铺盖、反滤围井、蓄水反压、透水压渗台等方法进行应急抢护:

(1)反滤铺盖。在堤防背水侧出现大面积管涌或管涌群时,如果反滤料源充足,可采用反滤铺盖方法,降低涌水流速,制止地基土流失,稳定险情。一般适用于管涌范围面积较大,漏水涌沙成片的地方。根据反滤材料不同,抢筑方法主要有砂石反滤铺盖、土工织物反滤铺盖、梢料反滤铺盖。

1)砂石反滤铺盖:此法需要铺设反滤料面积较大,用砂石较多,在料源充足前提下,可以优先选用。在抢筑前,先清理铺设范围内的杂物和软泥,在已清理好的大片有管涌冒孔群的面积上,盖压粗沙一层,厚约20cm,其上先后再铺小石子和大石子各一层,厚度均约20cm,最后压盖块石一层,予以保护。

2) 土工织物反滤铺盖：在清理好基础，先铺一层土工织物，再铺一般透水料厚度约 40~50cm，最后压块石一层，予以保护，如图 3.13 所示。

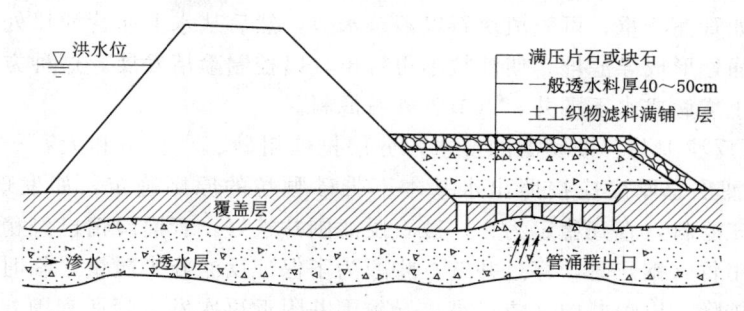

图 3.13 土工织物反滤铺盖示意图（单位：cm）

3) 梢料反滤铺盖：当缺乏砂石料时，可用梢料做反滤压盖。在铺筑时，先铺细梢料，如麦秸、稻草等，厚 10~15cm，再铺粗梢料，如柳枝、秫秸和芦苇等，厚 15~20cm，粗细梢料共厚约 30cm，然后再铺席片、草垫或苇席等，组成一层。视情况可只铺一层或连铺数层，然后用块石或砂袋压盖，以免梢料漂浮，梢料总的厚度以能够制止涌水携带泥沙、变浑水为清水、稳定险情为原则，如图 3.14 所示。

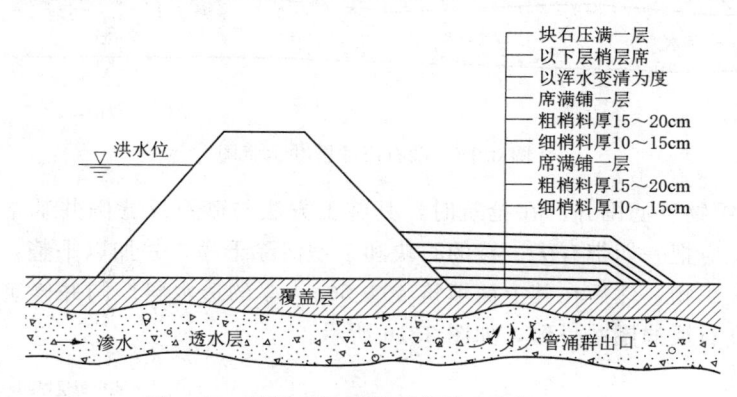

图 3.14 梢料反滤铺盖示意图（单位：cm）

（2）反滤围井。当管涌口距内坡脚的距离小于 50m 以内且管涌出流量较大，水流涌沙较多，管涌险情严重时，应筑反滤围井，且在井内按级配要求填筑反滤料，直到渗水畅流，无砂粒带出为止。反滤料填好后，仍需注意防守，如发现填料下沉，应继续补充填筑，直到稳定为止。根据导渗材料不同，反滤围井主要有：砂石反滤围井、土工织物反滤围井、梢料反滤围井、装配式围井及土工滤垫等。

抢筑反滤围井时，先将围井范围内杂物清除，表面进行清理，周围用土袋垒砌成围井，并在预计蓄水高度上埋设排水管，蓄水高度以能使水不挟带泥沙从排水管顺利流出为度。围井高度小于 1.0m，可用单层土袋；大于 1.5m 可用内外双层土袋，袋间填散土并夯实。围井范围以能围住管涌出口和利于反滤层的铺设为度，按出水口数量多少，分布范围，可以单独或多个围井，也可连片围成较大的井。围井与堤坝边坡或地面接触处必须填筑密实不漏水。井内如涌水较大，填筑反滤料有困难，可先用块石或砖块装袋填塞,待水势消杀后,在井内再做反滤导渗。

管涌出现在湖塘内,由于湖塘积水较深,难以形成围井的,可采用水下抛填导滤堆的办法。如管涌严重,可先填块石以消杀水势,然后从水上向管涌口处分层倾倒沙石料,使管涌处形成导滤堆,使沙粒不再带出,以控制险情发展。这种方法用砂石较多,亦可用土袋做成水下围井,以节省砂石滤料。

1) 砂石反滤围井:按反滤的要求,分层抢铺粗砂、小石子和大石子,每层厚度20~30cm。滤层总厚度应按照出水基本不带砂颗粒的原则确定,如发现填料下沉,可以继续补充滤料,直到稳定为止。砂石反滤围井筑好,管涌险情已经稳定后,再在围井下端,用竹(钢)管,穿过井壁,将原为了保证反滤施工质量,临时抬高围井内的水位适当排降,以免井内水位过高,导致围井附近再次发生管涌和围井倒塌,造成更大险情,如图3.15所示。

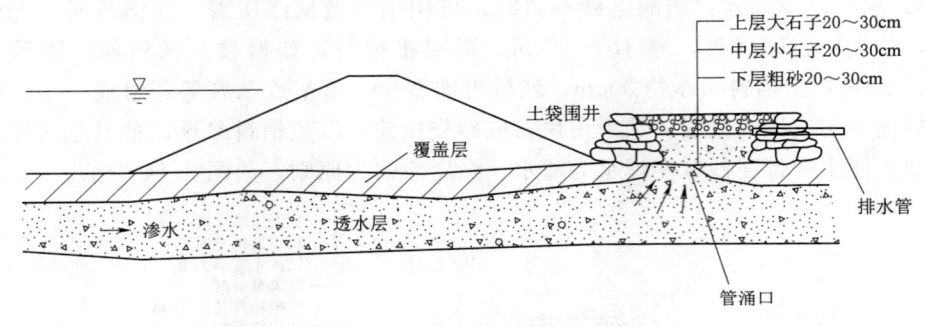

图3.15 砂石反滤围井示意图

2) 土工织物反滤围井:在抢筑时,其施工方法与砂石反滤围井基本相同。但在清理地面时,应把一切带有尖、棱的石块和杂物清除干净,并加以平整,先铺符合反滤要求的土工织物,然后在其上面填筑40~50cm厚的透水料。围井修筑和井内控制水位方法与砂石反滤围井一致,如图3.16所示。

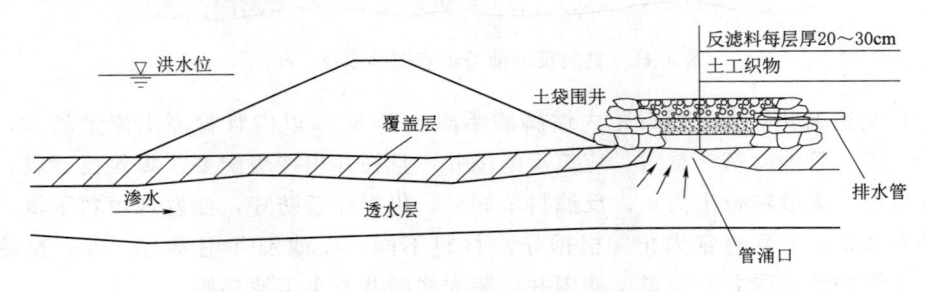

图3.16 土工织物反滤围井示意图

3) 梢料反滤围井:用梢料代替砂石反滤料做围井,适用于砂石料缺少的地方。下层选用麦秸、稻草,铺设厚度为20~30cm。上层铺粗梢料,如柳枝、芦苇等,铺设厚度为30~40cm。然后用块石或砂袋压盖,以免梢料漂浮,梢料总的厚度以能够制止涌水携带泥沙、变浑水为清水、稳定险情为原则。围井修筑和井内控制水位方法与砂石反滤围井一致,如图3.17所示。

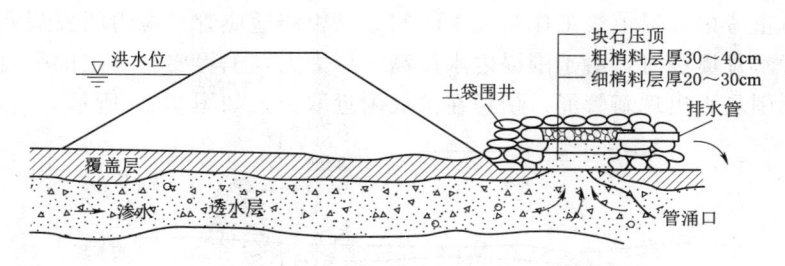

图 3.17 梢料反滤围井示意图

4）装配式围井及土工滤垫：传统的抢护管涌方法多采用反滤围井，通常需要用到大量砂石料而又遇料源缺乏。采用装配式管涌围井及土工滤垫抢护管涌，其方法原理与传统的"反滤围井"法相同。不同的是，井内起"透水保砂"作用的为土工滤垫，滤垫内部为土工织物滤层，替代砂石料，起反滤导渗作用；围井为装配式，由围井单元体构成，单元体设有围板加筋、连接件、固定件等，围板之间的接缝处固定有防渗水材料，围板上设置控制井内水位的排水系统，围井高度可根据需要调整。采用此项技术防治管涌，施工快，材料可重复使用，储运方便。

此外，还有充气式、充水式围井可供选择，充气式、充水式围井可用于蓄水反压，也可配合反滤料作为反滤围井。其优点是安装简捷、效率高、方便运输、可重复使用；缺点是需事先订制、尺寸受限制。

（3）蓄水反压（俗称养水盆）。通过抬高管涌区内的水位来减小堤内外水头差，从而降低渗透压力，减小出逸水力坡降，达到制止管涌破坏和稳定管涌险情的目的。

该方法适用于闸后有渠道，堤后有坑塘，利用渠道水位或坑塘水位进行蓄水反压。覆盖层相对薄弱的老险工段，结合地形，做专门的大围堰（或称月堤）充水反压。极大的管涌区，其他反滤盖重难以见效或缺少砂石料的地方。蓄水反压做好后，仍需注意观察，如发现险情有变，应及时处置，直到险情稳定为止。

1）无滤层围井：在管涌周围用土袋垒砌无滤层围井，随着井内水位升高，逐渐加高加固，直到制止涌水带砂，险情稳定，并设置排水管排水。采用围井反压时，由于井内水位高、压力大，围井要有一定的强度，同时应严密监视周围是否出现新管涌，切忌在围井附近取土，如图 3.18 所示。

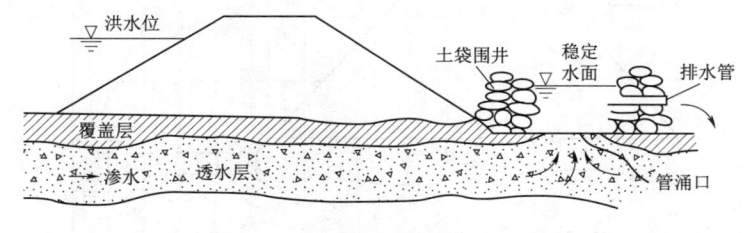

图 3.18 无滤层围井示意图

2）背水月堤（或称背水围堤）：当背水堤坝附近出现分布范围较大的管涌险情时，可在堤坝出险范围外抢筑月堤，截蓄涌水，抬高水位。月堤可随水位升高而加高加固，直到制止涌水带砂，险情趋于稳定为止，并设置排水管排水。对背水月堤的实施，必须慎重考虑月堤填筑工作与完工时间，是否能适应管涌险情的发展和安全的需要。采用背水月堤法时，由于围堤内水位高、压力大，围堤要有一定的强度，同时应严密监视周围是否出现新管涌，切忌在围堤附近取土，如图 3.19 所示。

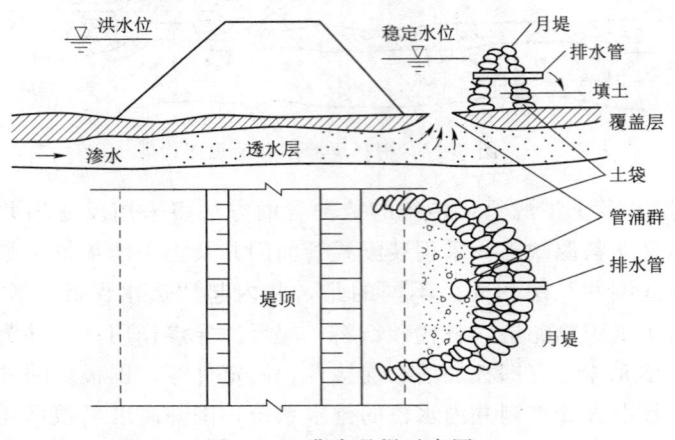

图 3.19　背水月堤示意图

3) 渠道蓄水反压：一些穿堤建筑物后的渠道内，由于覆盖层减薄，常产生一些管涌险情，且沿渠道一定长度内发生。对这种情况，可以在发生管涌的渠道下游做隔堤，隔堤高度与两侧地面平，蓄水平压后，可有效控制管涌的发展。

4) 塘内蓄水反压：有些管涌发生在塘内，在缺少砂石料或交通不便的情况下，可沿塘四周做围堤，抬高塘中水位以控制管涌。

(4) 透水压渗台。在河堤背水坡脚抢筑透水压渗台，以平衡渗水压力，增加渗径长度，减小渗透坡降，且能导渗滤水，防止土粒流失，使险情趋于稳定。此法适用于管涌险情较多、范围较大、反滤料缺乏，但砂土料丰富的堤段。具体做法是：先在管涌发生的范围内将软泥、杂物清除，对较严重的管涌或流土出口用砖、砂石、块石等填塞；待水势消杀后，再用透水性大的砂土修筑平台，即为透水压渗台，其长、宽、高等尺寸视具体情况确定，如图 3.20 所示。

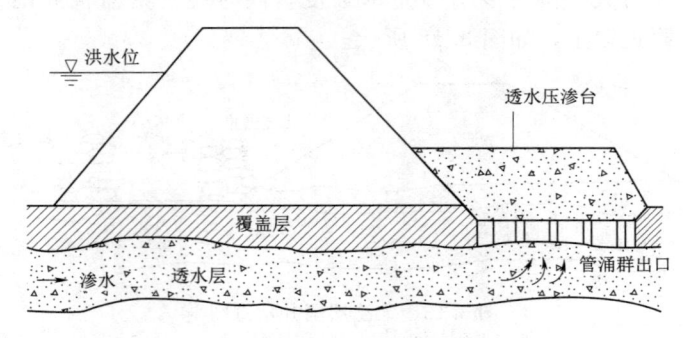

图 3.20　透水压渗示意图

3.2.2.6 "牛皮包"的处理

当地表土层在草根或其他胶结体作用下凝结成一片时，渗透水压把表土层顶起而形成鼓包，俗称为"牛皮包"。一般可在隆起的部位铺麦秸或稻草一层，厚10～20cm，其上再铺柳枝或芦苇一层，厚20～30cm。当厚度超过30cm时，可分横竖两层铺放，铺成后用锥戳破鼓包表层，使内部的水和空气排出，然后压土袋或块石进行处理。

【案例分析】

案例1：某水闸管涌抢险

某水闸险工段，堤外无滩，堤内脚附近有长400m，宽150～200m的水塘和鱼池，水深1.5～3.0m，历史上险情多发。1998年7月5日，外河超危险水位，巡查发现塘内大面积冒浑水，经潜水检查，发现塘内有7处翻沙鼓水，其中最近距堤脚仅20m，最大涌水直径达0.6m。当时在所有管涌口做反滤围井，同时沿塘埂作围堰抬高水位0.5m，险情得到了控制。

7月28日，外河水位继续上涨，在距堤脚10m处又出现更严重的新险情，涌沙量达 $10m^3$，$124m^2$ 地面塌陷下沉4m多深。抢筑长60m、宽7～16m、厚1.5～2m的砂卵石压浸平台。

8月20日，水位超历史最高，在距堤脚16m处，原修筑的压浸平台中，出现3处冒沙下沉，加高池塘围堰，抬高蓄水位0.5m，在3个管涌处加厚压浸台0.5m。为了防止险情进一步发展，在3处冒沙的砂卵石平台上，用编织袋装砂卵石作围井，内铺彩条塑料布，将彩条布与原平台接触的涌点处剪一小孔口，使其透水。采用围井、沙石堆、蓄水反压综合措施，防止涌沙。

案例2：某堤防管涌抢险

某堤防外河水位为29.88m，洪水标准约30年一遇，堤内地面高程22.5m，堤防内外水头差7.38m。堤防桩号39＋200～39＋300段发生管涌险情。管涌群范围长20m，宽15m，管涌31个，渗流量 $0.5m^3/s$，三个大管涌水柱高0.8～1.0m，已漏出细砂40余 m^3。

原因分析：高程21.5～22.5m是泥沙层，19.5～21.5m是粉砂层，18.0～19.5m是细砂层，18.0m以下为砂卵石层。堤外为沙滩。

采取措施：

(1) 用草袋装块石或卵石，把长20m、宽15m管涌群围成圈，形成一个反滤圈。

(2) 在圈内压三层砂卵石，第一层为绿豆石，厚0.3；第二层直径1～1.5cm的小卵石，厚1.0m；第三层直径2～4cm的卵石，厚0.7m。

(3) 三个大管涌，用直径0.8m、高1.2m的无底油桶罩住，桶周围钻若干小孔，孔内按上述要求填反滤层。

处理后，出水由浑变清。

任务3.2.3 漏　　洞

3.2.3.1 定义

漏洞是指在汛期或高水位情况下，圩堤背水坡及坡脚附近出现横贯堤身或基础的渗流孔洞。根据漏洞出水清浑可分为清水漏洞和浑水漏洞。

3.2.3.2 现象

如漏洞出浑水,或由清变浑,或时清时浑,表明漏洞正在迅速扩大,堤坝有可能发生塌陷,存在溃决的危险。当发生漏洞险情时,必须慎重、认真、严肃对待,要全力以赴迅速进行抢堵。

3.2.3.3 原因分析

漏洞产生的原因是多方面的,一般有以下几种情况。

(1) 由于历史原因,堤身内部遗留有屋基、墓穴、战沟、碉堡、暗道、腐朽树根等,筑堤时未清除或清除不彻底。

(2) 堤身填土质量不好,未夯实或夯实达不到标准,有硬块或架空结构,在高水位作用下,土块间部分细料流失,堤身内部形成越来越大的孔洞。

(3) 堤身中夹有透水层,在高水位作用下,沙粒流失,形成流水通道。

(4) 堤身内有白蚁、蛇、鼠、獾等动物洞穴或裂缝,在汛期高水位作用下,渗水沿裂缝隐患、松土串联而成漏洞。

(5) 在持续高水位条件下,堤身浸泡时间长,土体变软,更易促成漏洞的生成,故有"久浸成漏"之说。

(6) 位于老口门和老险工部位的堤身,在修复时结合部位处理不好或原混凝土底板贯穿裂缝处理不彻底,当高水位作用时易导致渗漏。

(7) 沿堤修筑涵闸或泵站等建筑物时,建筑物与土堤结合部填筑质量差,在高水位时浸泡渗水,水流由小到大,带走泥土,形成漏洞。

3.2.3.4 险情判断

从漏洞形成的原因及过程可以知道,漏洞是贯穿堤身的流水通道,漏洞的出口一般发生在背水坡或堤脚附近,其主要表现形式有以下几种。

(1) 当发现堤背后出现渗水时,一般开始漏水量比较小,但漏洞周围的渗水量较其他地方大;同时要观察渗水量的变化,是不是逐渐变大。若是应引起特别重视。

(2) 漏洞一旦形成,出水量明显增加,且多为浑水,漏洞形成后,洞内形成一股集中水流,来势凶猛,漏洞扩大迅速。由于洞内土的逐步崩解、逐渐冲刷,出水水流时清时浑、时大时小。

(3) 漏洞险情的另一个表现特征是漏洞进水口水深较浅无风浪时,水面上往往会形成漩涡,所以在背水侧查险发现渗水点时,应立即到临水侧查看是否有漩涡产生。如漩涡不明显,可在水面撒些麦麸、谷糠、碎草、纸屑等碎物,如果发现这些东西在水面打旋或集中在一处,表明此处水下有进水口。漏洞进水口如水深流急,水面看不到漩涡,则需要潜水摸探。也可采用投放颜料观察水色判断漏洞位置和水流流速大小。如果条件允许,可采用电法探测仪探查堤身是否存在漏水通道,判明埋深和走向。

漏洞一定有进水口和出水口。只有出水口,没有进水口的不能叫漏洞。一般一个漏洞有一个进水口和一个出水口,但也有一个出水口有两个或两个以上的进水口。以免在找一个进水口时,遗漏了其他进水口。

（4）漏洞与管涌的区别在于前者发生在背河堤坡上，后者发生在背河地面上；前者孔径大，后者孔径小；前者发展速度快，后者发展速度慢；前者有进口，后者无进口等。综合比较，不难判别。

3.2.3.5 抢护原则及方法

漏洞险情应按"临水截堵、背水滤导"的原则抢修。

险情发现后，应立即在临水面找到漏洞进水口，及时堵塞；同时，在背水坡出水处采取滤导措施，制止土颗粒冲刷流失，防止险情扩大。切忌在背水坡漏洞出水处用不透水材料强塞硬堵，以免造成更大险情。

漏洞险情往往发展很快，特别是浑水漏洞，更容易危及堤坝安全，所以堵漏洞时要抢早抢小，一气呵成，切莫贻误时机。在堤防临水面宜根据漏洞进口情况，分别采用不同的截堵方法。

1. 塞堵漏洞

漏洞进水口位置明确、进水口周围土质较好的宜采用塞堵法。塞堵物料有软楔、棉絮、草捆、软罩等。塞堵时应"快""准""稳"，使洞周封严，然后迅速用黏性土修筑前戗加固。塞堵漏洞应注意人身安全。对于低坝，或有足够的黏土时，可在临水面直接倒黏土进行封堵，形成黏土前戗。黏土前戗如图3.21所示。

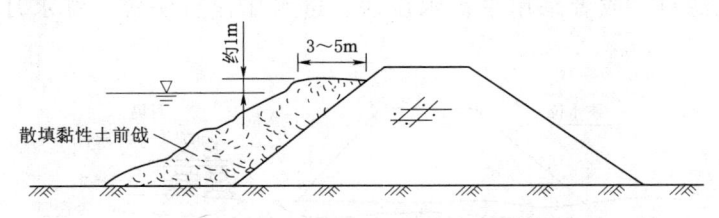

图3.21 黏土前戗示意图

2. 软帘盖堵

漏洞进水口位置能够大致确定的可采用软帘盖堵。宜先清理软帘覆盖范围内的堤坡，将预制的软帘顺堤坡铺放，覆盖漏洞进水口所在范围，盖堵见效后抛压土袋，再填土筑戗加固，软帘可用复合土工膜或篷布制作。土工膜截渗如图3.22所示。

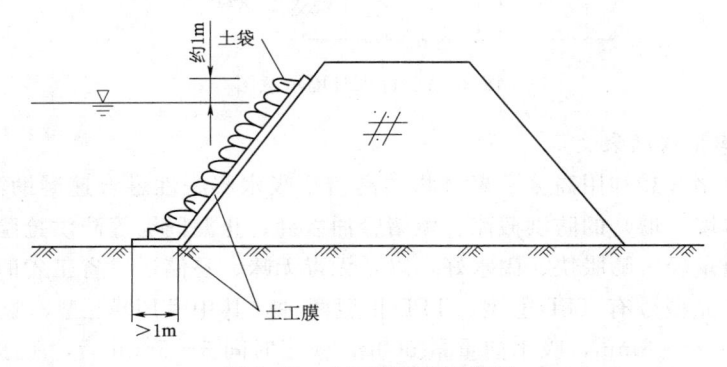

图3.22 土工膜截渗示意图

3. 临河月堤

漏洞进水口较多、较小、难以找准且临水侧水深较浅、流速较小的宜修筑围堰，用土袋修筑围堰，将漏洞进口围护在围堰内，同时在围堤内快速抛填黏性土，封堵洞口。临河月堤如图3.23所示。

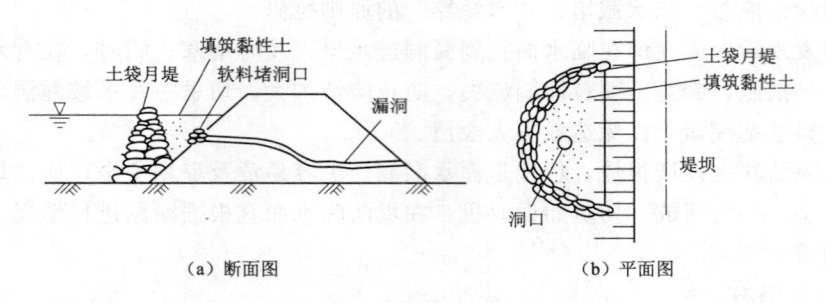

图 3.23 临河月堤示意图

4. 背河月堤法

发现漏洞后，无论是否找到进水口，均应在出水口迅速抢筑反滤围井。滤井内可填砂石或秸料。围井内径2~3m，井高约2m。也可抢修背河月堤，形成养水盆或在月堤内加填反滤料。或者采用平衡水压法、透水压渗台法等。背水月堤如图3.24所示。

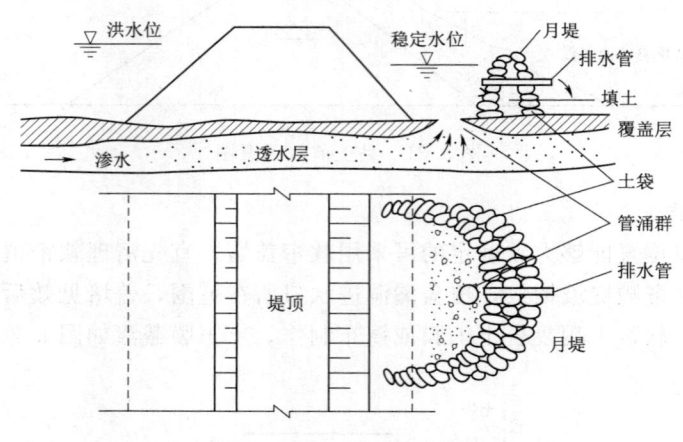

图 3.24 背水月堤示意图

5. 防汛膨胀堵漏袋

防汛膨胀堵漏袋利用高分子聚合物的高倍率吸水膨胀性融合速凝助渗物质而成。适于用作挡水墙（堰）的防洪截流、填堵管涌裂缝、止漏固堤等防洪抢险和备料，具有体积小、重量轻、膨胀快、固水好，以及无毒无味、易储运、省工省时，可回收使用等特点。产品型号有TPDⅠ型、TPDⅡ型两种。其中TPDⅠ型，吸水前规格为600mm×400mm×8mm，吸水前重量500g，膨胀时间3~5min后，吸水后重量不小于16kg，体积膨胀率4243%，耐压强度不小于150kg，储存年限8年。

6. 化学封堵

在实际抢险时往往出现漏洞险情情况复杂，进水口的形式多样，分布随机，会出现某一堤段有多个进水口或者进水口位于深水处的现象。使用临水截堵，背水滤导方法不能很好控制险情。化学封堵技术是一种可以对一定范围内的堤防同时进行堵漏和加固的手段，化学浆材改性技术的产生，又使得该技术得到了持续发展。其抢护方法为：根据下游渗水确定渗透破坏发生的大概位置，于堤顶钻孔后注浆并在出口处进行防渗处理，浆液短时间内就会和堤内水发生反应，形成固体颗粒填充通道或者空洞以达到直接堵塞漏洞通道的目的。用于极端条件堤防抢险的化学封堵设备具有高度集成性，可将系统整体布置于货车内，由2~4名人员操作，险情发生时可及时赶到堤防出险处。

7. 抽槽筑黏土截水墙

在外湖水位持续高涨的情况下，新的穿堤孔洞渗漏险情不断出现。由于受到堤坡上芦苇、灌木、树丛的影响，黏土外戗截水效果很差，同时消耗了大量的人力、物力和时间。抽槽筑黏土截水墙的抢险思路遵循"前堵后导"的基本原理。但是在高水头压力下，在堤顶开槽容易引发溃堤险情，因此在实施前要进行充分的论证。

抢护过程主要包含准备工作、抽槽、土方回填及夯实。

准备工作：在圩堤临水侧做好截堵，背水侧做好导渗工作，控制险情进一步发展。回填土料必须备料充足，不含杂草、树根、石块等。人力、物力安排合理，一般要求挖掘机型号大小应满足开挖深度要求。

抽槽：综合考虑堤身渗漏出水点最早出现位置及变化、渗漏水量、浑浊度以及地形地貌和地表植被等情况，确定开槽的位置。开槽位置一般选择堤顶靠近临水侧堤坡一侧。对于临水侧堤坡坡度陡于1∶2.5的堤防，开槽线尽量靠近堤轴线，以保证开槽边缘距水边有一定的安全距离。开槽宽度根据堤身土质情况，槽口可开挖呈V形、U形或倒凸形。挖掘机作业时，挖掘机履带尽量不移动或少移动，以减少对槽壁的扰动。槽内挖出的土料用于圩堤边坡的帮护，放置在距离槽顶两侧稍远处，避免增加孔壁附加荷载。在开槽过程中要密切关注槽内变化，避免塌孔。当堤身土质较差时，应事先降低准备开挖槽段的局部堤顶。对于塌孔严重的，可在开槽前对开槽部位堤身进行碾压、夯实，或采取边挖边夯，或边挖边掺黏土、再边挖边夯等方法进行开槽。

土方回填及夯实：开槽完成后应迅速回填、夯实黏土（一般30cm为一层），构筑成黏土截水墙；槽内主要采用挖掘机挖斗夯实，槽内边角采用挖掘机挖斗挤压密实，靠近堤顶部位采用挖掘机履带进行必要的碾压。如需要连续开槽，一定要在前序槽黏土回填完成后，才能进行后序槽开挖。后续槽与前槽之间应进行有效搭接，形成连续黏土截水墙。

抽槽筑黏土截水墙尽量在白天和晴天实施施工，必须在晚上施工的，应做好照明工作，下大雨时尽量不施工。如遇下雨时抢险，黏土截水墙成型后应及时采用防水布表面覆盖保护，避免雨水渗入。在挖掘机活动范围内禁止无关人员活动，确保抢险作业安全。汛后应及时进行完善处理。

【案例分析】

案例1：某堤防漏洞抢护

1. 基本情况

2020年7月13日，某堤防在桩号25+300处发生1处规模较大的漏洞险情。发生险情堤段堤身填土主要由壤土夹粉细砂组成，填筑质量较差。存在白蚁危害。

2. 出险过程

2020年7月13日，在堤防桩号25+300处发生较大的堤身集中渗漏，渗漏点距内坡堤脚垂直高度约为2.5m，渗漏处最大渗漏点口径约为10cm，浑水，流量较大，呈喷涌状，有细小颗粒被带出，有继续发展趋势。

3. 原因分析

发生漏洞的原因主要有两点：①堤身土质相对较差，堤身填筑料混杂（堤身抽槽处发现）；②该段圩堤内有小堤，2016年以后该段圩堤未挡过水，堤内为稻田，该段圩堤内蛇、鼠、蚁活动频繁，造成堤身洞穴发达，形成渗漏通道。

4. 抢护方法及效果

抢护方法：采用迎水面抛填黏土截渗、堤身迎水侧抽槽回填土料以及出口反滤围井的方法处置。

险情处理分3步实施：第一步，从堤脚往上采用编织袋装土垒至渗漏处高程，以渗漏点为中心围成直径约2m的围井，围井内高约60cm，围井内充填砂卵石反滤；第二步，在渗漏点外堤坡抛填黏土截渗，抛填宽度约为8.0m；第三步，在堤顶靠迎水面采用挖机抽槽寻找渗漏点，黏土回填堵漏。

5. 经验总结

堤顶抽槽寻找漏洞堵漏，该方法简单有效，但风险较大。对于外水位高、堤身单薄和堤身土质较差的圩堤，即使外坡抛填了黏土，仍然要慎用，否则极容易造成人为破坏，导致溃堤的严重后果。因此在除险过程中一定要认真分析，谨慎施策，千万不能生搬硬套。

案例2：某堤防渗漏坍塌抢险

1. 基本情况

2016年7月以来，某地区连日普降暴雨，湖水位居高不下，与之贯通的堤防长时间高水位浸泡，大堤多处出现渗漏、坍塌及管涌等险情，大堤内外水位高差达7m。7月12日，堤防发生渗漏险情，堤坝背水面发生坍塌约52m，并有逐步扩大趋势，如不及时处置，将会出现溃堤决口险情，危害周边人民群众生命财产安全。

2. 抢险方案

堤防为普通填土堤坝，由于堤坝宽度较小，坝体长时间受水浸泡、冲刷严重，承载力较差，不适合重型机械作业。根据现场情况，将堤坝险情处置分为坝前和坝后两个作业面，坝前采取"填筑戗堤、加宽堤身，构筑防浪堤、夯实堤身"，坝后采取"木桩固脚、砂袋护坡"进行坝体加固处置，堤坝上游坡面采用"浮船沉膜、砂袋压重"进行防渗处理。

（1）填筑戗堤、加宽堤身。堤坝后崩岸顺堤身方向长度约52m，为防止堤坝险情段周边发生次生灾害,处置范围向两端再各延伸5m。采用自卸车倒车入场及卸料,装载机双向同时推料,并确保填料密实;现场安排1名安全员指挥装载机临水作业。

(2) 构筑防浪堤、夯实堤身。在出现渗漏险情的堤坝上游临水侧构筑黏土防浪堤,用以加高堤身和防止风浪对堤身的冲击,采用人工对防浪堤进行夯实、平整处理。

(3) 木桩固脚、砂袋护坡。首先在坍塌段距离坝脚6m处设置两排间距为1m的木桩,然后由木桩处向堤顶堆压砂袋,砂袋由外至内依次成台阶状压口叠放,上下层之间错缝。木桩周围砂袋叠放采用夹桩布置,向堤顶依次码放砂袋恢复堤后原始坡比,木桩作为支撑崩岸直立坡面,实现水压力由堤身向木桩转移,防止堤身崩岸进一步扩大。

(4) 浮船沉膜、砂袋压重。采用"浮船沉膜"法对上游迎水面险情堤段铺设彩条布防渗处理,并在彩条布边上绑扎实心圆木(长约7m,直径10~12cm)进行配重和支撑。在圆木上先缠绕两圈彩条布后用8号铁丝绑扎固定,圆木两端各预留20cm,两端各缚一个重约12kg砂袋。采用船只将固定彩条布的圆木端拉至湖中上游坡面至坡脚约15m处,调整位置后,解除浮力装置,下沉就位。彩条布在水中拖运和就位过程中利用救生衣增加浮力,防止圆木下沉,彩条布搭接长度约50cm。沉入底后,顺防浪堤坡面沿彩条布下滑砂袋压重。每一块彩条布中间向两边依次压重,同时对防浪堤下游坡脚及堤顶也采用砂袋压重。

连续奋战68h,累计打桩65根、抛填黏土1550m³,铺设彩条布3600m²,装填压重砂袋5000余个,快速处置了大堤渗漏坍塌险情,圆满完成了抢险救援任务。

案例3:中潢圩堤漏洞抢护

1. 基本情况

中潢圩堤位于江西省鹰潭市余江县中童镇、潢溪镇境内,圩堤紧临白塔河和信江,其西缘和北缘为白塔河右岸,东缘和南缘为信江左岸,堤线起于潢溪镇朝阳志八脑,止于中童镇爱国东溪宋家。堤线呈半椭圆环布置,总长30.10km,除去界牌枢纽工程及两座小山丘等三段,实际堤身长为28.20km,其中白塔河堤长11.00km、信江河堤长17.20km,全线共有穿堤建筑物81座,其中电排站5座,装机2210kW,设计排涝流量19.92m³/s。

中潢圩堤作为鹰潭市唯一一座5万亩以上圩堤,被群众称为"保命堤""黄金堤",直接保护着中童、潢溪、洪湖、锦江、平定、刘垦6个乡镇场共239个自然村、近10万人口的生命财产安全,保护耕地5.44万亩、水面0.29万亩。

自2010年6月16日20时开始,余江县迎来了一次大范围、高强度的强降雨,截至20日14时,全县降雨量平均达528.8mm,其中6月19日2时至20日2时,全县降雨量达363.9mm,邓埠地区降雨达340mm,均超历史极值,雨量之多、强度之大、范围之广,为余江县有史以来所罕见,导致山洪暴发,江河水位迅速暴涨。6月20日,白塔河耙石站洪峰水位达35.23m,超警戒4.23m,比1998年洪峰水位高出1.10m,创历史最高纪录。信江梅港站洪峰水位达29.82m,超警戒3.82m,洪峰流量达13800m³/s,是历史最高洪峰流量。

2. 险情描述

圩堤金墩村邹家段区域超 2km 长的堤身渗漏严重，迎水坡面迎流顶冲、塌方，背水坡堤脚坍塌、滑坡、跌窝等险情严重，背水坡下稻田泡泉随处可见，大小管涌星罗棋布。

先遣分队一边组织查勘判断各类险情，一边采取填筑反滤围井压重方式防范管涌掏空堤内沙土，一边分层铺填沙土加石碴夯实消除跌窝，同时组织抛填砂袋稳固坍塌堤脚、在迎水坡面铺彩条编织布防范冲顶冲刷土堤及塌方等方法，组织处置急需处理的隐患，把灾险消除在萌芽状态。

洪峰开始过中潢圩堤金墩村邹家段，邹家段大堤背水坡面犹如弹簧床面，在堤内积水的作用下，硬物触及坡面草皮之处便出现涌水喷射四溢状况，背水坡堤脚几处管涌出水点涌水浑浊且出水量增大。

经分析研判，先遣队指挥员遂即组织到迎水面详细勘察，在洪峰过境水位严重超警戒情况下，迅速做出砍伐迎水面灌木查找进水点的决定。对迎水面灌木砍伐过程中，突然发现一窝 9 条细长小白蛇，待将蛇清理出来送入白塔河后，蛇窝处迅即形成漩涡，且口径呈逐渐变大趋势。

3. 处置措施

(1) 指挥员亲自带领 6 名战士组成水下工程抢险班组，腰系安全绳，负责封填漏洞。

(2) 6 名战士担任安全员组成现场安全组，分别对应水下工程抢险班组 6 人，负责拉拽安全绳。

(3) 医生、护士 2 人担任观察员组成观察组，负责上下游安全观察。

(4) 其余 21 人组成 3 个物料输送班组，负责运送各类物料。

因蛇窝引发的漏洞漩涡越来越大，中潢圩堤内侧出现了直径达 1.5m 的漩涡，扔下去的砂袋都被冲走。就在这万分危急的时刻，现场指挥员果断采取塞堵法、盖堵法相结合的方式，分层有序组织封堵特大漏洞。

首先以砂袋打底，迅速装填砂袋并沉到漏洞底部，减小漩涡口径和进水量，将村民支援的棉被强塞铺填，再填充一层砂袋（稻草包），而后组织倾倒砂砾料，再在砂砾料上方撒铺黄豆一层，上方继续码放砂袋，漩涡边缘整齐码放几条黄麻石压重，接着再按砂袋、棉被、砂袋（稻草包）、砂砾料、黄豆、砂袋顺序铺填。既有效填充了漏洞空间，同时也利用棉絮、黄豆的膨胀特性，有效阻止水流进入堤防内部（图 3.25）。

经过持续 2h 的激战，封堵漏洞用各类物料约 200m³，迎水坡面漏洞基本堵

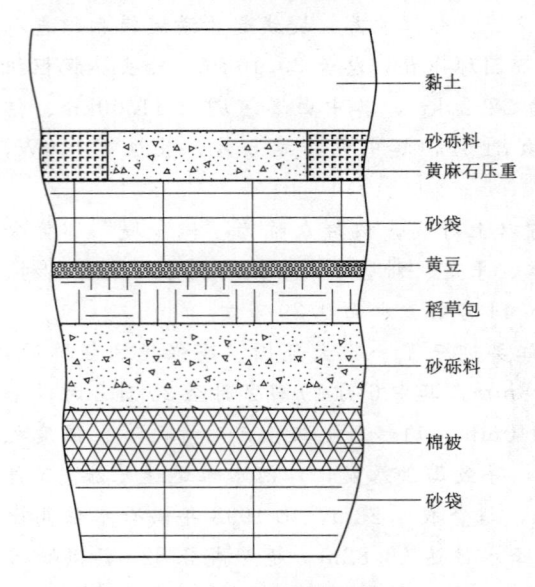

图 3.25 漏洞封堵分层铺填物料剖面示意图

住，背水坡管涌渗水量骤降，险情基本得到有效控制。为防范堤防内外侧进出水点在长时间冲刷浸泡下再次出险，先遣队又在现场指挥员的指挥下，在临水坡漏洞洞口范围内，用砂袋和反滤料修成月形围埝，进一步填筑黏土闭气防渗。同时，在背水坡管涌出水点周边以砂袋和反滤料为主、辅以黄麻条石，修筑反滤围井，围井内铺填块石、石子和粗砂用以反滤，有效阻止堤内沙土掏空。

任务 3.2.4 漫 溢

3.2.4.1 定义

漫溢是指漫顶水流和堤顶发生强烈的相互作用形成溃口，水流会沿溃口不断冲刷垂直和侧向的土体结构，土体持续被水流冲刷带走，直到水流动力不足或者边界抗冲能力增强才停止的现象。堤防作为土石材料堆筑物，主要利用土石颗粒之间的摩擦和黏聚力来维持自身稳定，属于散粒体结构，抗冲能力差。一旦发生漫溢的重大险情，引起严重冲刷，如果抢险不及时，极易造成堤防的溃决。因此在汛期应采取紧急措施防止漫溢的发生。

3.2.4.2 产生的原因

造成漫溢的主要原因如下：

（1）实际发生的洪水超过了水库、河道堤防的设计标准。设计标准一般是准确且具权威性的，但也可能因为水文资料不够、代表性不足或由于认识上的原因，使设计标准定得偏低，形成漫溢的可能。这种超标准洪水的发生属非常情况。

（2）堤防本身未达到设计标准。这可能是投入不足，堤顶未达到设计高程；或施工中堤坝未达到设计高程；或因地基软弱，碾压不实，沉陷过大，使堤顶高程低于设计值。

（3）河道严重淤积、过洪断面减小并对上游产生顶托，使淤积河段及其上游河段洪水位升高。

（4）因河道上人为建筑物阻水或盲目围垦，减小了过洪断面，河滩种植增加了糙率，影响了泄洪能力，洪水位增高。

（5）河势的变化、潮汐顶托以及地震引起水位增高。

3.2.4.3 险情判别

对已达防洪标准的堤防，当水位已接近或超过设计水位时，以及对尚未达到防洪标准的堤防，当水位已接近堤顶，仅留有安全超高富余时，应运用一切手段，适时收集水文、气象信息，进行水文预报和气象预报，分析判断更大洪水到来的可能性以及水位可能上涨的程度。为防止洪水可能的漫溢溃决，应根据准确的预报和河道的实际情况，在更大洪峰到来之前抓紧时机，尽全力在堤顶临水侧部位抢筑子堤。

一般根据上游水文站的水文预报，通过洪水演进计算的洪水位准确度较高。没有水文站的流域，可通过上游雨量站网的降雨资料，进行产汇流计算和洪水演进计算，做出洪峰和汇流时间的预报。目前气象预报已具有相当高的准确程度，能够估计洪水发展的趋势，从宏观上提供了加筑子堤的决策依据。

大江大河平原地区行洪需历经一定时段，这为决策和抢筑子堤提供了宝贵的时间，而山区性河流汇流时间就短得多，决策和抢护更为困难。

3.2.4.4 抢护方法

对于土质堤（坝）而言，漫溢为重大险情，必须及时抢护。

> **漫 溢 抢 护 口 诀**
> 漫溢实属大险情，加筑子堤不可停；
> 子堤加高应同步，不给洪魔留活路。

1. 抢护原则

根据洪水预报，估算洪水到达当地的时间和最高水位，按预定抢护方案，积极组织实施，并应抢在洪水漫溢之前完成。

堤防防漫溢抢险按照"水涨堤高"的原则进行抢护。当洪水有可能超过堤顶部时，临时加高堤或抢筑子堤，或利用分蓄洪区或相邻河道分洪，以降低水位，或利用上游防洪工程进行调度调蓄。

2. 抢护方法

抢筑子堤应就地取材，全线同步升高、不留缺口。子堤应修在堤顶临水侧或坝垛顶面上游侧，其临水坡脚应距堤（坝）肩线0.5~1.0m。子堤断面应满足稳定要求，其堤顶应超出预报最高水位0.5~1.0m。必要时应采取防风浪措施。

（1）采用土袋子堰抢护。子堰应在堤（坝）顶外侧抢做，堰后留有余地，以利于巡汛抢险时，可以往来奔走，无所阻碍。要根据土方数量及就地可能取得的材料，决定施工方法，并适当组织劳力。

1) 用麻袋、草袋或编织袋装土约七成，将袋口缝紧。

2) 将黏土袋铺砌在堤顶离临水坡肩线约0.5m。袋口向内，互相搭接，用脚踩紧。

3) 第一层上面再加两层，土袋要向内缩进一些。袋缝上下必须错开，不可成为直线。逐层铺砌，到规定高度为止。

4) 土袋后面修土戗，随砌土袋，随分层铺土夯实，土袋内侧缝隙可在铺砌时分层用黏土填垫密实，背水坡以不陡于1:1为宜，如图3.26和图3.27所示。

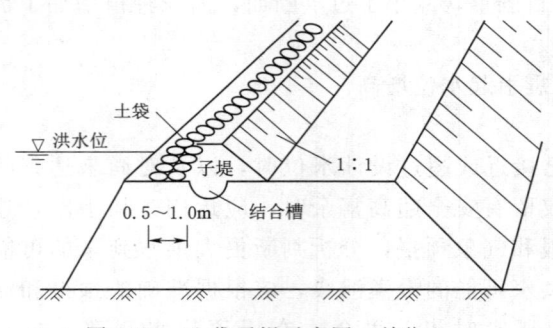

图3.26 土袋子堤示意图（单位：m）

（2）纯土子堤。土料子堤筑于堤（坝）顶部靠迎水坡一侧，子堤顶宽0.6~1.0m，边坡不大于1:1，用土工布将其包盖，以防渗抗冲。抢筑时，在堤（坝）顶先开挖一条结合槽，槽深0.2m，底宽0.3m左右，边坡1:1，子堤底宽范围内的原堤（坝）顶部应清除路面杂物，并将表

图 3.27　加筑子堤抢险效果图

层土要分层夯实。刨松或犁成小沟，以利新老土接合。土料宜选用黏性土，填筑时要分层夯实，如图 3.28 所示。

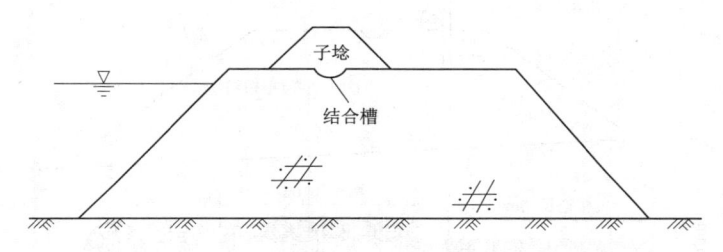

图 3.28　纯土子堤示意图

（3）桩柳子堤。当土质较差，又缺乏土袋时，可就地取材，采用桩柳子堤。在迎水坡肩 0.5～1.0m 处先打一排木桩，桩长可根据桩高确定，桩径 0.3～0.1m，木桩入土深度约为桩长的 1/3 处，桩距 0.5～1.0m。将柳枝或秸料等捆成长 2～3m，直约 20cm 的柳把，用铅丝或麻绳绑扎于木桩后，自下而上紧靠木桩，逐层叠放。在放置最下一层柳把时，先在堤（坝）顶挖深约 0.1m 的槽沟，将柳把放置于沟内。在柳把后面，散置秸料一层，厚约 20cm。然后再铺土夯实，做成子堤。子堤顶宽 1.0m，坡比不大于 1∶1。此外，若坝顶较窄时，也可用双排桩柳子堤。排桩的净排距为 1.0～1.5m，相对绑上柳把、散柳，然后在两排桩间填土夯实，两排桩的桩顶可用 18～20 号铅丝对拉或用木杆连接牢固，如图 3.29 所示。

（a）单排桩梢子堤示意图　　（b）双排桩柳子堤示意图

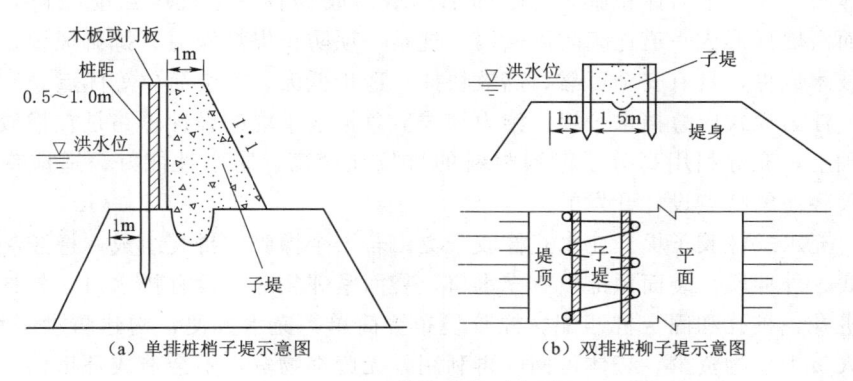

图 3.29　桩柳子堤示意图

（4）柳石（土）枕子堤。当取土困难而柳源又比较丰富时，可采用此种方法。用16号铅丝扎制直径0.15m，长10m的柳把，铅丝扎捆间距0.3m，由若干条这样的柳把包裹作为枕芯的石块（或土），用12号铅丝间距1m扎成直径0.5m的圆柱状柳石枕。根据子堤高度确定使用柳石枕的数量。如高度为0.5m、1m、1.5m的子堤分别用1个、3个、6个，按"品"字堆放。第一枕距临水堤肩留0.5～1m，并在其两端各打木桩1根，以固定柳石（土）枕，或在枕下挖深0.1m的沟槽，以免滑动和渗水。枕后用土做戗，戗下开挖结合槽，清除草皮杂物，刨松表层土以利结合。然后在枕后分层铺土夯实直至戗顶。其顶宽一般不小于1m，边坡不陡于1:1，如土质较差时应当加宽戗顶并适当放缓坡度，如图3.30所示。

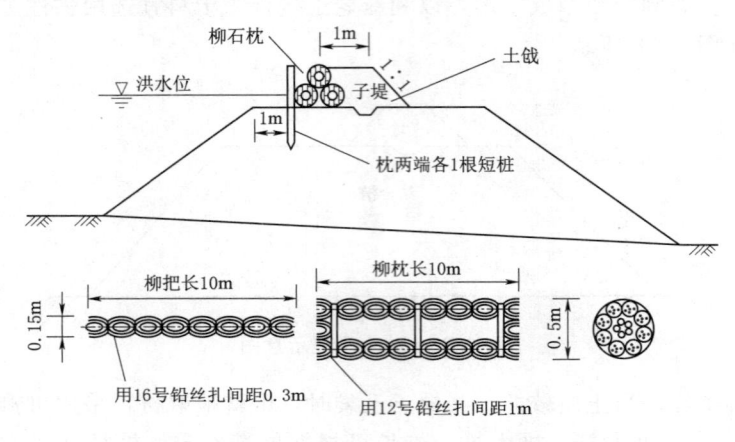

图3.30 柳石（土）枕子堤示意图

（5）板坝式应急挡水子堤。板坝式应急挡水子堤由支撑框架、支撑板、挡水防渗布等组成，具有结构简单、体积小、重量轻、安装方便，能重复使用以及耐磨、抗腐蚀等特点。适于砂壤土、壤土、黏土及混凝土、沥青堤坝抢险之用。设计挡水高度为1.0m，子堤高1.3m、宽1.2m，要求原堤顶宽在4.0m以上，保管年限8～30年。

（6）吸水速凝应急挡水子堤。吸水速凝应急挡水子堤由土工织物外袋、土工膜内袋和装在内袋里的高效保水材料，以及护垫、加强带、注水孔、防渗带、防渗条等组成。袋体吸（充）水后体积胀大，随即水体凝结成具有一定抗压强度能自立的凝胶体，从而沿堤顶形成一道连续防洪矮墙，这是一项防止堤坝漫溢、抗御风浪、快速有效的新技术成果，具有安全可靠、高效快捷、造价低廉、安装简单等优点。

（7）浮力坝式应急挡水子堤。浮力坝式应急挡水子堤的设计思路是在橡胶坝设计理念基础上，充分利用高分子薄膜材料的抗拉强度高、防水性能好、适应变形能力强、比较轻便的特点设计开发的。

（8）充水式橡胶子堤。充水式橡胶子堤由若干个橡胶袋拼装组成，橡胶袋包括袋面、袋底、外伸段。袋面顶部设有充水口，袋面紧邻袋底处设有排水口。外伸段上设有若干桩孔，桩孔和固定桩匹配。橡胶袋布置简单，充水方便，构建防洪子堤快捷，所需的人员少，物资少，袋体可回收再利用，无废弃物资，不会造成环境污染，是一种低碳环保生态的节约型防汛技术。袋内充水形成挡水坝，以水抗水，同时袋内的水又为袋体挡水提供了作用力，袋体的充水，一水两用。防洪子堤与大堤防冲合二为一，既能防止洪水满溢，又能防止大堤冲刷，保证大堤安全。

3.2.4.5 抢护漫溢险情注意事项

(1) 修筑子埝前要布置堤线，平整顶面，务必开挖结合槽。
(2) 无论抢修哪一种子埝，不得将子埝修在堤坝背水坡侧。
(3) 抢修子埝必须统一指挥，同步施工，由低到高，逐步加强。
(4) 修筑子埝必须严格控制工程质量。子埝挡水后，要加强巡查，严加防守。

【案例分析】

案例1：某堤防堤顶高程不够险情抢护

1. 出险过程

汛期来临，河道水位持续上涨，判断某堤防桩号0+000处将发生漫顶险情。经不间断观测现场发现大桥下游侧防洪墙（桩号2+080）出现水平错位，且渗水，分缝处错位约2~3cm，最大张开度约2cm，墙脚坑洼地积水深0.5~1.5m。

2. 原因分析

外河水位超过设计标准，圩堤堤顶高程不够。

3. 抢护措施及效果

抢护方法采用修建土料子堤处置。

1) 堤防桩号0+000处立即在堤顶临水侧抢筑土袋子堤，并铺设彩条布防渗。

2) 堤防桩号2+080处为悬臂式防洪墙，由于外河水位上涨，已超过设计工况，专家组建议在防洪墙背水侧进行填土，填至距防洪墙顶1.2m，填土坡度采用1:2，并接至现状地面高程。处置完毕后，墙脚未见积水现象。

案例2：江西峡江水利枢纽漫溢抢险实例

2012年3月初，赣江上游连降暴雨，截至3月7日上午11时，江西省峡江水利枢纽坝址流量由2000m³/s急增至7530m³/s。据气象部门预报，赣江上游流域仍有大规模较强降雨，峡江水利枢纽工程坝址将达到30年一遇的10600m³/s洪峰过境，并将持续20h以上，超过峡江二期工程枯水围堰设计挡水标准8620m³/s，围堰面临垮塌，将会冲毁及淹没正在施工中的二期基坑，基坑内的材料、机械、设备将严重损毁；围堰丧失挡水功能，灾后围堰恢复技术难度大、成本高昂；枢纽总体工期推迟1年，工程投资大幅增加。

为确保峡江水利枢纽工程在11000m³/s流量下二期枯水围堰安全稳定，由承建峡江二期工程的武警水电部队为主体，对二期围堰实施应急抢险工作。

抢险方案：为确保在11000m³/s流量下二期枯水围堰安全稳定，按照"科学抢险"总要求，对现有围堰采取加高加固的工程抢险措施，确保1号及2号围堰堰体可以具备挡11000m³/s超标洪水（41.71m水位）的能力。结合现场应急抢险的施工条件，制定了以"加高加固为主、险情处置为辅"的抢险原则，运用非工程措施控制洪峰流量，运用工程措施抵御洪峰。从水情收集与分析、洪峰调节、风险预判、围堰加高加固四个方面进行应急抢险处置。

水情收集与分析：成立现场水情测报组。测量员采用GPS进行实时水位测量，巡堤员通过现场水尺进行实时水位观测。技术组依据水情测报数据对水情进行实时分析，形成峡江坝址水位过程曲线、流量过程曲线，水位与流量关系曲线，并依据分析结果，进行洪水预报，指导现场抢险工作。

洪峰调节：抢险期间，通过对洪水调控，万安水电站拦蓄洪峰 $1000\text{m}^3/\text{s}$，区间径流量预泄削峰 $2000\text{m}^3/\text{s}$，将最高洪峰成功控制在 $11000\text{m}^3/\text{s}$ 以下。

风险预判：对围堰工程进行全面检查，掌握围堰工程情况，对围堰工程可能出现的风险进行预判，判定1号上游横堰、1号下游围堰为可控险情，2号纵堰、2号下游横堰为高危险情。

围堰加高加固：对1号围堰进行加高作业，对2号围堰进行加高及加固作业，使围堰形体尺寸满足防洪要求，同时利用加高加固作业消除各种险情出现的概率。

考虑河床缩窄后上游水位壅高，结合以往现场实测水位-流量关系，按最不利条件考虑，上游围堰堰顶高程控制在 43.5m，下游横堰及纵向围堰堰顶高程控制在 41.5m。原1号上游横堰需加高 1.5m，1号下游横堰及混凝土纵堰需加高 0.6m，2号纵堰、2号下游横堰需加高 0.6m。

从洪峰过境期间实测水位数据验证，上游最高水位达到 41.71m，下游最高水位达到 40.15m。

抢险工作累计填筑石渣料 $6.24\times10^4\text{m}^3$、黏土 3700m^3，抛填块石料 $3.5\times10^4\text{m}^3$、六面体 240个、钢筋石笼 150个，搭设黏土编织袋 10×10^4 个，铺设彩条布 $13\times10^4\text{m}^2$，排水 $75.7\times10^4\text{m}^3$，安装排水管 5000m，成功抵御了长达 20h 持续流量为 $10600\text{m}^3/\text{s}$ 洪水的威胁，确保了周边人民群众生命财产及峡江水电站安全。

任务 3.2.5 滑　　坡

3.2.5.1　定义

滑坡是指堤防的一部分土体由于各种原因失去稳定并发生显著的相对位移，脱离原来位置向下滑移的现象。汛期堤防边坡失稳，包括临水坡的滑坡与背水坡的滑坡。这类险情严重威胁堤防的安全，必须及时进行抢护。根据滑坡范围分为圆弧滑动和脱坡滑动。

圆弧滑动一般是堤坝本身与基础一起滑动，滑动面呈现圆弧形，位置较深，滑动体体积较大，坡脚往往被推出，外移并隆起。脱坡滑动是堤坝内部沿软弱层开裂，并逐渐发展成纵向裂缝，使土体失稳，形成脱坡。

3.2.5.2　产生原因

堤防的临水面与背水面堤坡均有发生滑坡的可能，因其所处位置不同，产生滑坡的原因也不同，现分述如下。

1. 临水面滑坡的主要原因

（1）堤脚滩地迎流顶冲坍塌，崩岸逼近堤脚，堤脚失稳引起滑坡。

（2）水位消退时，堤身饱水，容重增加，在渗流作用下，使堤坡滑动力加大，抗滑力减小，堤坡失去平衡而滑坡。

(3) 汛期风浪冲毁护坡，侵蚀堤身引起的局部滑坡。

2. 背水面滑坡的主要原因

(1) 堤身渗水饱和而引起的滑坡。通常在设计水位以下，堤身的渗水是稳定的，然而，在汛期洪水位超过设计水位或接近设计水位时，堤身的抗滑稳定性降低或达到最低值。再加上其他一些原因，最终导致滑坡。

(2) 在遭遇暴雨或长期降雨而引起的滑坡。汛期水位较高，堤身的安全系数降低，如遭遇暴雨或长时间连续降雨，堤身饱水程度进一步加大，特别是对于已产生了纵向裂缝（沉降缝）的堤段，雨水沿裂缝很容易便渗透到堤防的深部，裂缝附近的土体因浸水而软化，强度降低，最终导致滑坡。

(3) 堤脚失去支撑而引起的滑坡。平时不注意堤脚保护，更有甚者，在堤脚下挖塘，或未将紧靠堤脚的水塘及时回填等，这种地方是堤防的薄弱地段，堤脚下的水塘就是将来滑坡的出口。

3.2.5.3 险情判别

汛期堤防出现了下列情况时，必须引起注意。

1. 堤顶与堤坡出现纵向裂缝

汛期一旦发现堤顶或堤坡出现了与堤轴线平行且较长的纵向裂缝时，必须引起高度警惕，仔细观察，并做必要的测试，如缝长、缝宽、缝深、缝的走向以及缝隙两侧的高差等必要时要连续数天进行测试并做详细记录。出现下列情况时，发生滑坡的可能性很大。

(1) 裂缝左右两侧出现明显的高差，其中位于离堤中心远的一侧低，而靠近堤中心的一侧高。

(2) 裂缝开度继续增大。

(3) 裂缝的尾部走向出现了明显的向下弯曲趋势，如图3.31所示。

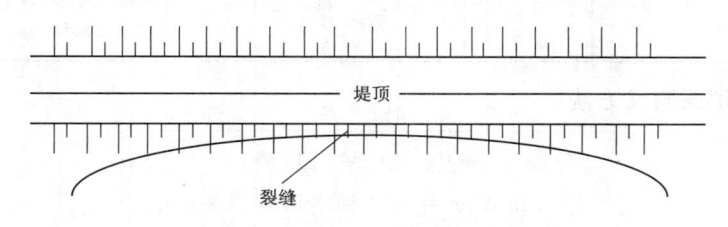

图 3.31 堤防纵向裂缝走向示意图

(4) 从发现第一条裂缝起，在几天之内与该裂缝平行的方向相继出现数道裂缝。

(5) 发现裂缝两侧土体明显湿润，甚至发现裂缝中渗水。

2. 堤脚处地面变形异常

滑坡发生之前，滑动体沿着滑动面已经产生移动，在滑动体的出口处，滑动体与非滑动体相对变形突然增大，使出口处地面变形出现异常。一般情况下，滑坡前出口处地面变形异常情况难以发现。因此，在汛期，特别是在洪水异常大的汛期，在重要堤防（包括软基上的堤防，曾经出现过险情的堤防堤段）应临时布设一些观测点，及时对这些观测点进行观测，以便随时了解堤防坡脚或离坡脚一定距离范围内地面变形情况，当发现堤脚下或堤脚附近出现下列情况，预示着可能发生滑坡。

（1）堤脚下或堤脚下某一范围隆起。可以在堤脚或离堤脚一定距离处打一排或两排木桩，测这些木桩的高程或水平位移来判断堤脚处隆起和水平位移量。

（2）堤脚下某一范围内明显潮湿，变软发泡。

3. 临水坡前滩地崩岸逼近堤脚

汛期或退水期，堤防前滩地在河水的冲刷、涨落作用下，常常发生崩岸。当崩岸逼近堤脚时，堤脚的坡度变陡，压重减小。一旦出现这种情况，极易引起滑坡。

4. 临水坡坡面防护设施失效

汛期洪水位较高，风浪大，对临水坡坡面冲击较大。一旦某一坡面处的防护被毁，风浪直接冲刷堤身，使堤身土体流失，发展到一定程度也会引起局部的滑坡。

3.2.5.4 险情分级标准

针对滑坡险情，选取滑错距离、滑体体积、滑弧底渗水情况（背水坡）、外水位为研判参数，将险情按严重程度分为一般险情、较大险情和重大险情三级，作为抢险方式选择的重要判别依据，参数由现场观测确定，详见表3.5。

表 3.5   滑坡险情严重程度参考表

险情严重程度	滑错距离 /cm	滑体体积 /m³	滑弧底渗水情况（背水坡）	外水位情况
一般险情	<1	<10	未见	低于警戒水位/低于汛限水位
较大险情	1～5	10～50	微量	超警戒水位（<1m）/超汛限水位（<1m）
重大险情	>5	>50	较多	超警戒水位（≥1m）/超汛限水位（≥1m）

3.2.5.5 抢护原则及方法

> 滑 坡 抢 护 口 诀
> 滑坡治理分两面，临水固脚永不变；
> 背坡削坡加固脚，导渗排水是关键。

抢护原则：减载加阻。在渗水严重的滑坡体上，应避免人员踩踏。在滑动面上部和堤顶，不应存放料物和设备。

堤岸防护工程发生护坡、护脚连同部分土体下滑或重力式挡土墙发生砌体倾倒的险情，发生"缓滑"宜采用抛石固基及上部减载进行抢修，发生"骤滑"宜采用土工织物软体排或柴石搂厢等保护土体，防止水流冲刷。

（1）土石戗台：在滑坡阻滑体脚部做土石戗台，戗台从堤脚往上做，分两级：第一级厚度1.5～2m，第二级厚度1.0～1.5m。适用条件堤脚前未出现崩岸与坍塌险情，堤脚前滩地是稳定的。

（2）做石撑：该法适用于做土石戗台有困难，滑坡段较长，水位较高。基本条件是石撑宽度4～6m，坡比1：1.5，撑顶高度不宜高于滑坡体的中点高度，石撑底脚边线应超出滑坡下口3m以上。顺堤方向筑石撑，间隔不宜大于10m。

（3）抛石固基：堤坡出现滑动前兆时，宜探摸护脚块石，找出薄弱部位，迅速抛块石、柴枕、石笼等固基阻滑。块石、柴枕、石笼等应压住滑动体底部，严禁将其抛在护坡中上部。当水位比较高时，可选用船只抛投或吊车抛放。对堤基不好或临近坑塘的地方，应先做填塘固基。如滑坡已形成，抢护时应在滑坡体下部先做固脚，再做滤水后戗，如图3.32所示。

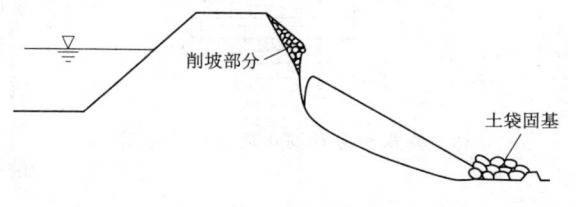

图3.32 抛石固基示意图

（4）背水坡贴坡补强。当临水面水位较高，风浪大，做土石戗台、石撑等有困难时，应在背水坡及时贴坡补强。贴坡的厚度一般应大于滑坡的厚度，贴坡的坡度略缓于背水坡的设计坡度。贴坡材料应选用透水的材料。背水坡贴坡的长度要超过滑坡两端各3m以上。

（5）前戗截渗。当判定滑坡由渗透力而引起，应及时截断渗流，主要在临水坡面上做黏土铺盖阻截或减少渗水。若堤防背水坡滑坡严重，范围较大，修筑滤水土撑和滤水后戗难度较大，且临水坡又有条件抢筑截渗土戗的堤段，宜采用黏土前戗截渗的方法抢修。采用前戗截渗方法时应先清除临水边坡上的杂草、树木等杂物，抛土段超过渗水段两端5m，并高出洪水位1m。

（6）滤水土撑。适用于堤坝背水坡排水不畅、滑坡范围较大、险情严重且取土困难的堤段。

具体做法：先将滑坡体松土清理，然后在滑坡体上顺坡到脚拟做土撑部位开挖导渗沟，沟内按导渗要求铺设土工织物滤层或分层铺填砂石、梢料等滤料，并在其上做好覆盖保护。土撑可在导渗沟完成后抓紧抢修，其尺寸应视险情和水情确定。一般每条土撑顺堤方向长10m左右，顶宽5～8m，边坡1：3～1：5，间距8～10m，撑顶应高出浸润线出逸点不小于0.5m。土撑采用透水性较大土料，分层填筑夯实。如堤基不好，或背水坡脚靠近坑塘，或有溃水、软泥等，需先用块石、砂袋固基，用砂性土填塘，其高度应高出溃水面0.5～1.0m。

（7）滤水后戗。适用于堤防背水坡排渗不畅、滑坡范围较大、险情严重而取土较易的堤段。此法既能导出渗水，降低浸润线，又能加大堤身断面，可使险情趋于稳定。

滤水后戗具体做法与上述滤水土撑法相同。其区别在于滤水土撑法土撑是间隔抢筑，而滤水后戗法则是全面连续抢筑，其长度应超过滑坡堤段两端各5m，后戗顶宽3～5m。当滑坡面土层过于稀软不易做导渗沟时，常可用土工织物、砂石或梢料做滤层代替。

滤水土撑和滤水后戗详如图3.33和图3.34所示。

（8）滤水还坡。适用于脱坡滑坡后，堤坝断面单薄，渗水严重时，采用滤水还坡

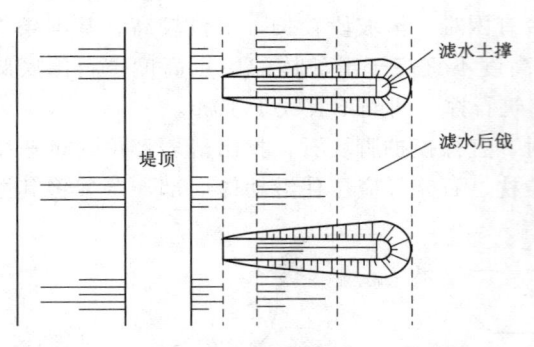

图 3.33 滤水土撑和滤水后戗平面示意图

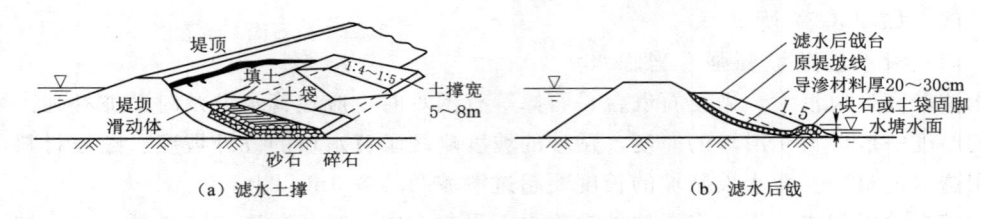

图 3.34 滤水土撑和滤水后戗示意图
（a）滤水土撑　（b）滤水后戗

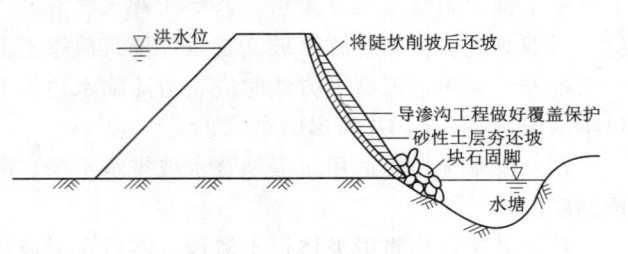

图 3.35 滤水还坡示意图

方法抢护，恢复加固堤坝断面。

具体做法：先将滑坡体顶部陡坎削成缓坡，清除坡面松土杂物，做好导渗层。在坡脚堆放块石或土袋固脚然后直接回填砂性土，加大或恢复成原来的堤坝断面，如图 3.35 所示。

对由于水流冲刷引起的临水堤坡滑坡，可参考坍塌险情抢护方法。

水位骤降引起临水坡失稳滑动的险情，可采用在临河堤脚抛石或抛土袋抢护。其作用在于增加抗滑力，制止滑坡发展，以稳定险情。抢险时一定要探清水下滑坡的位置，然后在滑坡体外缘进行抛石或抛土袋固脚。不得在滑动土体的中上部抛石或土袋。同时，移走滑动面上部和堤顶的重物，视险情削缓边坡，以减小滑动力。

3.2.5.6　抢护脱坡、滑坡注意事项

（1）脱坡滑坡是发展快、破坏性大的严重险情，应尽早发现抢护。险情危急时，应按照轻重缓急，及时采取措施稳定险情。

（2）脱坡滑坡严重时，坡面土体稀软，下滑力大，切忌大量上人践踏扰动，不得在错动口上大量填砂石或灌浆。

（3）脱坡险情发生时，堤坝表面会出现裂缝，应加强对裂缝的观察分析，监视裂缝的发展。

【案例分析】

案例 1：某堤防桩号 38＋700～38＋800 段脱坡险情抢护

1. 基本情况

堤防桩号 38＋700～38＋800 段堤身发生脱坡险情。险情堤段堤身填土主要取自堤内、外两侧地表土，部分取自河流高漫滩，填土成分以黏土、壤土为主，仅局部表层夹少量砾质土，呈稍密状，填表筑质量一般。堤基土上部为断续分布表层的全新统

冲积层黏土、壤土、薄层淤泥质黏土、砾石及中更新统冲积黏土、壤土，厚7.5～13.2m，下部为砂壤土、细砂、砾砂及砾石等组成，厚1.3～13.1m。下伏基岩为第三系泥质粉砂岩。

2. 出险过程

桩号38+700～38+800段背水坡发生两处脱坡险情，脱坡堤段分别长50m、20m，脱坡高度约为10m。

3. 原因分析

汛期外河处于高水位时，发生险情堤段填土发生堤身渗漏，导致背水坡堤身土体处于饱和状态，土体抗剪强度显著降低，导致脱坡发生。

4. 抢护措施及效果

抢护方法采用临水侧黏土截渗+背水侧滤水后戗处置。

(1) 在脱坡堤段迎水面铺填黏土截渗。

(2) 在背水坡滑动面下缘开挖导渗沟，间距10m。

(3) 在脱坡范围堤段沿滑动面下缘向堤脚铺设砂卵石袋形成"滤水后戗"，砂卵石袋不得阻塞导渗沟排水，并沿堤脚向外延伸约20m，起到稳固堤脚的作用。

案例2：江西景德镇三河堤凤凰岭段滑坡抢险

1. 基本情况

三河堤凤凰岭段位于西河中下游，兴建于20世纪60年代末到70年代初，由人工挑筑而成的粉质壤土，堤身单薄，且堤顶周边建有民房，堤顶荷载大，极易发生险情。2015年4月18日，受连续强降雨影响，景德镇市昌江区三河堤凤凰岭段出现裂缝、滑坡险情，滑坡长度约100m，直接危及20户房屋安全，近千名群众生命和财产将受到严重影响。

2. 抢护措施及方法

采用"固脚阻滑、削坡减载、压重堵渗，上导下截"的方法，由前至后进行作业，先稳定临水面，再处理背水面的方式，顺利完成了抢险救援任务。

道路修筑：利用挖掘机挖除堤身约1m厚的淤泥松软土层，分层填筑石渣料，碾压成型，而后铺设50cm厚泥结石路面；采取边填筑、边加宽、边修复的方法，对现有道路加宽至6m；在堤头处增设会车平台，科学调度、错峰放行提高道路运输效率。

迎水面：一是在迎水面出现滑坡的坡脚险段采用抛石固脚，抛石高出水面1.0m，上部回填土方并夯实，坡面按1:1.5削坡减载后，采用30cm厚的砌石护坡；二是滑坡段上下游10m处，采用长3.0m、直径15～20cm、间距30cm的松木桩固脚，上部用块石固基，坡面按1:1.5削坡减载，采用30cm厚的砌石护坡；三是在上、下游块石护坡部位浇筑40cm×40cm的C20混凝土齿墙。

背水面：在背水坡面上人工由上至下分段进行开挖导渗沟，采用土工布将导渗沟覆盖保护，其上再用沙性土填筑恢复原有堤坡；坡脚处采用黏土压重堵渗。距坡脚1～2m处开挖一条深30～50cm、宽为40～50cm的截水沟，将积水引至距坡脚70m处的排水沟，并用水泵抽至市政雨水排水井，防止坡面雨水和积水渗透至背水面坡脚，减少渗水对堤脚的浸泡。

3. 抢护效果

解除了圩堤滑坡险情，完成道路抢通 180m，石料填筑 700m³，砂袋装填 1000 个，木桩固基 150 根，护坡填筑 1380m³，疏散群众 26 人，保护了近千名居民的生命及财产安全。

任务 3.2.6 风 浪 淘 刷

3.2.6.1 定义

汛期来水后河道水位升高，水面变得较为开阔，大风吹动水面形成较大波浪，对岸坡连续冲击造成淘刷、负压侵蚀和爬坡漫顶的现象称为风浪险情。

3.2.6.2 现象

临水坡在风浪的连续冲击下，堤坡土料被水流冲击淘刷，遭受破坏。轻者将临水坡冲刷成陡坎，造成坍塌险情，重者使堤身遭受严重破坏，以致溃决。

3.2.6.3 原因分析

（1）堤身抗冲能力差。主要是堤身存在设计标准低，如堤身回填土质沙性大、堤身碾压不密实而达不到规范要求等。

（2）风大浪高。堤前水深大，水面宽，风速大，浪高，冲击力强。

（3）风浪爬高大。由于风浪爬高，增加水面以上临水坡的他和范围，降低土壤的抗剪强度，造成坍塌破坏。

（4）堤顶高程不足。如果堤顶高程低于浪峰，波浪就会越顶冲刷，可能造成漫决险情。

3.2.6.4 险情判断

（1）河道堤防直接受到水流的冲刷和凹岸易受环流水流冲刷的部位有局部坍塌现象。

（2）对于堤身比较单薄且抗冲能力比较差的堤段，尤其是砂性土堤身受到风浪冲刷后局部堤坡变陡。

（3）及时收看天气预报和气象云图，预判可能到来的大风和大雨有可能漫堤。

3.2.6.5 抢护原则及方法

风浪冲刷险情应按"削浪抗冲"的原则抢护，即削减风浪冲击力和加强堤坝边坡抗冲能力。一般是利用漂浮物来削减风浪冲击力，或在堤坝坡受冲刷的范围内做防浪护坡工程，以加强堤坝的抗冲能力。

抢护方法：挂柳、挂枕，竹木排防浪，护脚护基，桩柳固坡，土工织物防冲，土袋防冲，柳箔防冲等。

（1）消浪防护。为削减波浪的冲击力。可在近坡水面漂浮芦秆、柳杆、木材等材料的捆扎体，设法锚定。防止被风浪水流冲走。常用的方法有以下几种。

1）挂柳防浪。受水流冲击或风浪拍击。堤坡或堤脚开始被淘刷时可用此法减缓冲刷。具体做法如下：

a. 选柳。选择枝叶繁茂的大柳树，在树干的中部截断。一般要求干枝长在 1.0m

以上，直径为0.1m左右。如柳树头较小，可将数棵捆在一起使用。

b. 签桩。在堤顶临水侧打桩，桩距和悬挂深度根据流势和坍塌情况确定。桩径一般为0.1~0.15m，长度为1.5~2.0m，可以打成单桩、双桩或梅花桩等，桩距一般为2.0~3.0m。

c. 挂柳。用8号铅丝或绳缆将柳树头的根部系在堤顶打好的木桩上。然后将树梢向下，并用铅丝或麻绳将石或砂袋捆扎在树梢杈上，其数量以使树梢沉贴水下边坡不漂浮为止，推柳入水顺坡挂于水中。如堤坡已发生坍塌，应从坍塌部位的下游开始，顺序压挂，逐棵挂向上游，棵间距离和悬挂深度应根据坍塌情况确定。如果水深，横向流急，已挂柳还不能全面起到掩护作用，可在已抛柳树头之间再错开压挂，使之能达到防止风浪和横向水流冲刷为止。

d. 坠压。柳枝沉水轻浮，在树杈上系重物止浮，在坠压数量上应使其紧贴堤坡不漂浮为度，在干枝根部系绳备挂，如图3.36（a）所示。

2) 挂枕防浪。挂枕防浪一般分单枕防浪和连环枕防浪两种。具体做法如下：

a. 单枕防浪。用柳枝、秸料或芦苇扎成直径为0.5~0.8m的枕，长短根据堤长而定。枕的中心卷入两根5~7m的竹缆或3~4m麻绳作龙筋，枕的纵向每隔0.6~1.0m用10~14号铅丝捆扎。在堤顶距临水坡边2.0~3.0m处或在背水坡上打1.5~2.0m长的木桩，桩距为3.0~5.0m，再用麻绳把枕拴牢于桩上，缆绳长度以能适应枕随水面涨落而移动，绳缆也随之收紧或松开为度，使枕能够防御各种水位的风浪，如图3.36（b）所示。

b. 连环枕防浪。当风力较大，风浪较大，一枕不足以防浪冲击时，可以挂用两个或多个枕，用绳缆或木杆、竹竿将多个枕联系在一起，形成连环枕，也叫枕排，临水最前面枕的直径要大些，容重要轻些，使其浮得最高，抨击风浪。枕的直径要依次减小，容重增加，以消余浪，如图3.36（c）所示。

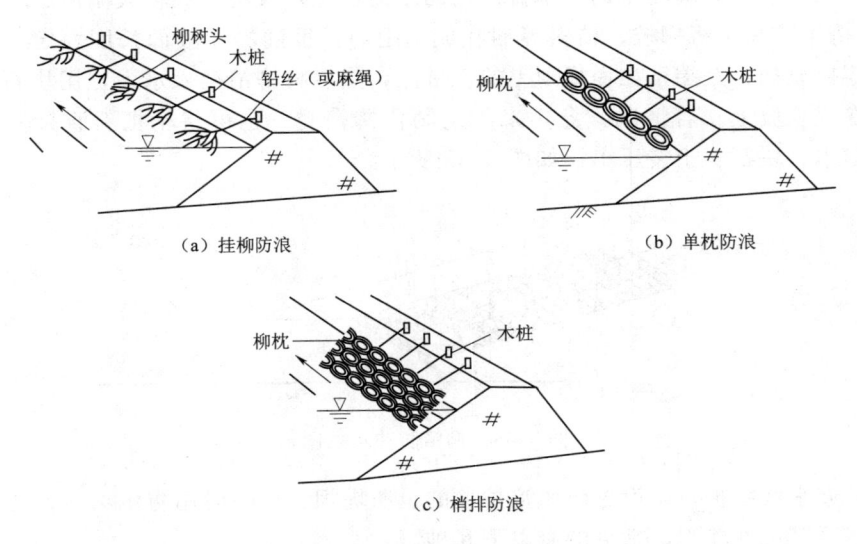

（a）挂柳防浪

（b）单枕防浪

（c）梢排防浪

图3.36 挂柳、挂枕防浪示意图

3) 木排防浪。

a. 木排连扎排：用直径 5~15cm 的圆木，用铅丝或绳索扎成木排，将木排重叠 3~4 层，总厚 30~50cm，宽 1.5~2.5m，长 3~5m。按水面的宽度和预计防御多大的风浪，用一块或几块接起来而成，如图 3.37 所示。

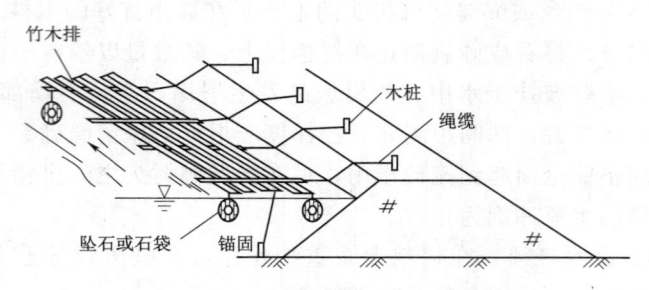

图 3.37 木排防浪示意图

b. 圆木排列的方向，应当和波浪传来的方向相垂直，圆木的间距约等于圆木直径的一半。

c. 木排长度、厚度和水深的关系：根据试验，同样的波长，木排越长，消浪的效果越好。木排的厚度约为水深的 1/10~1/20 的时候，消浪效果最好。

d. 锚定的位置：防浪木排，应抛锚固定在堤防以外 10~40m 的距离，视水面宽度而定。水面越宽，距离就应远一些，以免木排破坏堤身。锚链的长度，如等于水深的时候，木排最稳定，消浪的效果也最好。但锚链所受的张力（拉力）最大，锚也容易被拔起，所以锚链长一般应当比水深更长。锚链放长后，消浪的效果就逐渐减低，如链长超过水深 2 倍以上时，木排可以自由移动，对消浪就无显著效果。

e. 木排与堤岸距离为波浪长的 2~3 倍时，挡浪的作用最好。如距堤太近，很容易和堤防相冲撞；如离堤太远，木排以内的水面增宽，又将形成较大流浪。

4) 柳箔防冲。将柳枝、秸料等捆扎成梢把，长度随堤坝坡面长度而定，用铅丝将梢把连接成捆，上端系在堤坝顶上的牵桩上，然后将柳箔推入水中，用块石、土袋将其压在堤坝坡上。若情况紧急，来不及制作柳箔时，也可将梢把料直接铺在坡面上，用横木、块石、土袋压牢，如图 3.38 所示。

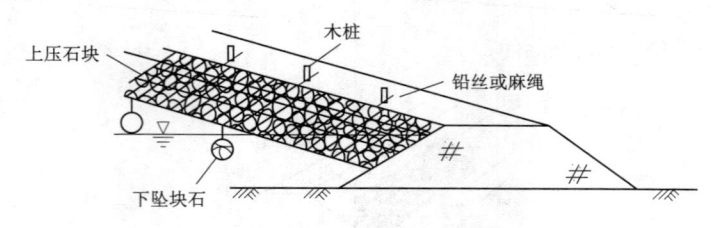

图 3.38 柳箔防冲示意图

(2) 迎水坡防护。未设置防风浪护坡的土质堤坝，可临时用防汛物料铺压迎水坡坡面，增强其抗冲能力，常见的有以下几种。

1) 护脚护基。顺岸坡抛石，深水中可用抛石船抛石，使抛石随水流下沉于抛护处。对于水深流急的抢护，可采用铅丝笼、柳条笼等装成石笼，或用土工织物加绳网构成软体排，推入冲刷、崩塌的地方，如图 3.39 所示。

2）桩柳固坡。当水不太深时，在堤坝坍塌的前沿打桩，将排桩与堤坝顶的牵桩连接起来，排桩后挡上梢把或竹排等，再铺软梢料，梢料后抛土填实形成排体，如图 3.40 所示。

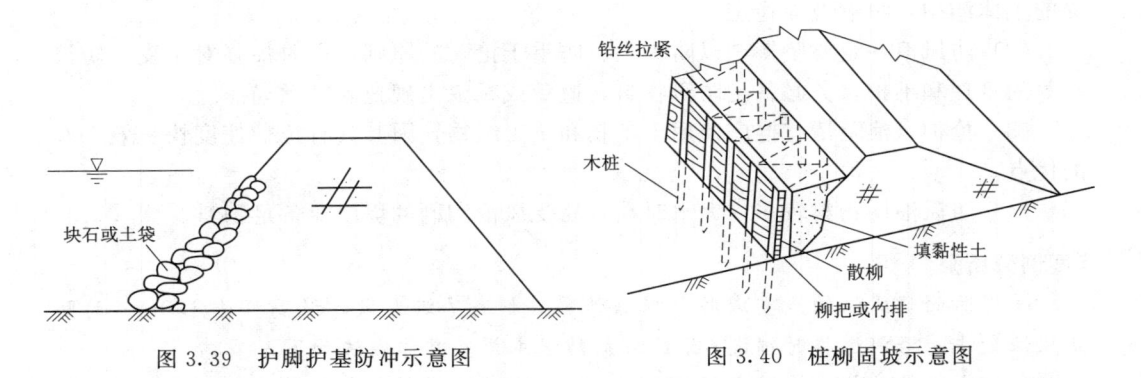

图 3.39 护脚护基防冲示意图

图 3.40 桩柳固坡示意图

3）土袋防浪。此法适用于土坡抗冲能力差，当地缺少秸料，风浪冲击又较严重的堤段。

具体做法：用土工编织袋、草袋或麻袋装土、砂、碎石或碎砖等，装至袋容积的 70%～80% 后，用细麻绳捆住袋口，最好是用针缝住袋口，以利搭接，水上部分或水深较浅时，在土袋放置前，将堤的迎水坡适当削平，然后铺放土工织物。如无土工织物，可铺厚约 0.1m 的软草一层，以代替反滤层，防止风浪将土淘出。

根据风浪冲击的范围摆放土袋，袋口向里，袋底向外，依次排列，互相叠压，袋间叠压紧密，上下错缝，以保证防浪效果。一般土袋铺放需高出浪高。如果坡面稍陡或土质太差，土袋容易滑动。可在最下一层土袋前面打木桩一排，长度 1m，间隔 0.3～0.4m。此法制作和铺放简便灵活，可根据需要增铺，但要注意土袋中的土易补冲失，石袋较好，如图 3.41 所示。

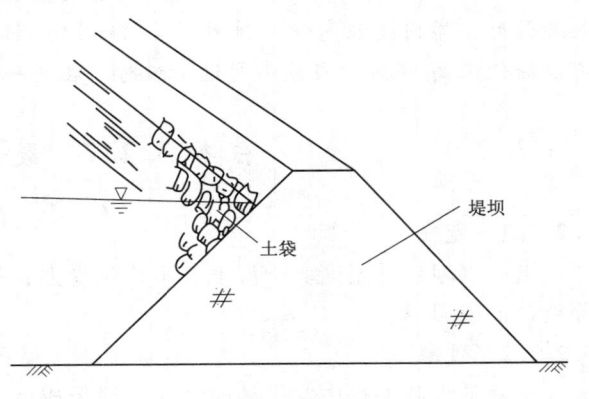

图 3.41 土袋防浪示意图

4）土工织物或复合土工膜防浪。具体做法：清除铺设范围内堤坡上的杂物，用土工织物展铺于堤坡迎浪面上，土工织物或复合土工膜的上沿宜用木桩固定，表面宜用铅丝或绳坠块石方法固定。

土工织物的尺寸应视堤坡受风浪冲击的范围而定，其宽度一般不小于 4.0m，较高的堤防可达 8.0～9.0m，宽度不足时需预先黏结或焊接牢固。长度不足时可搭接，搭接长度不小于 100cm，铺放前应将堤坡杂草清除干净，织物上沿应高出水面 1.5～

2.0m。也可将土工织物做成软体排顺堤坡滚抛。

另外,近年来彩条布也在抢险中被广泛使用,其功能效果与土工织物相似,且材料来源广泛、成本低。对于不存在尖锐物质的土堤上可以应用。

3.2.6.6 注意事项

(1) 抢护风浪险情尽量不要在边坡上打桩,必须打桩时,桩距要大,以防破坏大堤的土体结构,影响坡面稳定。

(2) 防风浪一定要坚持"以防为主、防重于抢"的原则,平时加强对草皮、防浪林等的管理和维护,务必备足防汛物料,避免或减少出现抢险被动局面。

(3) 抢护风浪险情宜推广使用土工膜和土工织物,因其具有抢护速度快、效果好的优点。

(4) 防风浪用物料较多,大水时在容易受风浪淘刷的堤段要备足物料。

【案例分析】

某堤防面临风浪的严重威胁。根据估算,如遇7级大风,浪高可达1.0m。为防止风浪袭击,沿河道临时铺设62.4km的防浪木排。具体做法如下。

(1) 木排的结构。使用直径为10~18cm较直的杉圆条来扎排,上下共3层,排厚约50cm,每小排宽2m,两小排合并成一大排,中间留1m空隙,加上4道梁连接,即成防浪排。

(2) 木排的定位。若水流不急,一般每个联排抛锚4~5只,排头尾抛八字锚,中间外帮抛腰锚1只,缆绳长度为5倍水深,木排距堤岸40~50m,随时根据情况变更距离,以防内锚抓坏堤坡。

(3) 防浪效果。依据实地观测,木排定位于距岸2~3倍波长(20~30m)防浪效果最好,排内波浪高仅为排外的1/4~1/3。4~7级风浪时,木排防浪效果最好,可以降低浪高60%,当风浪超过7级时,在同一吹程和水深条件下防浪效果要降低。

任务3.2.7 裂　　缝

裂缝

3.2.7.1 定义

土堤(坝)受温度、干湿度、不均匀受力、基础沉降、震动等外界影响发生土体分裂,形成裂缝。

3.2.7.2 现象

裂缝是水利工程中常见的险情,裂缝形成后,工程的整体性受到破坏,洪水或雨水易于渗入到堤坝工程的内部,降低工程的挡水能力,有时也可能是其他险情的预兆。比如裂缝再发展,可演变成渗透破坏、滑坡险情,甚至发展为漏洞,应引起高度重视。

3.2.7.3 分类

裂缝按其出现的部位可分为表面裂缝和内部裂缝;按其走向可分为横向裂缝、纵向裂缝和龟状裂缝;按其成因可分为不均匀沉陷裂缝、滑坡裂缝、干缩裂缝、冰冻裂缝和震动裂缝。其中,以横向裂缝、内部裂缝和滑坡裂缝危害最大,应及早抢护,以免造成更严重的险情。

龟状裂缝（干缩裂缝）：多出现在土坝表面，分布较均匀，缝细而短，对堤坝危害较小。

内部裂缝：在狭窄山谷压缩性大的地基上修建土坝，坝体沉降过程中，上部坝体重量通过剪力和拱的作用，被传递到两端山体和基岩中去，而坝体下部沉陷，有可能使坝体在某一平面上被拉开，形成水平裂缝；此外，堤坝坝基或堤坝与建筑物接触处因产生不均匀的沉陷而产生内部裂缝等。

横向裂缝：走向与堤坝轴线垂直或斜交，常出现在堤坝部并伸入堤内一定深度，严重的可发展到堤坡，甚至贯通上下游造成集中渗漏。

纵向裂缝：走向与堤坝轴线平行或接近平行，多出现在堤顶部或堤坡上部。裂缝逐渐向堤坝内部垂直延伸。它一般比横向裂缝长，若不及时处理，雨水入侵后会造成大坝脱坡险情。

3.2.7.4　原因分析

产生裂缝险情的主要原因有以下几个。

（1）筑堤黏性土料含水量大，水分蒸发，表面土体收缩，填筑土料黏性越大，含水量越高，干裂的可能性越大。

（2）相邻堤坝段坝基产生较大的不均匀沉陷。常发生于堤坝合龙段，堤坝体与交界部位施工分缝交界段以及坝基压缩变形大的堤段。

（3）施工质量差，碾压不实，达不到设计要求。

（4）边坡过陡，堤坝失稳。

（5）高水位持续时间长，浸润线出逸点过高，土体浸水饱和，抗剪强度降低。

（6）坝前水位骤降，迎水坡上端渗透压力加大。

总之，引起堤坝裂缝的原因很多，要加以分析断定，针对不同的原因，采取相应有效的抢护措施。

3.2.7.5　险情判断

滑坡裂缝初期与纵向裂缝相似，呈近似直线走向，但在后期裂缝两端呈弧线下挂，裂缝初期发展缓慢，而滑动土体失稳后突然加快，裂缝较长、较深、较宽，且有较大的错距；在后期，相应部位的堤面或堤基上有带状或椭圆形隆起。

一般来说，龟状裂缝对堤坝的危害性比较小，在防汛期间可暂不处理；对于内部裂缝虽然危害比较大，但不易发现。当然也可以采用比较先进的探测仪器进行探测，如ZDT-Ⅰ型智能堤坝隐患探测仪或地质雷达探测仪等进行探测。一般在汛前或汛后进行处理。

（1）横缝裂缝是垂直于堤防轴线方向的裂缝。横向裂缝的危害性较大，一般来说是隐性裂缝，应引起足够的重视。

（2）斜缝如发生在堤坡上，长度不大，深度较浅，与堤的走向夹角较小，可视为纵缝；反之应视为横缝。斜缝如贯穿堤顶，无论与堤的走向夹角大小，均应视为横缝。

（3）纵向裂缝是平行于堤防轴线方向的裂缝。主要特征：一是多发生在堤坡上，堤顶较少；二是缝长较短，两端呈弧形；三是缝两边土体高差较大；四是次缝多集中在主缝外侧偏低土体上。滑动性裂缝危险性较大，应予以足够重视。

3.2.7.6 抢护原则及方法

裂缝险情抢护应遵循"判明原因，先急后缓"的原则。

根据险情判别，分析严重程度，并加强观测。如果是滑动或坍塌崩岸性裂缝，应先抢护滑坡、崩岸险情，待险情稳定后再处理裂缝。

对于最危险的横向裂缝，如已贯穿堤身，水流易于穿过，使裂缝冲刷扩大，甚至形成决口，则必须迅速抢护；如裂缝部分横穿堤身，也会因渗径缩短、浸润线抬高，导致渗水加重，引起堤身破坏。因此，对于横向裂缝，不论是否贯穿堤身，均应迅速处理。

纵向裂缝，如较宽较深，也应及时处理；如裂缝较窄、较浅或呈龟纹状，一般可暂不处理，但应注意观测其变化，堵塞裂缝，以免雨水进入，待洪水过后处理。对较宽、较深的裂缝，可采用灌浆或汛后再处理。作为汛期裂缝抢险必须密切注意天气和雨水情变化，备足抢险料物，抓住无雨天气，突击完成。

堤身裂缝抢护应在查明裂缝成因，且裂缝已趋于稳定时实施。土质堤防裂缝抢护宜根据裂缝走向、部位和尺寸，选择开挖回填、横墙隔断、封堵缝口、灌浆堵缝等方法。在处理前，宜用塑料布等将裂缝处覆盖以防雨水灌入。

1. 开挖回填

采用开挖回填方法抢护裂缝险情比较彻底，适用于没有滑坡可能性，并经检查观测已经稳定的纵向裂缝。

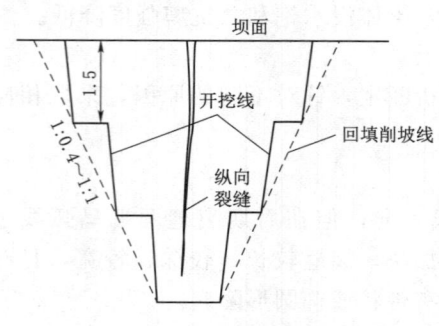

图 3.42 梯形台阶槽坑开挖示意图
（单位：m）

（1）开挖。在开挖前，用经过滤的石灰水灌入裂缝内，便于了解裂缝的走向和深度，以指导开挖。在开挖时，一般采用梯形断面，深度挖至裂缝以下 0.3~0.5m，坑槽底部宽度大于等于 0.5m。边坡要满足稳定及新旧填土结合的要求，两侧边坡可开挖呈阶梯状，当裂缝较深时可挖成阶梯形槽坑，台阶高 1.5m，每级台阶宽控制在 20cm 左右，以利新旧填土的结合。开挖沟槽长度应超过裂缝两端各 1m。坑槽开挖时宜采取坑口保护措施，避免日晒、雨淋、进水和冻融，挖出的土料应远离坑口堆放，如图 3.42 所示。

（2）回填。槽坑回填前先削去台阶，洒水湿润槽壁并刨毛，再回填与原堤坝体相同的土料，分层夯实，夯实土料的干密度应大于等于堤身土料的干密度。回填土料应与原土料相同，含水量相近，并控制含水量在适宜的范围内。填筑前，应检查坑槽底和边壁原土体表层土壤含水量，如含水量偏小，则应适当洒水。如表面过湿，应清除然后再回填。回填要分层夯实，每层厚度约 20cm，顶部应高出堤顶面 3~5cm，并做成拱形，以防雨水流入，如图 3.43 所示。

(a) 剖面图

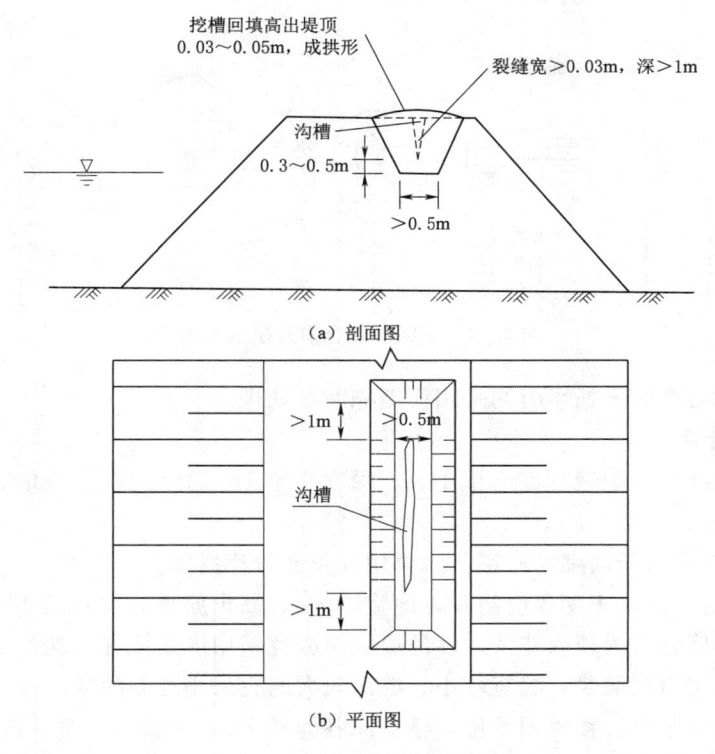

(b) 平面图

图 3.43 开挖回填处理示意图

在汛期，开挖回填适用于高出洪水位的裂缝抢护。

一般裂缝处理宜在枯水期或降低水位后进行，必要时应在上游堤坝坡加筑临时围堤，以策安全。龟形裂缝一般不做处理，若处理也可采取泥浆封口，或将龟裂土层刨松湿润夯实，面层再铺以黏性土保护。

2. 横墙隔断

横墙隔断适用于横向裂缝抢护。

沿裂缝方向开挖沟槽，还宜增挖与裂缝垂直的横槽（回填后形成横墙），横墙间距 3～5m，墙体底边长度为 2.5～3m，墙体厚度不小于 0.5m。开挖和回填要求与上述开挖回填法相同，如图 3.44 所示。

(1) 裂缝与临水坡尚未连通并趋稳定的，从背水面开始，分段开挖回填。

(2) 裂缝已经与临水坡相通的，应在裂缝临水坡先做前戗截流。裂缝背水坡已有水渗出的，应在背水坡同时做好反滤导渗。

(3) 当漏水严重、险情紧急或者河水猛涨来不及全面开挖时，可先沿裂缝每隔 3.0～5.0m 挖竖井截堵，待险情缓和后再进行处理。

3. 土工膜盖堵

对洪水期堤防发生的横向裂缝，如深度大，又贯穿大堤断面，可采用此法。应用土工膜或复合土工膜，在临水堤坡全面铺设，并在其上用土帮坡或铺压土袋、砂袋等，使水与堤隔离，起截渗作用。同时在背水坡采用土工织物进行滤层导渗，保持堤

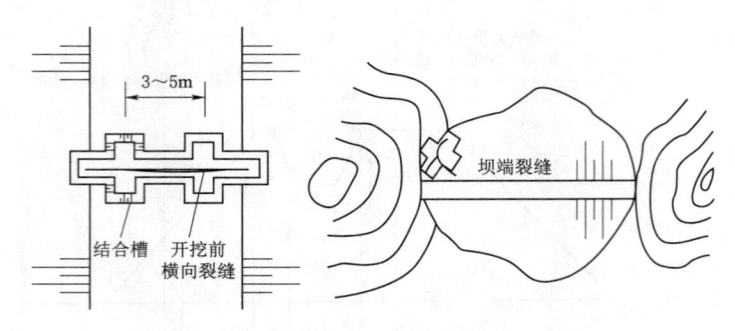

图 3.44　十字形结合槽开挖示意图

身土粒稳定。必要时再抓紧时间采用横墙隔断法处理。

4. 封堵缝口

(1) 灌堵缝口。裂缝宽度小于 4cm、深度小于 1m 的纵向裂缝或龟纹裂缝宜采用灌堵缝口的方法。

1) 由缝口灌入干而细的砂壤土，再用板条或竹片捣实。

2) 灌缝后，宜修土埂压缝防雨，埂宽 10cm，高出原顶（坡）面 3~5cm。

(2) 灌浆堵缝。堤顶或非滑动性的堤坡裂缝宜采用灌浆堵缝方法。缝宽较大、缝深较小的宜采用自流灌浆；缝宽较小、缝深较大的宜采用充填灌浆。

采用自流灌浆时，在缝顶挖槽，槽宽深各为 0.2m，用清水洗缝。按"先稀后稠"的原则用砂壤土泥浆灌缝，稀、稠两种泥浆的水土重量比分别为 1∶0.15 与 1∶0.25。灌满后封堵沟槽。

采用充填灌浆，可将缝口逐段封死，由缝侧打孔灌浆。对于较深的裂缝，可采取上部开挖回填、下部灌浆的方法处理，以减少抽槽工程量。灌浆部位的顶部必须保持有 2m 以上的开挖回填层作为阻浆盖，以防止浆液外喷。回填时预埋灌浆管（铁管或竹管）。如条件许可可采用分段、回浆的灌浆方法，效果较好。充填灌浆工序要求如下：

1) 泥浆土料：浆液中的土料应选用成浆率较高、收缩性较小、稳定性较好的粉质黏土或重粉质黏土（黏粒含量 20%~45%、粉粒含量 40%~70%、砂砾含量小于 10%）。在隐患严重或裂缝较宽，吸浆量大的堤段可适当选用中粉质壤土或少量砂壤土。

2) 制浆储存：控制泥浆相对密度 1.5，可用比重计测定。浆液主要力学性能指标：密度 13~16kN/m³、黏度 30~100s、稳定性小于 0.1mg/m³、胶体率大于 80%、失水量 10~30cm³/30min。制浆过程中应按要求控制泥浆稠度及各项性能指标，并应通过过滤筛清除大颗粒和杂物，保证浆液均匀干净，泥浆制好后送贮浆池待用。

3) 泵输泥浆：宜采用离心式灌浆机输送泥浆，输出压力以灌浆孔口压力小于 0.1MPa 为准控制。

4) 锥孔布设：宜按多排梅花形布孔，行距 1m，孔距 1.5~2m。锥孔应布置在隐患处或附近。对松散渗透强，隐患多的地方，可按序布孔，逐渐加密。

5）造孔：可用全液压式打锥机造孔。造孔前应先清除感觉孔位附近杂草、杂物。处理隐患时，孔深宜超过临背水堤脚连线以下 0.5～1m，处理可见裂缝时，孔深宜超过缝深底部以下 1～2m。

6）灌浆：宜采用平行推进法灌浆，孔口压力应控制在设计最大允许压力以内。灌浆应先灌边孔、后灌中孔，浆液应先稀后浓，根据吃浆量大小可重复灌浆，一般 2～3 遍，特殊 4～5 遍。在灌浆过程中应不断检查各管进浆情况。如胶管不蠕动，宜将其他一根或树根灌浆管的阀门关闭，使其增压，继续进浆。当增压 10min 后仍不进浆时，应停止增压拔管换孔，同时记下时间。注浆管长度宜为 1～1.5m，上部应安装排气阀门，注浆前和注浆过程中应注意排气，以免空气顶托、灌不进浆，影响灌浆效果。

7）封孔收尾：可用容重大于 16kN/m³ 的浓浆，或掺加 10% 水泥的浓浆封孔，封孔后缩浆空孔应复封。输浆管应及时用清水冲洗，设备及工器具应归类收集整理入库。

灌浆中应及时处理串浆、喷浆、冒浆、塌陷、裂缝等异常现象。串浆时，可堵塞串浆孔口或降低灌浆压力；喷浆时，可拔管排气；冒浆时，可减少输浆量、降低浆液浓度或灌浆压力；发生塌陷时，可加大泥浆浓度灌浆，并将陷坑用黏土回填夯实；发生裂缝时，可夯实裂缝、减小灌浆压力、少灌多复，裂缝较大并有滑坡时，应采用翻筑方法处理。

3.2.7.7 注意事项

（1）对长而深的、非发展性的纵向裂缝，一般宜用无压或低压灌浆，以免影响堤坝坡的稳定。

（2）对尚未作出判断的纵向裂缝，不应采用压力灌浆。

（3）采取横墙隔断措施时是否需要做前戗、反滤导渗，或者只做前戗或只做反滤导渗而不做隔断墙，应当根据实际情况决定。

（4）对脱坡裂缝一般不宜采用灌浆法处理，只有裂缝深度过大，全部开挖回填工程量很大时，才可先开挖回填裂缝的上部，再进行压重固脚，然后对深处裂缝进行灌浆。

（5）由于泥浆不易固结，在雨季和水位较高时，一般也不宜进行灌浆。在灌浆过程中，要密切注意堤坡稳定，加强堤防沉降、位移观测工作，发现问题及时处理。

【案例分析】

1. 险情概况

某堤防于 1981 年春动工，当年汛前完成筑堤任务。1982 年虽经受到了河道超标准洪水的考验，工程安全度汛，但自洪水期开始，由于堤身黏性土含量较大，随着土体固结产生了大量裂缝。根据堤身裂缝情况，1985—1992 年连续进行了压力灌浆处理，累计灌入土方 5422m³，单孔灌入土方由 0.2m³ 下降到 0.05m³，但 1992 年又回升到 0.08m³。经 1993 年开挖检查，堤身内仍发现有大量裂缝。

2. 出险原因分析

此段堤防土质黏粒含量较大，施工时土壤含水量较高，1982 年洪水时未出现堤防渗水，是因为距建成后的时间比较短，堤身黏土的水分蒸发量少。随着时间的延长，堤身土质自然失水，产生干缩裂缝。

堤防原地基高低起伏较大，填土高度不一致，又由于施工工段多、进度不平衡、碾压不均匀等原因，导致堤身土体不均匀沉陷，产生裂缝。

3. 工程抢险

抢护原则：依据产生裂缝的原因决定对裂缝进行截断封堵，恢复堤防的完整性。

经分析论证和方案比较，决定对0+000～1+600堤段进行复合土工膜截渗加固处理。选用两布一膜复合土工膜，先将原堤坡修整为1:3，再铺设土工膜，最后加盖垂直厚度为1.0m的沙壤土保护层，保护层内外坡均为1:3。另外，为增强堤坡的稳定性，在原堤坡分设两道防滑槽。经全力抢护，险情得到了控制，经受住了洪水的考验，防渗效果良好。

任务3.2.8 坍 塌

3.2.8.1 定义

因水流冲刷、浸泡后岸坡土体内部的摩擦力和黏结力下降，不能承受土体的自重和其他外力，使土体失去平衡而下塌的现象，称为坍塌。

3.2.8.2 现象

洪水偎堤走流，淘刷堤脚，堤坡失稳，发生坍塌。该险情一般长度大、坍塌快，如不及时抢护，将会冲决堤防。水深流急坍塌长的堤段，应采用丁坝群导流外移，保护堤防。

3.2.8.3 原因分析

坍塌产生的原因是多方面的，一般有以下几种情况。

（1）河道主流逼岸，水流直接冲刷。

（2）堤岸抗冲能力弱。因水流淘刷冲深堤岸坡脚，在河流的弯道，主流逼近凹岸，深泓紧逼堤防。在水流侵袭、冲刷和弯道环流的作用下，堤外滩地或堤防基础逐渐被冲刷，使岸坡变陡，导致土体失去平衡而坍塌，危及堤防。

（3）水位陡涨骤降，变幅大，堤坡、坝岸失去稳定性。在高水位时，堤岸浸泡饱和，土体含水量增大，抗剪强度降低；当水位骤降时，土体失去了水的顶托力，高水位时渗入土内的水，产生的孔隙水压力，促使堤岸滑脱坍塌。

（4）堤岸土体长期经受风雨的剥蚀、冻融，黏性土壤干缩或筑堤时碾压质量不好，堤身内有隐患等，常使堤岸发生裂缝，破坏了土体整体性，加上雨水渗入、水流冲刷和风浪振荡的作用，促使堤岸发生坍塌。

（5）堤基为粉细砂土，不耐冲刷，常受水流的顶冲而被掏空，或因震动使沙土地基液化，也将造成堤身坍塌。

3.2.8.4 险情判断

主要从两个方面来观测险情：一是堤脚，当高水位来临，随时监测堤根抛石有没有变化，若堤根抛石消失，就有可能出现堤脚坍塌；二是随时观测堤坡，当堤坡出现裂缝，而且缝的上下或左右高差有增大的趋势时，有可能出现滑坡险情。

3.2.8.5 抢护原则及方法

抢护坍塌险情要遵循"护基固脚、缓流挑流"的原则。以固其护脚、防冲为主，增强堤岸的抗冲能力，同时尽快恢复坍塌断面，维持尚未坍塌堤岸的稳定性。堤防坍塌宜抛投块石、石笼、土袋等防冲物体护脚固基。水流顶冲、水深流急，水流淘刷严重，基础冲塌较多的险情，应采用护岸缓流的措施。在实地抢护时，应因地制宜、就地取材、抢小抢早。

堤岸防护工程坍塌险情抢修宜根据护脚材料冲失程度及护坡、土体坍塌的范围和速度，及时采取不同的抢修措施。

护脚坡面轻微下沉，宜抛块石、石笼加固，并将坡面恢复到设计坡度。护脚坍塌范围较大时，可采用抛柴枕、土袋枕等方法抢修。

护坡块石滑塌，宜抛石、石笼、土袋抢修。土体外露滑塌时，宜先采用柴枕、土袋、土袋枕或土工织物软体排抢修滑塌部位，然后抛石笼或柴枕固基。

护坡连同部分土体快速沉入水中时，宜先抛柴枕、土袋或柴石搂厢抢护坍塌部位，然后抛块石、石笼或柴枕固基。

1. 缓流消浪

（1）沉柳缓流防冲。此法适用于堤防临水坡被淘刷范围较大的险情，对减缓近岸流速、抗御水流比较有效。对含沙量大的河流，效果更为显著。

抢护方法是：先摸清堤坡被冲刷的下沿位置、水深和范围，以确定沉柳的底部位置和数量；采用枝多叶茂的柳树头，用麻绳、铁丝将大块石或土（砂）袋等重物绑扎在柳树头的树杈上，也可将柳树头的根部挂上大块石或砂石袋；用船抛投，待船定位后，将树头推入水中。从下游向上游，由外到里，依次抛投，使树头依次排列，紧密相连。如一排沉柳不能覆盖淘刷范围，可增加沉柳排数，并使后一排的树梢重叠于前排树杈之上，以防沉柳之间土体被淘刷，如图 3.45 所示。

（2）竹木排防浪。风浪较大的江河湖泊及水库常将竹、木材分层叠扎成排，厚度一般为 20～30cm。较小的排体，可拴在堤坝面的木桩上，随水位涨落松紧绳缆，同时排下附以石块装砂袋以稳定和调整排位。

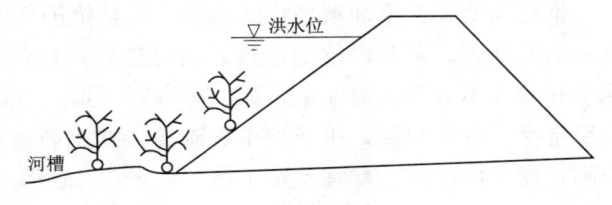

图 3.45 沉柳护脚示意图

2. 增强堤坝稳定性

（1）抛块石、铅丝石笼、土袋等护坡固脚防冲。适用于水深流急、坍塌较短的险情。当堤防受水流冲刷，堤脚或堤坡被冲破坏时，应采用护坡固脚，抑制水流继续淘刷。护石固脚是在冲刷部位抛投土袋、石块、柳石枕等防冲物体，最常用的是散抛块石。

采用石笼、土袋、块石抢修时应根据水流速度选择抛投的防冲物体。抛投防冲物体应从最能控制险情的部位抛起，向两边展开。抛投块石重量为 30～75kg。装填石笼块石应小块石居中，大块石在外，石笼密实饱满。每个土袋重量宜在50kg以上，袋子装土的充填度为70%～80%，以充填砂土、砂壤土为好，装填完毕后用铅丝或尼龙绳绑扎封口。抛于内层的土袋宜尽量紧贴土坝基。

抢护方法：运石船按险情要求定位，抛投从坍塌严重部位开始，由远及近，依次向两边开展抛投。要求抛准、抛平、抛匀。抛石直径与水流缓急有关，一般为20～40cm。抛投船应在抢护点上游10～20m，使抛石随水流下移沉于抢护点。对于水深流急之处，可用铅丝笼、土工编织袋、竹笼、柳条笼装石抛投，抛至坡度稳定为止，如图3.46和图3.47所示。

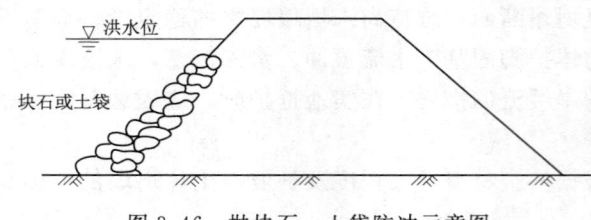

图3.46 抛块石、土袋防冲示意图

（2）桩柴护岸。适用于水浅流缓的冲塌抢险。

抢护方法：在坍塌处下沿打一排木桩后从下到上密叠柳把一层，其后用散柳等软料铺填，再用黏土填实，最后再将该排桩与新打的后排桩连接成一体。

（3）柴枕护岸。适用于淘刷较严重、基础冲塌较多的情况，仅抛石块抢护，因间隙透水，效果不佳。常可采用抛柴石枕抢护。

柴石枕的长度视工地条件和需要而定，柴枕长5～15m，枕径0.5～1m，柴、石体积比2:1，可按流速或出险部位调整用石量。捆抛枕作业场地宜设在出险部位上游，距水面较近且距出险部位不远的位置。

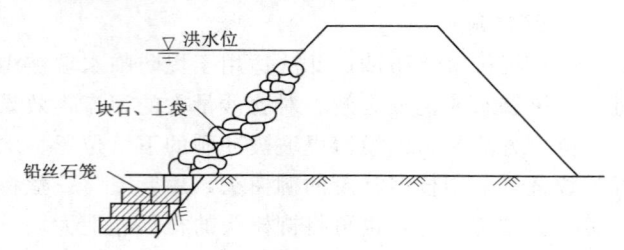

图3.47 抛铅丝石笼防冲示意图

推枕前要先探摸冲淘部位的情况，要从抢护部位向上游推枕，以便柴石枕入水后有藏头的地方。若分段推枕，最好同时进行，以便衔接。要避免枕与枕交叉、搁浅、悬空和坡度不顺等现象发生。如河底淘刷严重，应在枕前再加抛第二层枕。要待枕下沉稳定后，继续加抛，用于护岸缓流的柴枕宜高出水面1m，在枕前加抛散石或石笼护脚。抛于内层的柴枕宜紧贴土体，如图3.48所示。

（4）土袋枕防冲。土袋枕是由织造型土工织物缝制而成的大型土袋，装土成形后可替代柴枕使用。空袋可预先缝制且便于仓储和运输。用土袋枕抢险，操作简单，速度快。对袋中土料没有特殊要求，与抛石相比节省投资。

土袋枕采用幅宽2.5～3m的制造型土工织物缝制，长3～5m，高、宽均为0.6～0.7m，顶面不封口。装土地点宜设在靠近堤防出险部位的堤顶，缝制好的土袋可直接放置也可放在抛投架

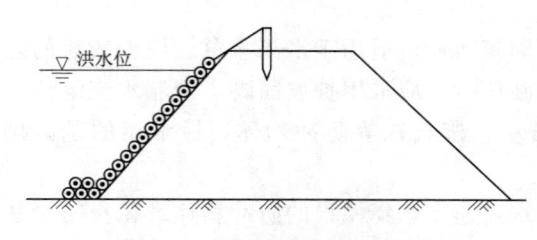

图3.48 抛柳石枕防冲示意图

上，开口部位朝上，袋中土料宜充实饱满。土袋装好后，盖上顶盖封口，然后用捆枕绳扎紧，防止推枕时土袋扭曲撕裂或折断。水深流急处，宜有留绳，防止土袋枕冲走。抛于内层的土袋枕宜紧贴土体，如图3.49所示。

(5) 柴石搂厢。对于迎流顶冲、水深流急、堤基堤身为砂性土、险情正在扩大的情况，宜采用柴石搂厢抢修。

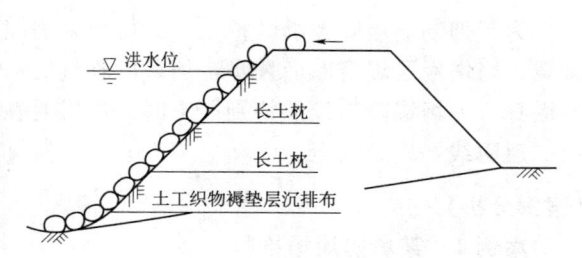

图3.49 长土枕护坡护底抢护示意图

柴石搂厢是以柴（柳、秸或苇）石为主体，以绳、桩分层连接成整体的一种轻型水工结构，主要用于堤防坍塌及堤岸防护工程坍塌险情的抢护。常用的有三种形式：层柴层石搂厢、柴石混合滚厢和柴石混厢。柴石搂厢作用是抗御水流对河岸的冲刷，防止堤岸坍塌。它具有体积大、柔性好、抢险速度快的优点，但操作复杂，关键工序应由熟练工人操作。

柴石搂厢制作步骤：查看流势，分析上、下游河势变化趋势，勘测水深及河床土质，确定铺底宽度和桩、绳组合形式；整修堤（坝）坡，宜将崩塌后的土体外坡削成1∶0.5左右；制作搂厢，每立方米埽体压石0.2～0.4m³，底坯总厚度1.5m左右，在底坯上继续加厢，每坯厚1.0～1.5m，每加厢一坯，适当后退，每坯之间打桩连接，埽坡做成1∶0.3左右，不宜超过1∶0.5；搂厢完成后宜在厢体前抛柴枕和石笼固脚护根。

3. 提高坡面抗冲能力

(1) 土工织物防冲。土工膜布防冲，施工快捷方便，已得到广泛使用。

具体做法是：先将坡面陡坎稍加平整清理，把拼接好的膜布展开铺在坡面上，膜布高出洪水位1.5～2.0m，四周用平头钉钉牢。平头钉由20cm见方、厚0.5cm、粗1.2cm钢筋制成。平头钉行距约1.0m，排距约2.0m。若制作平头钉有困难，可在膜布上压盖预制混凝土块或石袋。

(2) 土工织物软体排防冲：用织造型土工织物即由单丝或多丝织成的，或由薄膜形成的扁丝编织成的布状卷材，按险情出现部位范围，缝制成排体，也可预先缝制成6m×6m、10m×8m、10m×12m等规格的排体，排体下端缝制折径为1m左右的横袋，两边及中间缝制折径约1m的竖袋，竖袋间距宜为3～4m。两侧拉绳直径为1cm的尼龙绳，上下两端的挂排绳分别为直径1cm和1.5cm的尼龙绳，各绳缆均留足长度。排体上游边宜与未出险部位搭接，软体排宜将土体全部护住。排体充填泥浆时应注意排气。排体外宜抛土枕、土袋、块石等。

(3) 土袋防冲：用土工编织袋、草袋、麻袋装土、沙或碎砖石八成满后缝好袋口，土袋充填度不宜大于80%，装土后用绳绑扎封口。抛于内层的土袋宜紧贴土体，放在受冲刷的坡面上，袋口向内，依次错缝叠压，直砌到超出浪高处。若堤坝临水坡过陡，可在最下一层土袋前打一排长约1.0m的木桩，以阻止土袋向下滑动。土袋抗冲能力强，施工简单迅速，因此使用甚广。

为了抑制坍塌险情继续扩大，维持尚未坍塌堤防稳定，可对坍塌后土体进行削坡减载。当坍塌段堤身断面过小，坍塌已临近堤肩时，应在堤背水坡抢筑后戗或加高培厚堤身。如坍塌险情发展特别严重时，还需要在坍塌段堤后一定距离抢修月堤，建立第二道防线，以策安全。

【案例分析】

案例1：某堤防崩塌抢险

1. 险情概况

某市引航道入江口处发生窝崩险情，窝崩形成的窝塘口门宽度约200m，窝塘内最大宽度为405m，由长江向引航道方向坍进长度约530m。

2. 险情分析

汛期河道流量持续偏大，最大流量达70700m^3/s，超过45000m^3/s的流量近120天，该处水文站汛期超警戒水位7.0m（吴淞高程，下同）达39天，经初步分析，该段河道岸坡地质条件极差，河床组成大都为粉细砂，抗冲性较弱，为历史上剧烈崩岸段，在河道长时间大流量作用下，回流冲刷强烈，深泓逼岸，形成窝崩险情。

3. 应急处置

地形测量。测量船实施水下地形测量，绘制水下地形图，对比分析河床变化。

水下抛石。在沿引航道引河及两岸河坡约300.0m范围内10.0m等高线向上进行抛石，抛石宽20.0m、抛石厚2.0m，抛石总面积约6000m^2，抛石总方量约12000m^3。

4. 抢护效果

经全力抢护，险情得到了控制。同时，现场派专人24h巡查值守，三架无人机跟踪拍摄，备足抢险物资，抢险人员待命。

案例2：某堤防迎水面混凝土预制块崩塌险情抢护

1. 基本情况

某堤防桩号0+920~2+300段为混凝土预制块护坡，预制块脱落处堤身填土主要为砂壤土、壤土夹粉质黏土；堤基上部为含碎石黏土，下伏为淤泥质黏土，呈软~流塑状。

2. 出险过程

该堤防桩号1+000处迎水面混凝土预制块护坡大面积脱落，风浪较大，预制块脱落部位堤身受风浪淘刷严重，堤身已形成较大塌陷。

3. 原因分析

外河持续高水位、风浪大，受水流和风浪冲击、淘刷，局部护坡和垫层破坏，造成塌陷。

4. 抢护方法

采用块石充填压实，树枝消浪的方法处置。

现场安装"控制险情、汛后修复"的原则进行抢护。采用级配碎石和块石对塌陷处进行充填压实，并在上面采用树枝消浪，树枝用绳索挂在坝顶的铆钉上，根据水位高低调整绳索高度，加强脱落部位险情观察。预制块间出现的较大裂缝，采用沥青麻丝嵌缝修复后，覆盖彩条布，上部用级配碎石和块石压盖，并对险情处加强观察。

案例3：江苏扬中长江干堤坍塌抢险

2017年11月8日凌晨5时许，江苏省镇江市扬中市三茅街道指南村胜利圩埭十五、十六组长江干堤迎水侧滩地下挫出现坍塌险情，坍塌江堤长约240m、进深约150m。至8日20时30分，受水流冲刷影响，坍塌江堤扩大至419m，其中5栋临边房屋倒塌，300余名群众紧急转移，扬中市34万群众生命财产安全受到严重威胁。

接江苏省防总请求后，武警水电第二总队五支队立即启动应急预案，边向总队汇报边向灾害现场派出先遣组。11月8日18时10分，先遣组机动50余km，19时到达任务地，并完成与江苏省防总对接，对坍塌现场进行灾情侦测。

11月8日22时10分，五支队前指和第一批116名兵力、25台套装备采用摩托化开进方式从江苏常州向扬中机动。9日0时10分抵达扬中坍塌险情现场，是第一支携带重型机械装备到达核心区的抢险部队。9日6时42分，从江苏丹阳出动91名兵力、25台套装备作为第二批增援力量向任务区机动，于8时30分抵达任务区。

11月12日16时20分，完成临时挡水子堤北侧延伸段抢建，解除了重大水患险情。

11月15日18时，完成临时挡水子堤南侧延伸段抢建任务。

11月16日8时16分，部队安全返营归建。

抢险方案：根据坍塌抢险实际情况，综合灾情侦测信息和实时水文气象数据分析，经现场技术专家组分析研究，确定了"先抢筑临时挡水子堤北侧延伸段，再抢筑挡水子堤南侧延伸段"的总体抢险方案。主要是采取"反铲接力取料、机械加高培厚、分段包干筑堤"和"清基挤淤换填、分区分层抢建、机械刷坡修整"战法先后分别对临时挡水子堤北、南两侧延伸段进行抢筑作业。

临时挡水子堤北侧延伸段抢建：11月9日0时10分，五支队投入197名兵力、51台（套）装备，采取"反铲接力取料、机械加高培厚、分段包干筑堤"战法，对北侧子堤进行加高培厚，将子堤顶部高程统一加高至7.0m，90h内累计完成倒运黏土1.8×10^4 m^3、反铲接力取料备料1.06×10^4 m^3、加固子堤1210m和子堤刷坡修整1200m，于11月12日顺利完成北侧子堤抢建任务，解除了重大水患险情。

临时挡水子堤南侧延伸段抢建：11月12日16时20分，五支队投入197名兵力、51台（套）装备，采取"清基挤淤换填、分区分层抢建、机械刷坡修整"的战法，78h内累计完成黏土及砖渣填筑9500m^3、沟渠疏通恢复120m，于11月15日完成南侧子堤抢建任务。

为减少抢险重型运输装备频繁碾压带来的安全隐患，11月13日9时，联指召开会议下达第二阶段任务，要求我部抢筑一条长约200m、顶宽6m且具有挡水、交通功能的南侧半永久性子堤。五支队采用"黏土分层回填、迎水面侧彩条布铺盖、上压50cm厚编织袋装土"的方法进行处置。

经过连续8个昼夜的奋战，作为首支携带重型装备到达现场抢险的部队，累计完成环岛江堤子堤加固修整1210m、黏土倒运1.8×10^4 m^3、清理处置子堤基础7100m、

填筑渣料和黏土约 $1\times10^4\text{m}^3$ 和南侧延伸段道路修筑 223m（顶宽 6m，半永久道路）的抢险任务。

任务3.2.9 跌　　窝

3.2.9.1 定义

跌窝又称陷坑，是指在堤坝及坡脚附近局部土体突然下陷而形成的险情。无论陷坑发生在何处，都必须引起重视，应及时查明原因进行抢护。

3.2.9.2 现象

一般是在大雨、洪峰前后或高水位情况下，经水浸泡，在堤顶、堤坡、戗台及坡脚附近，突然发生局部凹陷而形成的，陷坑有的口大底浅、呈盆形，有的口小底深、呈"井"形。这种险情不但破坏堤防断面的完整性，而且缩短渗径，增大渗透破坏力，还可能降低边坡阻滑力，引起堤坝滑坡，有时还伴随渗水、漏洞等险情发生，严重时有导致堤防突然失事的危险。

3.2.9.3 原因分析

（1）施工质量差。主要表现为：堤防分段施工，接头部位未处理好、土块架空、回填碾压不实，堤身、堤基局部不密实；穿堤建筑物破坏或土石结合部夯实质量差等。

（2）内部隐患。堤坝内有空洞，如獾、狐、鼠、蚁等动物洞穴、坟墓、地窖、防空洞、刨树坑等人为洞穴、树根、历史抢险遗留的木材、梢料等日久腐烂形成的空洞等。遇高水位浸透或遭暴雨冲蚀时，这些洞穴周围土体湿软下陷或流失即形成跌窝。

（3）渗透破坏。由于堤防渗水、管涌或漏洞等险情未能及时发现和处理，使堤身或堤基局部范围内的细土料被渗透水流带走、架空，发生塌陷而形成跌窝。

3.2.9.4 险情判断

查看堤坡时，若发现有低洼陷落处，其周围又有松落迹象，上有浮土，即可确定为跌窝。

3.2.9.5 抢护原则及方法

根据跌窝形成的原因、发展趋势、范围大小和出险部位应采取不同的措施，以"抓紧翻筑抢护，防止险情扩大"为原则。在条件允许的情况下，可采用翻挖分层填土夯实的方法予以彻底处理。当条件不允许时，可采取临时性处理措施。

如水位很高、跌窝较深，可进行临时性的填筑处理，临河填筑防渗土料；如跌窝处伴有渗水、管涌或漏洞等险情，可采用填筑导渗材料的方法处理；如跌窝伴随滑坡，可按照抢护滑坡的方法处理。

1. 翻填夯实

凡是条件许可，且在陷坑内无渗水、管涌或漏洞等险情的情况下，先将坑内的松土翻出，采用防渗性能不小于原堤身土的土料分层填土夯实，直到陷坑填满，恢复堤防原貌。堤身单薄、堤顶较窄的堤防，可外帮加宽堤身断面，外帮宽度应以保证翻筑跌窝时不发生意外为原则确定。

如跌窝出现在临水侧水下不深的位置，可修袋土围堰，将水抽干后，再行翻填夯实，如图 3.50 所示。

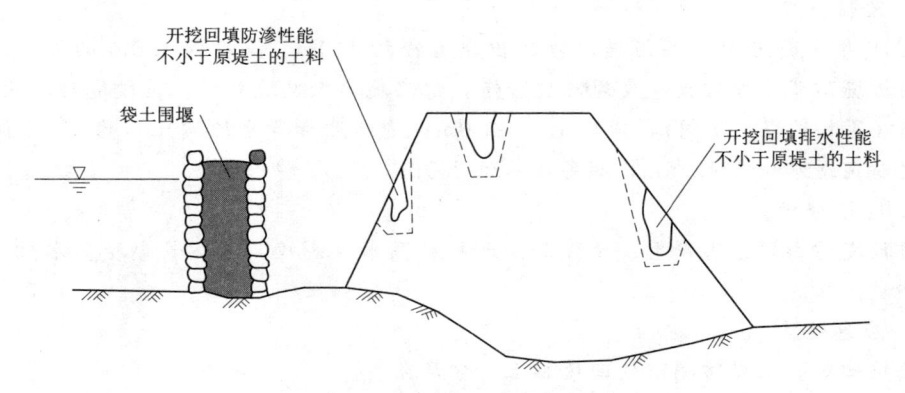

图 3.50　翻筑回填跌窝示意图

2. 填塞封堵

适用于跌窝发生在临水侧水面下且水深较大时，先用土工编织袋、草袋或麻袋装黏性土料，直接向水下填塞陷坑，填满后再抛投黏性散土加以封堵和帮宽。要求封堵严密，避免从陷坑处形成漏洞，如图 3.51 所示。

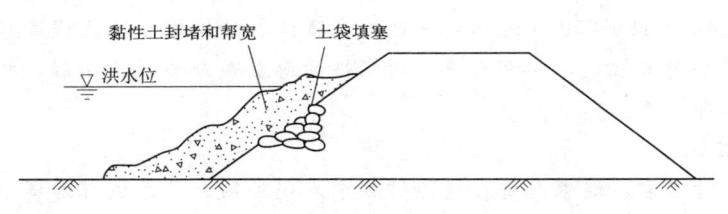

图 3.51　填塞封堵跌窝示意图

3. 填筑滤料

跌窝发生在堤防背水坡，伴随发生渗水或漏洞险情时，除尽快对堤防迎水坡渗漏通道进行截堵外，对不宜直接翻筑的背水跌窝，可采用填筑滤料法抢护。具体做法：先清除跌窝内松土、软泥及杂物，然后用粗砂填实，如涌水水势较大时，按背水导渗要求，加填石子、块石、砖块、梢料等透水材料，待水势消减后再予以填实。待跌窝填满后可按砂石滤层铺设方法抢护，如图 3.52 所示。

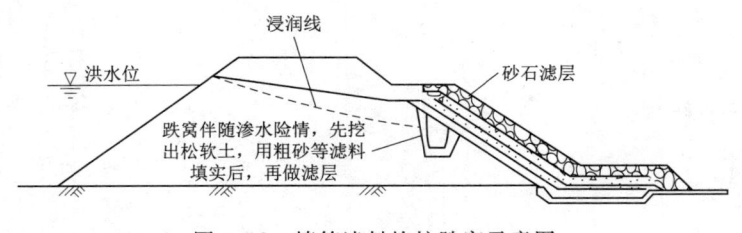

图 3.52　填筑滤料抢护跌窝示意图

【案例分析】
案例1：某河堤堤顶陷坑险情抢护

1. 险情概况

2016年7月6日，某河堤段堤顶出现直径约1.0m，深度约1.0m的陷坑险情，同时附近堤防背水坡坡面也发现陷坑险情，但陷坑内未发现渗水。该段堤防堤顶高程14.1m（吴淞高程，下同），顶宽4.0~6.0m；迎水坡和背水坡坡比均为1：2.0，险情发生时河道水位为12.9m，超警戒水位2.9m。

2. 险情分析

该段堤防白蚁危害严重，受强降雨和持续高水位影响，堤防长期受高水位浸泡，形成陷坑险情。

3. 应急处置

陷坑回填。在堤防塌陷处回填黏土，分层夯实。

构筑前戗台。在陷坑险情段堤防迎水侧打桩，用黏土构筑戗台。

4. 抢护效果

经全力抢护，险情得到了控制。同时，现场派专人24h巡查值守，备足抢险物资，抢险人员待命。

案例2：某堤防桩号31+250处跌窝抢护

1. 基本情况

某堤防在桩号31+250处迎水坡发现跌窝险情。险情发生堤段堤身填土由灰、黄褐色壤土夹薄层黏土组成，局部夹中等透水性的薄层粉细砂，呈稍湿、松散状，填筑质量一般，局部较差。

2. 出险过程

在凌晨1时左右，巡查人员在查险过程中发现跌窝，已形成贯通堤身的通道，形似拱桥桥洞，位于堤顶混凝土路面以下2.5m，通道长5m、宽2.5m、高1.5m。

3. 原因分析

筑堤时土块架空未经夯实，或有白蚁、蛇、鼠、獾之类动物在堤内打洞，当外河水位上涨时，河水灌入或雨水浸泡使洞周土体松软形成局部陷落。

4. 抢护方法

采用黏土回填方法处置。

清除迎水面洞口周边松土，分层填土夯实。迎水面采用黏土覆盖。破除堤顶混凝土路面，将贯通通道内松土翻出，再分层回填黏土夯实。经近8h的紧急处置后，该险情解除。

【综合练习】

一、名词解释

1. 散浸
2. 管涌
3. 漏洞
4. 崩塌

二、填空题

1. 跌窝发生的原因主要有：_____、_____、伴随渗水、管涌或漏洞形成。
2. 河工建筑物常见的险情有_____、基础淘刷而发生的墩蛰、溃膛、坝岸滑动等。
3. 堤坝发生散浸的主要原因为水位超过_____，高水位出现时间较长。
4. 管涌一般发生在背水坡脚或较远的_____、_____或稻田中。
5. 裂缝是_____、_____、河工建筑物与沿河涵闸最常见的一种险情。
6. 江河水位上涨达到设防水位后，堤脚开始_____，标志着堤防开始承受洪水的威胁，各种险情开始显露。
7. 一般_____是在洪峰前、后堤坝突然发生局部塌陷的险情。
8. 散浸的抢护原则为_____。
9. 堤坝裂缝按其成因可分为_____、_____、冰冻裂缝和振动裂缝。

三、判断题

1. 基础淘刷是产生河工建筑物裂缝、滑动、坍塌、墩蛰等险情的根本原因。（   ）
2. 漫溢不是水库垮坝的重要原因。（   ）
3. 堤防决口的堵口工作是防洪工作的重要组成部分。（   ）
4. 速凝膨胀堵漏材料操作简单，使用方便。（   ）
5. 土壤的渗透变形只有管涌一种。（   ）
6. 漏洞抢护的原则是"临河堵截断流，背河反滤导渗，临背并举"。（   ）
7. 背水坡滑坡的抢护原则是"消除渗水压力，恢复堤身稳定"。（   ）
8. 为加强堤坝边坡抗冲刷能力，一般是利用漂浮物来消减风浪冲击力，或在堤坝坡受冲刷的范围内做防浪护坡工程。（   ）
9. 压力灌浆是弥补堤坝质量不足，强化堤坝的有效措施，从而得到广泛应用。（   ）
10. 跌窝是常见的一种严重险情。（   ）
11. 散浸险情如处理不及时，就可能发展为管涌、滑坡或漏洞等险情。（   ）
12. 管涌和流土不可能引起重大险情。（   ）
13. 龟纹裂缝一般不宽不深，可不进行处理。（   ）
14. 崩塌是常见的险情之一。（   ）
15. 堤、闸地基渗漏处理的一般原则是"上堵下排"。（   ）
16. 脱坡是堤坝有一定危险的险情。（   ）
17. 漫溢抢护原则是：水涨堤高。（   ）
18. 横向裂缝是最危险的裂缝。（   ）
19. 临水崩塌抢护原则是：缓流挑流，护脚固坡，减载加帮。（   ）
20. 土料是防洪工程和防汛抢险中最常用的重要材料。（   ）
21. 洪水假堤后巡查临河堤坡者可观察堤坡有无裂缝、塌陷、管涌等险情。（   ）

22. 漏洞险情发生后为找到漏洞进水口的位置可在相应地段投放墨水、颜料等带色微粒并在出水口观测水色。（　　）

23. 处理滑坡时可在滑坡体上打阻滑桩以稳定滑坡体。（　　）

24. 若采用梢料作导渗、抢险材料，汛后可加高培厚，形成堤坝。（　　）

25. 采用砂石反滤围井处理管涌时，应先将拟建围井范围内的杂物清除并挖去软泥，周围用土袋排垒做成围井，然后将粗砂、小石子、大石子充分混合后填入围井内。（　　）

四、问答题

1. 河工建筑物的险情特点有哪些？
2. 管涌产生的原因是什么？
3. 河工建筑物险情抢护包括哪些内容？
4. 坝岸滑动及倾倒抢险抢护原则与方法是什么？
5. 漏洞分为哪两种？
6. 什么是滑坡？背水滑坡的抢护原则是什么？
7. 造成堤防漫溢的原因是什么？
8. 水工建筑物结合部渗水及漏洞的出险原因是什么？
9. 什么是滑坡？背水滑坡的抢护原则是什么？

五、案例分析

1. 某水库为均质土坝，在7月上旬，上游普降暴雨，造成洪水水位骤涨，坝顶水深0.5m。

请判别此为何种险情，并分析除本例外，造成此类险情的其他原因还有哪些，其抢护原则是什么，防治、抢护的方法有哪些？

2. 由于连日暴雨，某河道水位猛涨，某日达保证水位，该日上午10时，巡堤查险人员发现汉堤段西边约100m堤防背水坡中下部有一块土体湿而软，并且该处水温较低，进一步检查，发现用钢筋棒能轻易插入，拔时带有泥浆。请鉴别为何种险情并提出抢险措施。

项目3.3　堤防堵口技术

任务3.3.1　堤防溃口概述

堤防是防洪保护区的最后一道屏障，导致堤防决口的原因较多，如自然因素、渗流作用、河道湖泊水流的冲刷以及浸溢冲刷等都有可能导致决口问题的发生，此外人为因素破坏、施工中建筑质量与建设标准也是导致堤防决口的主要原因。堤防一旦出现决口其灾害损失十分严重，例如，2010年6月21日18时30分左右，抚州市临川区抚河干流右岸唱凯堤溃决（图3.53），决堤部位起初宽达60m，22日7时30分扩至400m，内外落差23cm。江西省抚州市连日暴雨，抚河发生有记录以来最大流量的特大洪水。决堤造成受灾乡（镇）4个、受灾村41个，被淹区平均水深1～2m，4个乡（镇）共计15万人，其中罗针镇、唱凯镇受灾最严重。整个被淹区人口10万人。因此，堤防一旦发生溃决，应视情况尽快实施封堵，尽最大努力减小灾害损失，确保沿岸地区人民群众的生命财产安全。

由于堤（坝）、堤基存在隐患或超标准洪水、地震等外部因素影响，发生漫溢、坍塌、管涌、漏洞、滑坡等险情失控而造成口门过流现象称为溃决险情。堤防决口抢险是指汛期高水位条件下，将通过堤防决口口门的水流以各种方式拦截、封堵，使水流完全回归原河道。这种堵口抢险技术上难度较大，主要牵涉到以下几个方面：一是封堵施工的规划组织，包括封堵时机的选择；二是封堵抢险的实施，包括裹头、沉船和其他各种截流方式，防渗闭气措施等。

图3.53　堤防决口封堵

3.3.1.1　堤防决口出现的原因

堤防决口出现的原因，主要有以下几种情况：

（1）因河道水流或湖泊潮浪的冲刷浸溢，而导致堤防或坝体出现坍塌，当抢修维护不及时所导致的决口。

（2）因出现超标准的洪水，当水位急剧增加并漫过堤顶后则出现决口。

（3）因堤防的建筑质量或建设标准存在隐患，导致坝基、堤身的土质较差，以及鼠、蚁等生成的洞穴，而导致因开裂、渗透破坏而决口。

（4）因人为因素的破坏，对堤坝的开掘而导致的决口。

（5）地震使堤身塌陷、裂缝或滑坡而导致决口泛滥。

3.3.1.2　堤防决口分类

堤防决口根据成因不同有两种情况：一是自然决口，二是人为决口。自然决口又分为漫决、溃决和冲决三种。漫决是水流漫溢堤顶造成的决口；溃决是水流穿过堤身、堤基，因渗透破坏造成的决口；冲决则是水流或风流淘刷堤基、堤坡，因边坡失稳造成的决口。

3.3.1.3　堤防决口口门类型

堤防决口根据口门过流流量与江河流量的关系，分为全河夺流口门和分流口门两种。全河夺流口门，即原河道基本断流；分流口门，即原河道仍在行水。

根据堵口时口门有无水流分为水口和旱口。水口是指决口时分流比较大，甚至造成全河夺流，堵口是在口门仍过流的情况下进行截堵。旱口又叫干口，是指决口时分流比不大，汛后堵口时已断流的情况。

3.3.1.4　堤防决口抢险的原则

首先要尽力在第一时间封堵决口；其次是万一溃决，尽量减少淹没范围，利用溃口下游的地形地貌和渠堤、公路路基和高地等迅速修筑二道防线，或在溃口下游扒口，使溃水回流本河道或其他河流，以控制淹没损失。堵口时应利用流域内现有防洪工程体系或抢修引水工程，在适当时机削减洪峰，为堵口创造条件。

任务3.3.2 堤防堵口技术

3.3.2.1 堤防堵口

堤防堵口有堵水口和堵旱口之分。对于旱口，则应结合复堤选线，及时封堵。堵水口则是通过各种方法进行拦截封堵通过口门的水流，使水流完全回归原河道。这里所讨论的封堵是指堵水口。

在库区临背差很大的"悬河"堤段，当决口发生在汛期前高水位期，其复堵难度很大。

对于下列情况应争取尽早封堵：

(1) 决口时间不长，水深较浅，流速不大。

(2) 背河受淹范围大，堵后能获得较大的保护效果。

(3) 人员、工具、物料充分，封堵困难不大。

(4) 受淹区有重要工矿、企业、城镇、交通设施。

(5) 根据水情预报，后续洪水有显著增大，可能造成严重后果。

复堵决口一般可分为：复堵前准备阶段、进堵阶段、合龙阶段、闭气阶段、复堤阶段。

1. 准备阶段

(1) 口门水文观测和河势勘查。在进行决口封堵施工前，对口门附近河道水情、地形及土质情况进行勘查分析，评估口门发展变化趋势。具体如下：

1) 水文观测。定期施测口门宽度、水位、水深、流速和流量等。

2) 口门观测。定期施测口门及其附近水下地形，并勘探土质情况，绘制口门纵横断面图、水下地形图及地质剖面图。

3) 定期作口门处的中、短期水位、流量等水文预报。

4) 定期勘查口门上下游河势变化情况，分析口门水流发展趋势。

(2) 制定堵口设计方案和施工准备。堤防堵口是一项紧迫、艰难、复杂的系统工程，需要专门的组织结构负责组织实施。堤防发生决口后，应根据口门水文、水下地形、地质及河势变化、筹集料物能力等资料，分析、研究确定堵口时间，确定堵口方案。

堵口施工在开工之前要布置施工现场，准备好人力、设备、尽量就地取材，备足物料。组织有经验的施工队伍，采用现代化施工方式进行抢险施工。具体措施如下：

1) 建立有力、高效、统一的指挥机构，指挥成员分工明确，落实责权，各司其职。

2) 布置堵口施工场地，并作出具体实施计划。

3) 筹备堵口料物，并随时根据情况变化及时调整备料数量。

4) 组织抢险队伍，做好生活安排，进行必要的动员和技术、安全要求交底工作。

5)准备施工机械、设备及所用工具等。

(3)修筑裹头。为防止水位继续冲刷扩大口门,对口门两端的堤头,及时采取保护措施。如在汛末决口或决口只分流小部分水流,因口门流量加大的机遇不多,可迅速对原堤头抢做裹头,防止口门扩大。如在汛初决口或人工破堤分洪,当流量正在加大,或以后口门过流增大的机遇还多时,为减少作裹头的困难和防止口门过分冲深,不必强求就地抢作裹头,可等堤头不大量坍塌时,再进行保护。或者考虑流量可能加大的程度,估算口门达到的宽度,从口门向后退适当距离,挖断堤身,在新的堤头上预作裹头称截头裹,如图 3.54 所示。

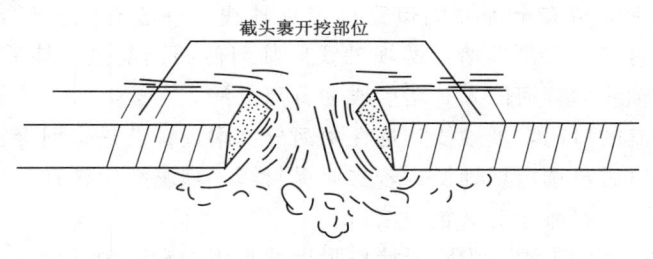

图 3.54 截头裹开挖部位示意图

裹头是进堵口门的基础,必须筑牢固,因时、因地制宜,要为进堵创造一定的条件。裹头工程应根据堤头处水深、流速、土质等情况进行设计。一般在水浅流缓、土质较好的条件下,可在堤头周围打桩,沿桩内侧贴笆、席、土工布或柳把、散柳、秸料等,然后在桩与堤头之间填土。如不打桩,亦可抛石或投编织袋装土裹护。在水深流急、土质较差的条件下,可在堤头前铺放土工布软体排或抛柳枕、作柳石搂厢埽裹头。如挖断堤身,在地面作截头裹时,应沿裹头部位,向下挖基槽深 1~2m,然后按预计的流速,选择上述相当的方法作裹头。作裹头要备足抢护料物,准备口门发生冲刷坍塌等险情时进行抢护。裹头的迎水和背水部分,根据口门水势情况,都要维护到适当长度,如图 3.55 所示。

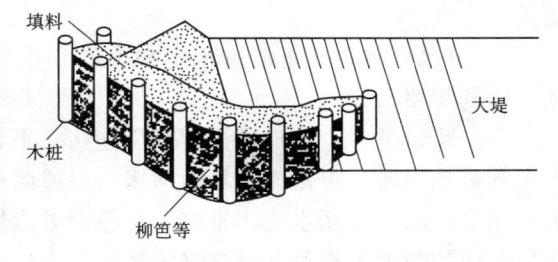

图 3.55 裹头立面布置图

2. 进堵阶段

根据水文、水下地形、地质、河势变化以及筹集物料能力等,分析研究堵口时间和堵口方案,做出堵口设计,对重大堵口工程还应进行模型试验,争取一次封堵成功,防止堵而复决。

(1)堵口布置。

1)选择堵口时间。利用流域内现有防洪工程体系,科学、精细调度,在适当时机削减洪峰,尽量减少封堵施工段的流量及流速,为堵口创造条件。一般在抢险队伍到位、所需料物备齐后,即可进行抢堵。万一条件限制,不能当即堵口合龙,应考虑安排在洪水降低到下次洪水到来前或汛末枯水期封堵。

2) 口门封堵先后次序。堤防多处决口且口门大小不一时,堵口时一般先堵下游口门后堵上游口门,先堵小口后堵大口。因先堵上游口门,下游口门分流量势必增大,下游口门有被冲深扩宽的危险。先堵大口,则小口流量增多,口容易扩大或刷深,先堵小口虽然也会增加大口门流量,但影响相对较小。如果小口在上游,大口在下游,一般也应先堵小口,后堵大口,但也根据上下口门的距离及过流大小情况而定。如上游口门过流很少,首先堵上游口门,如上下口门过流相差不多,并且两口门相距很远,则宜先堵下游口门,然后集中力量堵上游口门。

3) 选择堵口坝轴线。宜根据口门条件、堵口方式、易于施工、断流迅速、就地取材、不危及对岸堤防安全等原则慎重选定坝轴线。一般有三种形式:一是就堤堵口,即按原堤线封堵;二是外堵,即坝轴线向临河侧凸出前进,堵后成为临河月堤;三是内堵,即坝轴线向背河凹入,堵后成为背河月河。

对于决口分流的口门,坝轴线宜选在两河分岔附近;若是全河夺流,必须开挖引河,选定引河进口后再选定坝轴线;若将原堤封堵,坝基线应选在口门跌塘的上游河道;滩面较宽时,宜在滩地上另筑坝堵口。

(2) 修筑堵口辅助工程。为降低堵口附近的水头差和减少流量、流速,在堵口前可采用开挖引河和修筑挑水坝等辅助工程措施。要根据河道地形、地形选好引河、挑水坝的位置,使引河、堵口堤线和挑水坝三者有机结合,达到顺利堵口的目的。

1) 筑挑水坝:为缓和口门流势,要在口门上游筑挑水坝数道,挑流外移;也可在口门上游适宜地点,修筑桩柳坝,以缓和口门流势,利于堵口。

2) 开挖引河:对分流口门一般只修坝挑流即可;对全河夺流口门,必须用引河导流入正河。引河一般选取在口门对岸大河凹岸,出口选在不受淤塞影响的原河道深槽处。

3) 分水:在口门上游有水库和可供分水的地方,要争取"拦""分"一部分水流,以利于堵口。

(3) 堵口进占。堵口进占常采用立堵、平堵和混合堵方法。立堵法是指利用自卸汽车等机械设备,将截流材料由河床一岸或两岸向河床中间抛投形成戗堤,逐步进占束窄龙口,直至截断水流。平堵法是指沿着戗堤轴线,在龙口处设置浮桥或栈桥,沿龙口全线均匀地抛投截流材料修筑戗堤,逐层上升,直至戗堤露出水面。混合堵法是结合了平堵法和立堵法,分为立平堵法和平立堵法。口门较宽,浅水部分流速不大时,可直接采用水中倒土填筑;当填土受到水流冲刷难以稳定时,采用捆厢扫堵石、打桩进堵等。

3. 合龙闭气阶段

在堵口坝线上,选水深适当、地基相对较好的地段,预留长度,作为合龙龙口,并在这一段可根据情况选抛石或铺土工布护底防冲,当进堵到恰当距离时,在此集中全力合龙。合龙是堵口中的关键,必须做好充分准备,一气呵成。闭气一般有四种方法:

(1) 边坝合龙法。采用双坝合龙时,用边坝合龙闭气,在正坝边坝之间用土袋及黏土填筑土堤,边坝之后再加后戗,阻止透水。

(2) 养水盆法。如堵口后上游水位较高，可在坝后一定距离范围内修筑月堤，以蓄正坝渗出之水，壅高水位到与临背水位大致相平时即不漏水。

(3) 门帘埽法。在合龙堵口的上游，以蒲仓、麻袋、纺织土袋抛填或做一段长埽撑护口门，使其闭气。

(4) 临河修月堤法。堵合后，如透水不严重，且临河水浅流缓时，可在临河筑一道月堤，包围住龙口，再在月堤内浇土，完成闭气工作，另外，在堵口坝渗水不严重的情况下，在堵口坝下游及时浇土，推土填筑抢修后戗，并保持一定的宽度，也能起到闭气作用。

4. 复堤阶段

堤防决口后，当堵口成功后要实施复堤。若堵口在汛初或汛期内进行，则一般有两种情况，即堵口复堤和汛后复堤。若属于汛末堵口，则为汛后复堤一种情况。

(1) 堵口复堤。堵口所做的截流堵口坝，一般坝体较矮小，质量差，达不到技术规范要求，因而不能防御原堤防的设防标准洪水。在堵口截流工程完成后，紧接要进行复堤，不复堤就不能视为堵口完成，甚至原决口还存在重新溃决的可能。现仅就复堤工程简述如下：

1) 堤顶高程要恢复到原设计标准。由于堵口断面堤质薄弱，堤基易渗透，背水有潭坑等弱点，复堤高度要有较富裕的超高，可相比原堤防高出 0.3~0.5m，还要备足汛期临时抢险的料物。

2) 断面设施。一般应恢复原有断面尺寸，但为了防止堵口存有隐患，还应适当就缓。断面布置常以截流坝为后戗，临河填筑土堤，堤坡适当就缓。如河流断面较窄，亦可在截流坝下流侧复堤，但要对决口冲坑、深潭进行回填处理。

3) 堤防施工。在铺筑之前，应首先将基面的树枝、积水、淤泥等杂物清除，并分层均匀填土；在筑堤时，要求黏土使用在临水面，砂土使用在背水面，当堤身填出水面后宜进行分层填土，要求层厚不大于 0.3m；对填土应采用机械或人工进行适当的碾压与夯实，碾压次数在 2~5 次为佳；在施工中应严格按照设计标准进行，并处理好新建堤防与原堤的结合，确保施工质量。

4) 护坡防冲。堵口复堤段是新做堤防，未经洪水考验，又多在迎流顶冲的地方，所以还应考虑在新堤上做护坡防冲工程，水下护坡，以固脚防止坡脚滑动为主，水上护坡以防冲防浪为主。

(2) 汛后复堤。堵口工程都是紧急抢筑而成，一般达不到正式堤防所要求的标准。因此，汛后必须对堵口工程进行彻底清查，分析堵口坝与河势及原有堤防之间关系，尽快按当地防洪标准恢复堤防。

若堵口填筑的是堆石坝，背水坡没有堵漏截渗的土袋和填土坝，因地形没有严重的冲刷破坏，坝体也没有过于凸出或凹入，复堤时可以此为后戗，在临河侧按设计标准新修堤防，新堤断面适当预留一定沉陷量，并采取砌石、抛石等防冲固脚措施。

若堵口坝坝线基本在原堤线上，复堤时必须彻底清除土内木桩和易腐烂的土工纺织物、麻袋等，再按要求复堤。

若桩、梢坝拆除有困难或堵口过于凸出或凹入，可另选堤线修堤，新堤线要避开决口，同时尽可能与老堤平顺衔接，如图3.56所示。

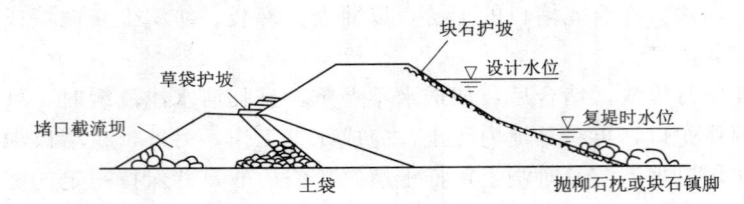

图3.56 堵口复堤断面示意图

3.3.2.2 堵口方法

从口门两侧进堵，逐渐缩窄宽度至剩余2～3m时，即被称为龙口。由于此时口门已被缩减到很小，水流的冲刷力与流速都相对较大，因此必须做好充足的准备，并采取有效的技术措施，使合龙施工能一气呵成，实现堵口的顺利完成。

堵口方法主要有立堵、平堵和混合堵三种，采用哪种方法，要根据口门过流量、水位差、地形、地质、料物采集及抢险人员对堵口方法的熟练程度等条件综合考试选定。

1. 立堵法

立堵法是常用的一种方法，如图3.57所示。堵口时用土和料物，从口门两堤头沿拟定的堵口坝基线同时进堵（在特定的条件下，亦有从一边进堵，另一边则加固、固守），堵到龙口，最后进行合龙。通常有以下几种方法：填土进堵法、打桩进堵法、埽工进占法、钢木土石组合法、六棱四角钢架封堵法。

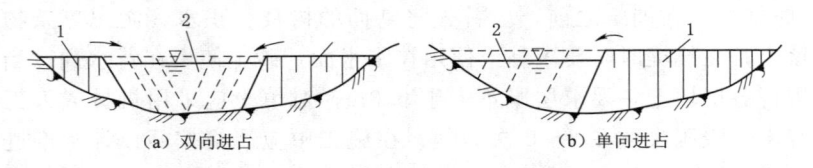

图3.57 立堵法截流示意图
1—截流堤；2—龙口

（1）填土进堵。从口两端（或一端）相对填土进堵，逐步缩窄口门，最后达到一定宽度时迅速合龙。填土进堵施工简单，但对于高水头、大流速的决口，对填土料物的抗冲稳定性以及运输和填土的强度具有较高的要求。具体实施时需根据口门对水深、流速以及施工强度和运输速度的要求采用不同方法。

当选定的堵口坝基线在静水区域或流速较小区域（流速小于1.5m/s）时，对填土料物的稳定性要求较低，可直接人工填土进堵。

当选定堵口坝基线上的流速在1.5～3.0m/s时，此时所填土石料粒径有较大增加，若当地土石料粒径较小，土石料填入决口后容易被水流冲走，可采用人工做土囤进占的施工方式，具体步骤为用草席或土工布缝成略大于水深的圆柱形大筒，在大筒内侧用杆子撑开，使其直立水中，再向大筒中填土（俗称土囤）进占，亦可用草袋、编织袋装土进占。这种方法优点是可减小因流速增大造成的土石料流失,仍然可以充分利用土源。缺点是对土源依赖严重,且与直接填土进占相比施工变得复杂,对施工人员要求变高,进占速度也变慢。

当选定堵口基线处流速大于3m/s时,对土石料物的粒径有较大要求,此时应考虑当地土石料粒径及机械填筑强度和交通是否可以满足要求,若可以满足则可使用大块料进行机械化进堵,若不满足,则应考虑打桩、抛枕、抛铅丝笼、装土袋等方法进堵。

在合龙时,若采用机械填土进堵的方式,可采用机械填大块石料合龙;若采用人工填土进堵或做土囤进堵的方式,在龙口不太宽、水位差不太大的情况下可用下列简单方法合龙:关门合龙、沉排合龙、横梁合龙。

1)关门合龙。关门合龙适用于龙口宽度较小,其口宽2~3m。在一个粗圆木棍上捆秸、柳制成,制成直径约2m,长度比龙口口门略长的柴草捆(由子)。合龙时,先将其一端固定在龙口一岸的上游侧,另一端拴上缆绳,然后在龙口的下游一岸用力拉缆绳,并借水流使其呈关门形式,关门后拦截大部分水流,再快速抛投土袋抢堵龙口。使用关门合龙,必须由经验丰富的工人师傅操作,否则容易关门失败,导致由子被水流冲走,俗称"放箭",如图3.58所示。

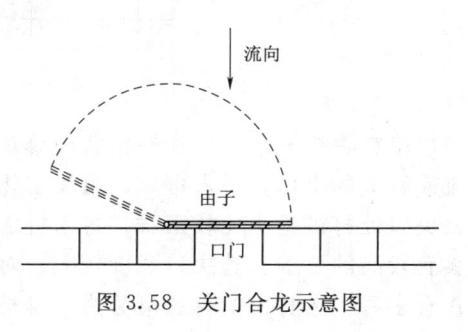

图3.58 关门合龙示意图

2)沉排合龙。该方法是采用树枝或者细木杆等容易变形受压的材料,绑扎成为梯形或者方形的沉排,同时在沉排的方格内部放置进适当数量的土袋,并确保沉排不沉入水中,再由人力控制其漂浮到合龙口处。当沉排在龙口处卡住并稳定后,继续向上抛压土袋直至土袋露出水面,再进行填筑施工,如图3.59所示。

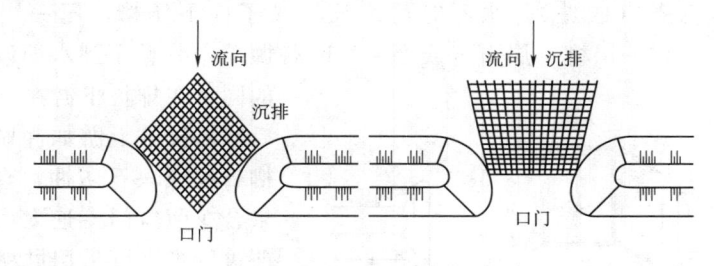

图3.59 沉排合龙示意图

3)横梁合龙。先在龙口上架两根直径20~30cm的圆木或一根钢轨做横梁,并将其两端固定在龙口上,然后在横梁前打一排木桩(木桩直径、间距视龙口处流速而定),其后在木桩前铺柳笆,所铺柳笆高度需比龙口水位高出一段,铺柳笆时还需在柳笆前沉一捆梢。当铺柳笆及沉梢完成后,在柳笆前沉梢上填压土袋直至高出水面,并使龙口断流,如图3.60所示。

(2)打桩进堵。打桩进堵主要是利用桩体在决口处形成骨架,以稳定填堵料物。

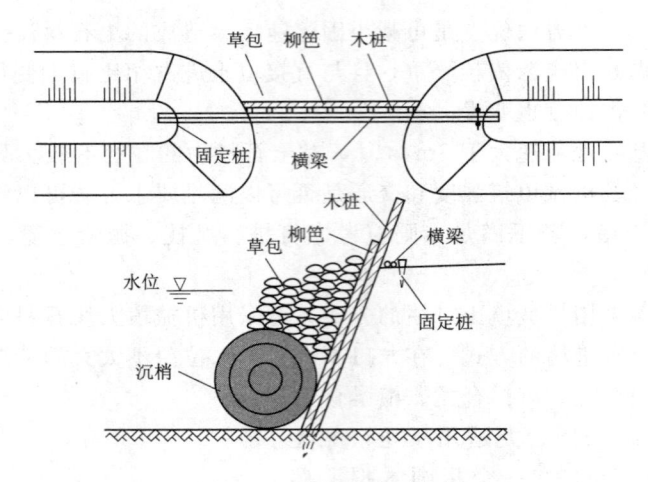

图 3.60 横梁合龙示意图

当填堵料物拦截水流后在桩格背面修筑后戗维持稳定以及防止渗流。其优点是可适应流速较大的决口，进占可靠，可稳定物料，减少填料流失。其缺点是与填土进度相比较决口处打桩施工比较困难，各木桩之间的连接工序较多，对于施工人员及其施工工具有较高的要求。若决口宽度较大，对木材或钢材的需求量较大。打桩进堵的施工方式有多种，按打桩的排数可分为单排桩进堵和多排桩进堵。

1）打多排桩。多排桩进堵时先从两端坝头沿拟定的坝基线打桩，打桩完成后通过横纵连接梁将各排桩连接成一个整体，然后在形成的桩格内填入封堵物料并同时在排桩的下游侧填土修筑后戗。

一般土质较好，水深 2～3m 的口门，从两端裹头起，沿选定的堵口坝线，打桩 2～4 排，排距 1.0～2.0m，桩距 0.5～1.0m，打桩入土深度为桩长 1/3～1/2。桩顶用木杆纵横相连捆牢。在下游一排桩后，加打戗桩。然后从两端裹头起，在排桩之间，压入柳条（或柴），水深时可用长杆叉子向下压柳，压一层柳，抛一层石（或土袋），这样一层柳一层石（或土袋）交替抛填，一直压到水面以上。土压柳的同时在排桩下游抛土袋，填土作后戗。排桩上游如冲刷严重，再抛柳石枕或块石防冲，直至合龙。如果合龙前口门流速太大，层柳层石前进困难，可采用抛柳石枕或抛铁丝笼装石合龙，用土工布软体排或土袋堵漏，前后填土闭气，如图 3.61 所示。

2）打单排桩。从两端裹头起，按预定堵口坝线打桩一排，桩距 0.5～1.0m（视流速而定），桩与桩之间用横梁捆牢，并打戗桩支承。

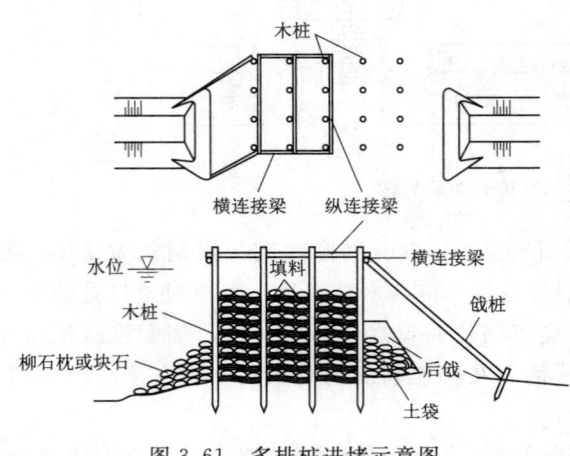

图 3.61 多排桩进堵示意图

然后从两端在排桩的迎流面,逐段下柳笆或梢帘,并在柳笆前压柴、填土(或土袋),层柴层土压出水面。同时填土作前后戗加固。如果进堵到一定程度,因水深流急,前法不能前进时,可打桩稳住填压的部分,再用抛枕或抛石笼抢堵合龙,如图3.62所示。

(3) 草土围堰。埽工是以梢料、苇、秸和土石分层捆束制成的河工建筑物,可用于护岸、堵口和筑坝等。草土围堰是埽工的一种,常用于黄河上游的宁夏、内蒙古一带。草土围堰进占是用麦草或其他秸料,层草层土,在水中堆筑进占。草土围堰底宽一般为水头的2倍,可抗御约3m/s的流速,草土体积之比约为1:1.5,每个草捆长1.2~1.6m,直径0.5~0.7m,重8~10kg。

实施步骤:先将两草捆用草绳连为一束,束的长轴方向由坝头并排沉放。在第一排草捆沉入水中1/3~1/2的草捆长后,将草捆绳顺直拉放在后面,再放第二排草捆,两层横接长度为草捆长的1/3~1/2,其后不断压放草捆,直至满足所要求的层数为止。草捆压好后,先铺一层散草用于垫塞间隙,厚度为30~40cm,再在其上铺25~35cm土料,并压实。这样层草层土堆筑至计划高度,称为一板,其后重复前述步骤,逐步推进,草土体也随着前端向水中推进,其后部逐渐下沉直到河底为止,如图3.63所示。

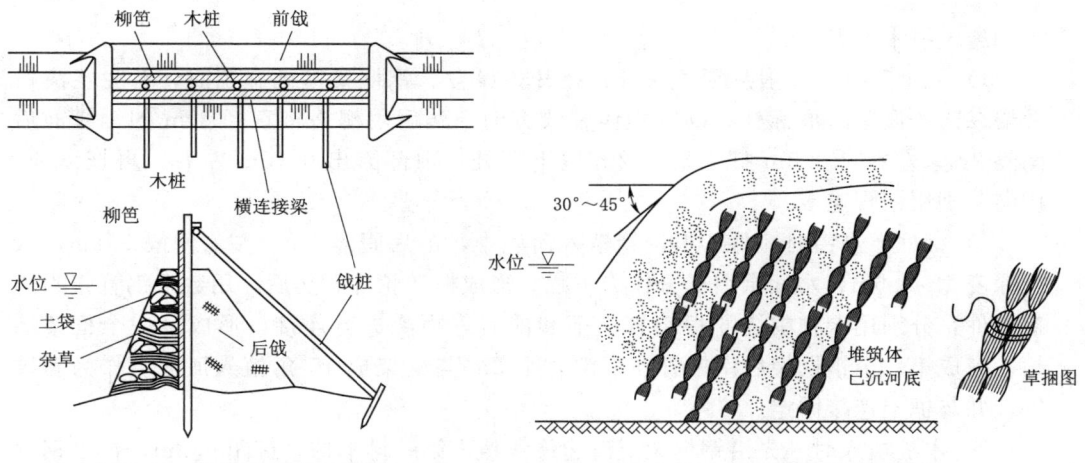

图3.62 单排桩进堵示意图

图3.63 草土围堰进堵示意图

该方法优点是就地取材,造价低廉;施工技术简单,易于掌握,且施工速度较快;其缺点是草土围堰适用于水深4m左右,允许流速不超过3.5m/s,在软土地基上施工。草土捆强度较低,容易折裂,围堰在进占逐渐下沉的过程中,常产生裂缝现象。流速及水深过大时,决口底部淘刷严重,也会造成草土体的折裂滑动。

(4) 钢木土石组合坝堵口。钢木土石组合坝堵口方法是部队所研创,在应用中成功堵过宽50m的决口口门。此方法堵口时所需的器材主要有钢管(直径0.05m,长4~6m)、木桩(直径0.2~0.3m,长4~10m)、木板或竹排、石子、土、编织袋、铁锤、筑头、斧头、塑料布、土工布、铁丝等物料。

在堵口施工前,将人员分为框架组、木桩组、连接固定组、填塞砌墙组和防渗组。其中，框架组由 6 名作业员组成，主要负责设置钢管框架及支撑杆件；木桩组由 16 名作业手组成，主要负责木桩的植入；连接固定组由 6 名作业手组成，主要负责木桩与钢管框架的连接固定；填塞砌墙组由 6 名作业手组成，主要负责木桩与钢管框架的连接固定；防渗组由若干名作业手组成，主要负责在新筑坝体上游的护坡上覆盖塑料布、土工布，然后用土石料袋覆盖固定；各小组均设一名指挥员，如图 3.64 所示。

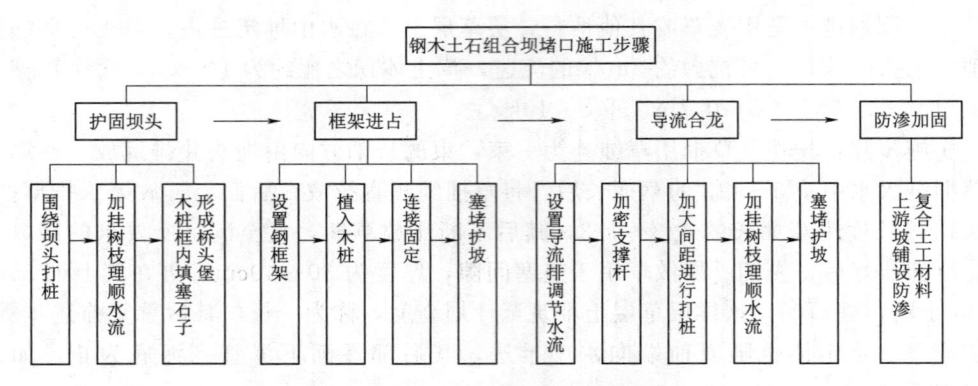

图 3.64 钢木土石组合坝堵口施工步骤示意图

施工技术要点：

1) 钢框架基础一般从原坝头 4m 处开始设置。钢框架基础施工时，首先在决口两端纵向各设置两根标杆，确定坝体轴线方向。然后用榔头将直径 5cm 的钢管前后间隔 2m，左右隔 2.5m 打入地下 2m 以下深处，顶部露出 0.15m 左右，再把纵向、横向分别用钢管连接。

2) 钢框架进占时，将 6 根钢管植入河底中，前后间隔 1m，左右间隔 2.5m，入土深度 1~1.5m，水面余留部分作为护栏，形成框架轮廓。然后，用数根钢管作为连接杆件，分别用卡扣围绕 6 根钢管上下和前后等距离进行连接，形成第一个框架结构。完成第一个钢框架后用钢管在下游每个 2m 与框架成 45°角植入河底，作为斜撑桩，并与框架连接固定。

3) 木桩植入时，先沿钢框架上游边缘线植入第一排木桩，桩距 0.2m，再沿钢框架中心线紧贴钢架植入第二排木桩，桩距 0.5m，最后沿钢框架下游植第三排木桩，桩距 0.8m。木桩植入土均为 1~1.5m。在合龙时，为减小急流对钢木框架的冲力，加快合龙进度，须增大木桩间距。第一排桩距为 0.6m，第二排桩距为 1m，第三排桩距为 1.2m。

4) 填塞护坡时，在设置好的钢木框架内由上游至下游进行错缝填塞。填塞高度到 1m 左右时，下游和上游即同时展开护坡。当戗堤进展到 3~6m 时，应在原坝体与新筑坝体结合部用袋装碎石进行加固，底坡宽不小于 4m。

5) 防渗固坝时，对新筑坝修筑上、下游护坡后，在其上游护坡上铺两层土工布，中间加一层塑料布，作为防渗层，其两端应延伸到决口原坝体 8~10m 范围，并用袋装土石料压坡面和坡脚。压坡脚时，决口处厚度应不小于 4m，其他不小于 2m。

钢木土石组合坝堵口方法优点是可用于封堵特大决口，完全适应口宽 50m 以上的决口，在实践过程中已经成功封堵口宽 164m 的决口。不需要大粒径的填堵料物，普通沙包及一般粒径土石料都具有良好的稳定性，且填堵过程中损失很少，可节约填料。由于填堵料粒径不大，填堵料可完全满足人工抛投的要求，不需要大的运输与起重设备。钢木土石组合坝稳定性好，进占可靠。在分组明确，工序合理，施工人员经验丰富的情况下，进展迅速、准确、安全。

不足的是施工工序较多且相互交叉，需要严密的组织、科学的分工。若人员分组不合理，工序连接不科学，或各工作组施工人员的施工水平差距较大，将导致窝工及施工混乱等问题，严重影响施工速度，且可能导致施工险情。钢管和木桩的植入工作以及钢木框架的连接工作对施工人员的施工经验与技术有很高的要求，需要使用专业的施工队伍。

2. 六棱四角钢架封堵

六棱四角钢架封堵决口，主要是利用六棱四角钢架的稳定性，先在决口中轴线附近形成 2~3 排支撑骨架，再向决口中抛投封堵物料，这样可大大增加土石料的稳定性，减少流失，也降低对土石料粒径的要求。同时，六棱四角钢架采用的是建筑施工中的脚手架钢管，可运至决口附近再进行组装，且组装方便。在决口中部布置六棱四角钢架时，因其质量体积不大，均可实现人工抛投，不需要其他抛投机械。

六棱四角钢架封堵材料：1.2m 长钢管、螺栓、秸秆（或麦草）、土石料、编织袋。

施工方法：

（1）施工准备阶段主要完成六棱四角钢架的装配、土石草捆制作，六棱四角钢架为 6 根钢管两两用螺栓连接，土石草捆制作方法与前述草土围堰中的制作方法相同。

（2）准备工作完成后，施工人员在口门两岸堤头上，沿堤轴线抛投 2~3 排六棱四角钢架，抛投六棱四角钢架时尽量保证这 2~3 排六棱四角钢架停留在堤轴线附近。每个六棱四角钢架之间的间距和每排六棱四角钢架之间的排距都应尽可能小，为达到此要求可适当多抛投些六棱四角钢架，使得六棱四角钢架之间局部相互嵌入，如图 3.65 所示。

（3）六棱四角钢架抛投完成后，将小土石袋抛投到六棱四角钢架的上方，对六棱四角钢架压重。其后在六棱四角钢架的前侧抛投土石草捆，在土石草捆接近截断水流后，在草捆前侧和六棱四角钢架的后侧同时抛填土石袋，直至土石袋高出水面，完全截断水流。

在抛填土石袋时，草捆前侧以土料袋为主，六棱四角钢架后侧以石料袋为主。若土石袋在人工抛投距离范围内，则可在岸上抛投。若大于人工抛投距离，因土石草捆拦截水流使决口处的流速较小，此时可人工下河填筑。拦截水流后新修的临时堤防仍多处漏水，此时在各排六棱四角钢架内填黏土闭气，填土高度应高于河道水位 20~30cm，在与老堤防结合处应扩大接触面积，或将黏土层插入老堤防内。

3. 平堵法

平堵是沿口门选定堵口基线，利用架桥或船平抛料物，如抛散石、混凝土件、柳

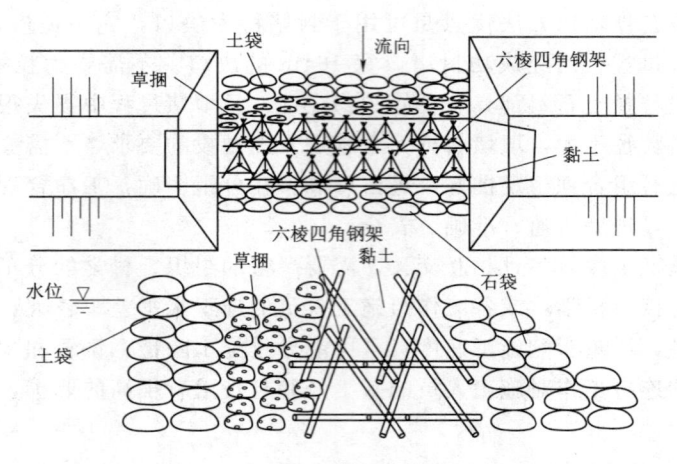

图 3.65 六棱四角钢架封堵示意图

石(土)枕、铅丝笼或竹笼装石、袋土等,从河底开始逐层填高,直至高出水面以堵截水流。平堵法一般在河床易受冲刷或分流口门水头差较小的情况下使用。按照施工方法,可分为架桥平堵、抛料船平堵、沉船平堵三种。

(1) 架桥平堵:施工程序分为架桥、铺底、投料。架桥要满足牢固、一定的高度、一定的工作场面等要求;铺底要先预计冲刷范围,用土工布或柴排、铁丝网等铺于河底以防冲刷;投料时需控制料物均衡上升,如图3.66 所示。

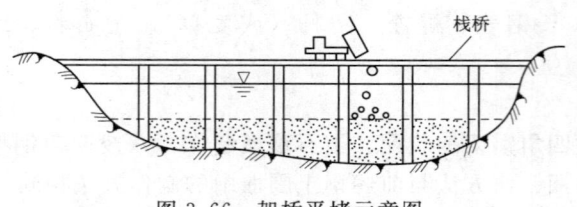

图 3.66 架桥平堵示意图

施工步骤一般是先沿拟定的堵口坝基线打桩架设施工便桥,并在桥上铺轨,装运柳石枕、块石、土袋等,再沿口门宽度方向自河底向上层抛料物,逐层填高,直至抛投料露出水面达到设计高度,以堵截水流,这种方法从底部逐渐平铺抬高,随着口门底高程的加高,口门单宽流量及流速相应减小,冲刷力随之减弱,利于施工,可实现机械化操作。

(2) 抛料船平堵:适用于口门流速小于 2m/s 时,直接将运石船开到口门处,抛锚定位后,沿坝线抛石堆,至露出水面后,再以大驳船靠于块石堆间,集中抛石,使之连成一线,阻断水流。

技术要领:①设立标志,以准确控制坝线方向;②沿坝线定位抛石,并使之连成一线,形成拦河坝;③抛土袋堵漏;④填土闭气。

(3) 沉船平堵:将船只直接沉入决口处,可以在短时间内大大减小决口处的过流流量,从而为全面封堵决口创造条件。在实现沉船平堵时,最重要的是保证船只能准确定位,要精心确定最佳封堵位置,防止沉船不到位的情况发生。采用沉船平堵措施,还应考虑到由于沉船处底部的不平整,使船底部难与河滩底部紧密结合的情况,必须迅速抛投大量料物,堵塞空隙。平堵坝抛填出水面后,需于坝前加筑埽工或土袋，阻水断流，背水面筑后戗以增加堵坝稳定性和辅助闭气。

4. 混合堵

混合堵是立堵与平堵相结合的堵口方法。进堵时，根据口门的具体情况和立堵、平堵的不同特点，因地制宜，灵活运用。混合堵法一般可分为先立堵后平堵、先平堵后立堵和先立堵后平堵再立堵三种。如在软基上堵口，可先在口门两端进占立堵，当口门缩小，流速较急，再采用平堵。先平堵后立堵是指在一开始就直接采用平堵法，待口门底部升高使得流速减小到设计值时，采用立堵进占封堵及合龙。如用正坝与边坝（即双坝）进堵时，正坝可采用平堵、边坝用立堵的混合堵法。先立堵后平堵再立堵意指先采用立堵进占，待口门缩窄至单宽流量有可能引起底部严重冲刷或导致立堵进占困难时，则改为平堵减小口门处的流速，待流速减小到满足立堵进占要求时再改为立堵。

【案例分析】

案例1：江西抚州唱凯堤决口封堵

2010年6月中旬以来，江西境内连降暴雨，抚河流域遭遇50年一遇洪涝灾害，洪峰流量达到7180m^3/s。6月21日18时30分，位于抚州市抚河中游右岸唱凯堤灵山何家段（桩号33+048，抚河干流与干港汇合口）发生决口，决口宽度348m，洪水淹没堤内唱凯、罗湖、罗针镇等五个乡（镇），淹没面积约85.5km^2，大片房屋被淹、农田被毁，淹没水深2.5~4.0m，近10万名受灾群众被迫离开家园，造成严重的经济损失和巨大的社会影响，情况十分危急。

6月21日19时30分，武警水电第二总队接到江西省防总紧急支援抚州唱凯大堤抢险任务后，170名官兵于22日1时30分紧急到达灾情地域，而后组织人员疏散和堤头保护，派出侦测分队现地勘察，研究拟制封堵方案。23日15时，水利部、江西省召开紧急会议，成立唱凯大堤决口封堵抢险工程指挥部，会议决定由武警水电部队承担决口封堵任务。23日23时30分，增加的301名兵力、166台（套）装备全部机动到达任务地。24日0时，在福银高速胡背张家村处打开入口，从下游方向修筑至决口的道路；同时从上游方向抢通至决口道路。25日2时，分上下游两个方向沿原坝轴线向龙口进占，昼夜连续实施。27日18时15分，两端堤头实现合龙，比计划提前3.5天完成封堵任务。之后将长348m的口门分成4个作业区域，进行反滤料抛填和黏土填筑。29日10时，防渗闭气实施完毕，并组织部队全部回撤。

方案战法：根据现场条件和快速封堵决口要求，选择"按原堤线土石戗堤进占、双向单戗机械化立堵"方案，并采用"抢修道路、稳固堤头、决口抢堵、合龙闭气"封堵战法。

抢修道路：龙口上下游堤顶现有宽度6~10m，堤顶中间宽3~4m相对较密实，大型车辆短时间可勉强行驶。为保证修路尽可能少影响填筑进度，采取间断通行间断修路的方法施工，在堤顶两侧间隔100~200m先修筑错车道，利用中间道路和错车道每次放行20~30部运料车，保证堤头正常填筑，然后分段加宽堤顶，利用反铲突击挖除堤顶约1m厚的松软土层，填筑石渣料，用推土机推平、振动碾压实。每次修筑长度20~30m，保证间断通行不影响龙口填筑。

稳固堤头：首先向堤头迎河面抛投装土编织袋及抛填大块石进行防护，以抵挡水流对堤防的正面冲刷，减缓堤头的崩塌速度；然后，由堤头迎河面沿决口堤头抛填大块石包裹直至背河面，以防止水流对堤头进一步冲刷和回流对堤背的淘刷破坏。

戗堤进占：封堵决口戗堤从龙口两端（主要从决口左端）按原堤线开始进占，采用15~20t自卸汽车运输，推土机铺料、推平。水下部分采用抛填，水上采用分层填筑，推土机铺料，振动碾压实，填筑、碾压层厚为0.6~0.8m，边角处采用小型机械夯实。在进占过程中，在戗端用块石做上下挑头，中间填石渣料，以确保戗堤端头稳定，减少堤头滑塌风险，从加快了戗堤进占速度。

决口抢堵：待龙口收缩到30m左右时，按决口封堵方案分区抛填大块石、钢筋石笼等截流材料，两端一起迅速进占，顺利实现合龙。

合龙闭气：为减少施工干扰，将长348m的龙口分成4个施工区域，每87m左右设为一个施工区，每区先进行反滤料抛填施工，反滤料填筑成型50m后，进行该区域迎水面黏土填筑。

反滤料和黏土料均采用15~20t自卸汽车运输至堤顶，反滤料从堤顶向上游迎水面抛料，推土机推料，反铲进行修坡整形。黏土料从反滤料上游迎水面端部分层填料，每层分层厚度不大于40cm，推土机推平，振动碾压实，反铲进行修坡整形。

此次抢险有效应用了抢通抢修道路、控制决口宽度、削减洪峰流量、创造条件实施双向立堵、多方启用堵截体料源等关键技术，实现了高峰填筑量$1.8\times10^4\mathrm{m}^3/\mathrm{d}$，确保了平均5m/h的封堵速度，为堤防决口快速封堵提供了成功范例。共完成石渣填筑$5.4\times10^4\mathrm{m}^3$，砂卵石反滤料填筑$5255\mathrm{m}^3$，防渗黏土填筑$2.0\times10^4\mathrm{m}^3$，钢筋笼、铅丝笼共1000个。

【综合练习】

一、填空题

堵口进占的方法有_____、_____、混合堵法。

二、判断题

1. 钢木土石组合坝堵口技术是一种已有广泛应用经验的堵口技术。（　　）
2. 平堵法多用于分流口门水头差较大、河床易冲的情况。（　　）
3. 混凝土四脚锥体是近年来推广使用的一种筑坝抢险新材料。（　　）
4. 堵口进占的方法基本上分为平堵、立堵两种。（　　）
5. 堤防决口的堵口工作是防洪工作的重要组成部分。（　　）

三、简答题

堵口前的技术准备包括哪些？

模块 4

建筑物防汛抢险技术

就堤防工程而言，穿堤建筑物也会威胁堤防安全。在水流作用下，这些建筑物与堤防土石结合部，容易产生滑动、倾覆、渗漏等险情，进而威胁整个堤防体系的安全。建筑物险情主要包括渗漏（结合部渗水、漏洞，建筑物裂缝漏水、分缝止水破坏，地基渗透破坏等）、建筑物失稳、漫溢、冲刷破坏、闸门失控、启闭失灵等。

因此，根据险情有针对性地采取措施，及时进行抢护，以防止险情扩大，保证工程安全，是汛期抢险的重点。

本模块主要对与堤防结合的常见的交叉建筑物结构以及可能出现的各种险情的出险原因、险情鉴别、抢护原则、抢护方法、相关工程案例进行详细介绍，使学生掌握判别险情、抢护险情的基本方法，培养学生解决实际问题的能力。

【学习目标】

学习内容		知识目标	能力目标	素养目标
项目 4.1	穿堤建筑物	①建筑物的概念；②建筑物的分类；③建筑物的结构组成；④建筑物的工作特点	①掌握建筑物的工作特点和设计要求；②掌握建筑物的组成及各组成部分的作用；③掌握建筑物等级划分和洪水标准确定方法	①具备独立思考、有效沟通与团队合作的能力；②了解与本项目有关的时事议题，了解本行业技术革新的信息
项目 4.2	涵闸抢险技术	①建筑物各类险情定义；②建筑物各类险情的特征；③建筑物各类险情抢护原则及方法	①掌握建筑物工程各类险情的判别方法以及抢护方法；②具有运用知识解决实际险情的能力	①有严谨认真、爱岗敬业的工作作风和良好职业道德；②有勤于思考、勇于科学探索的创新能力

项目 4.1 穿 堤 建 筑 物

任务 4.1.1 水 闸

水闸是低水头的水工建筑物，兼挡水、泄水的双重作用。它通过闸门的启、闭来调节闸前水位、控制下泄流量。水闸广泛应用于平原地区和各条江河尤其是在长江、黄河、淮河和海河的流域治理以及大小灌区，在防洪、排涝、航运、灌溉、挡潮

水闸

等方面，取得了显著的经济效益和巨大的社会效益。根据2021年全国水利发展统计公报，截至2021年年底，全国已建成流量为5m³/s以上的水闸100321座，其中大型水闸923座。按水闸类型分，分洪闸8193座，排（退）水闸17808座，挡潮闸4955座，引水闸13796座，节制闸55569座。

例如，荆江分洪区工程东滨荆江，西临虎渡河，南抵黄山头。东西宽13.55km，南北长68km，面积921.34km²，地面高程32.8～41.5m，蓄洪水位42.00m时，设计蓄洪容积54×10⁸m³。工程建于1952年，是新中国成立后兴建的第一个大型水利工程。主体工程包括进洪闸（北闸）、节制闸（南闸）和208.38km围堤。工程的主要作用是当长江出现特大洪水，为缓解长江上游洪水来量与荆江河槽安全泄量不相适应的矛盾，开启北闸分蓄洪水，确保荆江大堤，保证江汉平原和武汉市的安全。同时利用南闸（节制闸）控制由虎渡河入洞庭湖流量不超过3800m³/s，以减轻洪水对洞庭湖的压力。

荆江分洪工程于1954年首次运用，先后三次开闸分洪，最大进洪流量7760m³/s，最大降低沙市水位0.96m，分洪总量122.6×10⁸m³，对确保江汉平原和武汉市的安全发挥了重要作用。

4.1.1.1 水闸种类、等级划分和洪水标准

1. 水闸的作用和类型

水闸的种类很多，其分类方法也不相同，通常可按水闸所担负的任务和水闸的结构形式来进行分类。

2. 按照水闸所担负的任务分类

按照水闸所担负的任务，可分为进水闸、节制闸（拦河闸）、排水闸、挡潮闸、分洪闸等，如图4.1所示。

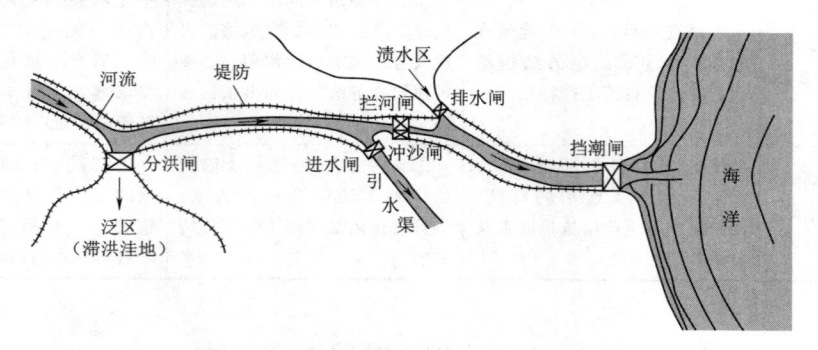

图4.1 水闸类型及位置示意图

（1）进水闸。为了满足农田灌溉、水力发电或其他用水的需要，在水库、河道、湖泊的岸边或渠道的渠首建闸引水，并控制入渠流量，称为进水闸，又称为渠首闸。

（2）节制闸。节制闸一般用以调节水位和流量，在枯水期借以截断河道抬高水位，以利上游航运和进水闸取水；洪水期用以控制下泄流量。节制闸若拦河建造，又称为拦河闸。在灌溉渠系上位于干、支渠分水口附近的水闸，也称节制闸。

（3）排水闸。排水闸常位于江河沿岸。大河水位上涨时可以关闸以防江河洪水倒

灌；河水退落时即行开闸排除渍水。由于它既要排除洼地积水，又要挡住较高的大河水位，所以其特点是闸底板高程较低而闸身较高，并受到双向水头作用。

（4）挡潮闸。为了防止海水倒灌入河，需修建挡潮闸。挡潮闸还可用来抬高内河水位，达到蓄淡灌溉的目的；内河两岸受涝时，可利用挡潮闸在退潮时排涝。建有通航孔的挡潮闸，可在平潮时期开闸通航。因此，挡潮闸的作用是挡潮、御卤、排水、蓄淡，其特点也是受到双向水头作用。

（5）分洪闸。在江河适当地段的一侧修建分洪闸，当较大洪水来临时开闸分泄一部分下游河道容纳不下的洪水进入闸后的洼地、湖泊等蓄滞洪区或下游不同的支流，以减小洪水对下游的威胁。这类水闸的特点是泄水能力大，有利于及时分洪。

除以上几种闸型外，还有渠系上的分水闸、泄水闸及冲沙闸等。

3. 按照水闸的结构形式分类

水闸的结构形式可分为开敞式、胸墙式、涵管式（封闭式），如图4.2、图4.3所示。

（1）开敞式水闸。开敞式水闸闸室是露天的。它是水闸中应用较为广泛的一种形式。进水闸、分水闸、节制闸、排水闸和分洪闸等一般都采用这种形式，如图4.2（a）所示。

（2）胸墙式水闸。当上游水位变幅较大而过闸流量又不是很大时，可采用有胸墙的水闸，如图4.2（b）所示。开敞式水闸设胸墙后，可以降低闸门的高度并减小启闭力。

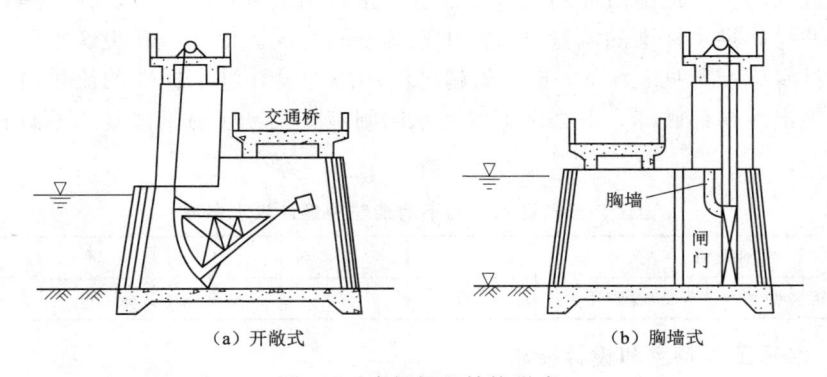

图 4.2 水闸闸室结构形式

（a）开敞式　（b）胸墙式

（3）涵管式水闸。水闸修建在河（渠）堤之下时，则将涵管式水闸称为封闭式水闸。它的闸室一般较长，在软土地基上常由于不均匀沉陷而有裂缝、断裂的可能。依据水闸工作条件的不同，涵管式水闸又可分为有压涵管式和无压涵管式两类，如图4.3所示。

4. 工程等别和建筑物级别

水闸枢纽工程的等别及枢纽中永久性水工建筑物级别仍根据国家现行的《水利水电工程等级划分及洪水标准》（SL 252—2017）的规定确定，见表4.1。

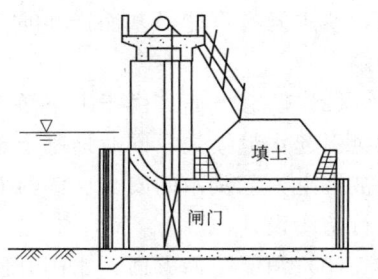

图 4.3 涵管式水闸闸室结构形式

表 4.1　　　　　　　　　　　永久水工建筑物级别

工程等别	主要建筑物	次要建筑物	工程等别	主要建筑物	次要建筑物
Ⅰ	1	3	Ⅳ	4	5
Ⅱ	2	3	Ⅴ	5	5
Ⅲ	3	4			

拦河闸永久性水工建筑物按表 4.1 规定为 2 级、3 级，其校核洪水过闸流量分别大 5000m³/s、1000m³/s 时，其建筑物级别可提高一级，但洪水标准可不提高。

5. 水闸设计洪水标准

拦河闸、挡潮闸的洪（潮）水标准见表 4.2。

表 4.2　　　　　　　　　　拦河闸、挡潮闸的洪（潮）水标准

永久性水工建筑物级别		1	2	3	4	5
洪水标准/[重现期（年）]	设计	100～50	50～30	30～20	20～10	10
	校核	300～200	200～100	100～50	50～30	30～20
潮水标准/[重现期（年）]		100	100～50	50～30	30～20	20～10

位于防洪（挡潮）堤上的水闸，其级别和防洪标准不得低于防洪（挡潮）堤的级别和防洪标准。

平原区水闸闸下消能防冲的洪水标准应与该水闸洪水标准一致，并应考虑泄放小于消能防冲设计洪水标准的流量时可能出现的不利情况。山区、丘陵区水闸闸下消能防冲设计洪水标准，见表 4.3。当泄放超过消能防冲设计洪水标准的流量时，允许消能防冲设施出现局部破坏，但必须不危及水闸闸室安全，且易于修复，不致长期影响工程运行。

表 4.3　　　　　　山区、丘陵区水闸闸下消能防冲设计洪水标准

水闸级别	1	2	3	4	5
闸下消能防冲设计洪水重现期/年	100	50	30	20	10

4.1.1.2　水闸工作特点和设计要求

水闸是一种既挡水又泄水的低水头水工建筑物，且多修建在土质地基上，因而它在抗滑、稳定、防渗、消能防冲及沉降等方面具有以下工作特点和设计要求：

（1）稳定方案。关闭闸门挡水时，水闸上下游水位差较大，造成较大的水平推力，使水闸有可能沿基面产生向下游的滑动。为此，必须采取措施，保证水闸自身稳定。

（2）防渗方面。由于上下游水位差的作用，水将通过地基和两岸向下游渗流。渗流会引起水量损失，同时地基土也容易产生渗透变形破坏。严重时闸基和两岸的土壤会被掏空，危及水闸安全。渗流对闸室和两岸连接建筑物的稳定不利。因此，应妥善进行防渗设计。

（3）消能防冲方面。水闸开闸泄水时，在上下游水位差的作用下，过闸水流往往具有较大的动能，流态也较复杂，而土质河床的抗冲能力较低，可能引起冲刷。此

外，水闸下游常出现波状水跃和折冲水流，会进一步加剧对河床和两岸的淘刷。因此，必须采取有效的消能防冲措施，以防止对河道产生有害的冲刷。

（4）沉降方面。在土基上建闸，由于土基的压缩性大，抗剪强度低，在闸室的重力和外部荷载作用下，可能产生较大的沉降，影响正常使用，尤其是不均匀沉降会导致水闸倾斜，甚至开裂。在水闸设计时，采取必要的地基处理措施减小地基不均匀沉降。

4.1.1.3 水闸总体布置

1. 水闸组成及一般布置

各种类型水闸的组成部分大致类似，一般由上游连接段、闸室段和下游连接段三部分组成，如图4.4所示。

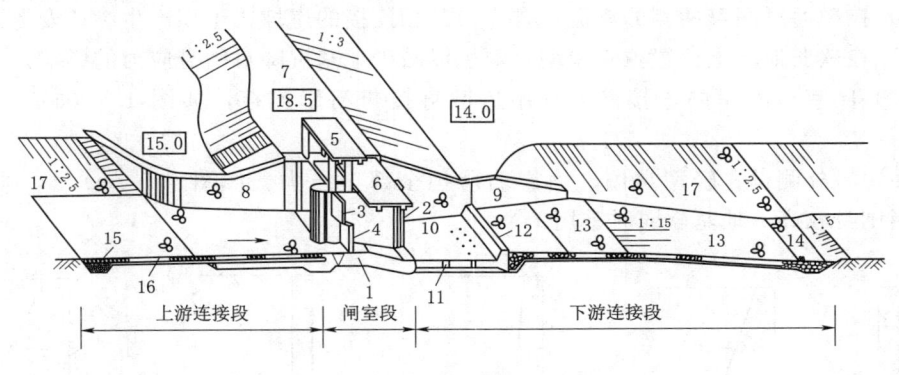

图4.4 水闸组成示意图

1—闸室底板；2—闸墩；3—胸墙；4—闸门；5—工作桥；6—交通桥；7—堤顶；8—上游翼墙；
9—下游翼墙；10—护坦；11—排水孔；12—消力坎；13—海漫；14—下游防冲槽；
15—上游防冲槽；16—上游护底；17—上、下游护坡

（1）上游连接段。上游连接段的主要作用是将上游来水平顺地引进闸室。这一部分包括河底部分的铺盖、上游防冲槽及两岸的翼墙和护坡。上游翼墙的作用是引导水流平顺进入闸孔并起侧向防渗作用。铺盖作为防渗设施兼具防冲作用，有时还利用它作为阻滑板，其位置紧靠闸室底板；铺盖上游河床常设置砌石护底，防止河床冲刷的作用。

（2）闸室段。闸室是水闸的主体，作用是控制水位、连接两岸和上下游。这一部分包括底板、闸墩、闸门、胸墙、工作桥及交通桥等。底板作为水闸的基础，承受闸室全部荷载并均匀地传给地基，利用底板与地基间的摩擦力保护闸室在水平力作用下的稳定；闸墩的作用是分隔闸孔、支承闸门和工作桥、交通桥等；工作桥的作用是安装启闭机和操纵启闭设备；交通桥的作用是连接两岸交通。

（3）下游连接段。下游连接段的主要作用是引导水流平顺地出闸和均匀地扩散，防止下游河床及岸坡的冲刷。下游连接段包括消力池、海漫、防冲槽以及翼墙、护坡等。消力池（一般由降低的护坦构成）紧接闸室，具有增加下游水深、消除水流能量和保护水跃范围内的河床免受冲刷的作用；海漫紧接消力池，通常用浆砌石砌成，利用表面较大的糙率继续消能，保护河床免受冲刷；海漫逐渐降低做成防冲槽，利用槽

中增加的水深减缓流速、调整流速分布，保护海漫免受冲刷，在海漫和防冲槽长度范围内，两岸应做块石护坡，护坡的下面设砂石垫层 15～25cm，防止岸坡内渗水出逸时将土带走；下游翼墙引导过闸水流均匀扩散，并保护两岸免受冲刷。

2. 水闸的两岸连接建筑物

水闸与两岸、堤坝等相连接，必须设置连接建筑物。包括边墩、岸墙、上游及下游翼墙，有时设防渗刺墙。

（1）连接结构的作用如下：

1）挡住两侧填土，维持土坝及两岸的稳定。

2）上游翼墙用于引导水流平顺进闸，下游翼墙使出闸水流均匀扩散。

3）保护两岸或土坝边坡不受过闸水流的冲刷。

4）控制通过闸身两侧的渗流，防止与其相连接的岸坡或土坝产生渗透变形。

5）在软弱地基上设置独立岸墙时，可以减少地基沉降对闸身应力的影响。

（2）闸室与两岸的连接形式。用边墩直接与河岸连接，如图 4.5（a）～（d）所示。

在边墩外侧设置轻型翼墙，由岸墙承担全部土压力。如图 4.5（e）～（h）所示。当闸身较高、地基软弱时采用。

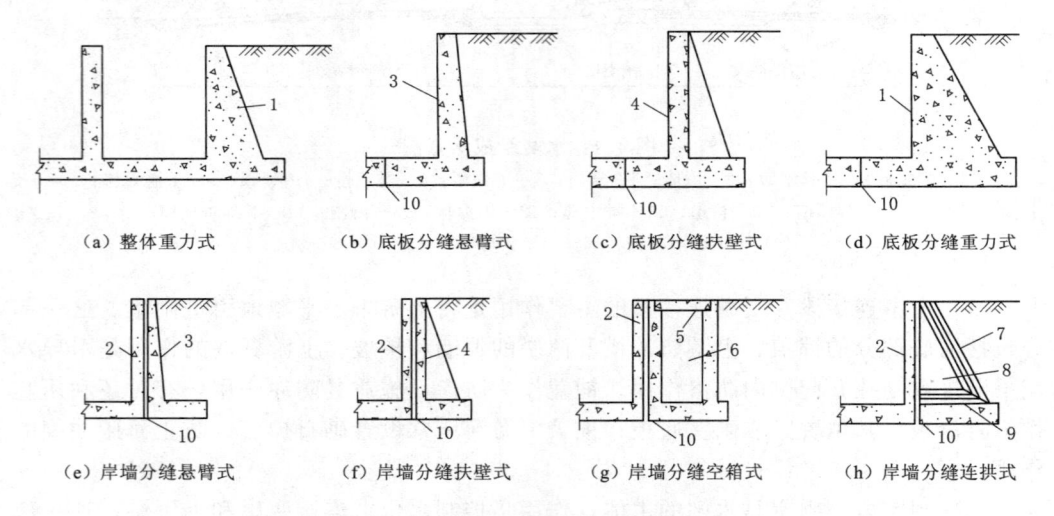

图 4.5 闸室与两岸的连接形式

（a）整体重力式　（b）底板分缝悬臂式　（c）底板分缝扶壁式　（d）底板分缝重力式
（e）岸墙分缝悬臂式　（f）岸墙分缝扶壁式　（g）岸墙分缝空箱式　（h）岸墙分缝连拱式

1—重力式边墩；2—边墩；3—悬臂式边墩或岸墙；4—扶臂式边墩或岸墙；5—顶板；
6—空箱式岸墙；7—连拱板；8—连拱式空箱支墩；9—连拱底板；10—沉降缝

（3）上下游翼墙。

1）圆弧或椭圆弧形翼墙。圆弧或椭圆弧形翼墙如图 4.6（a）所示，从边墩两端开始，用圆弧或 1/4 椭圆弧形直墙插入两岸。一般上游圆弧半径为 20～50m，下游圆弧半径为 30～50m。其优点是水流好；缺点是施工复杂，工程量大。适用于水位差及单宽流量大、地基承载能力较低的大中型水闸。

2）反翼墙。反翼墙如图 4.6（b）所示，翼墙向上下游延伸一定距离后，转 90°

插入两岸,转弯半径一般采用 2~5 m。上游翼墙的收缩角不宜超过 12°~18°,下游翼墙的扩散角一般采用 7°~12°,以免出闸水流脱离边壁,产生回流,挤压主流,冲刷下游河道。优点是水流条件较好,防渗效果好;缺点是工程量大,造价较高,适用于大中型水闸,小型水闸也可采用一字形布置形式。

3)扭曲面翼墙。扭曲面翼墙如图 4.6(c)所示,翼墙的迎水面自闸室连接处开始,由垂直面逐渐变化为倾斜面,直至与河岸同坡度相接。其优点是水流条件好,工程量较小,缺点是施工较麻烦,当墙后填土质量不好时,易产生不均匀沉降,使翼墙产生裂缝,甚至断裂。一般在渠系工程中采用较多。

4)斜降翼墙。斜降翼墙如图 4.6(d)所示,墙在平面上呈八字形,翼墙的高度随着其向上下游方向延伸而逐渐降低,直至与河底相接。其优点是工程量少,施工方便;缺点是防渗效果差,水流易在闸孔附近产生立轴漩涡,冲刷堤岸,常用于小型水闸。

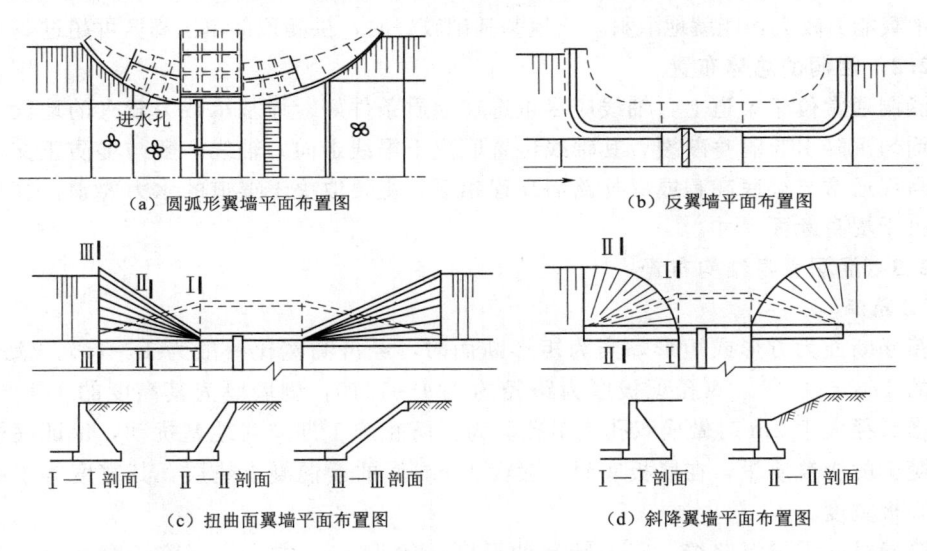

(a)圆弧形翼墙平面布置图　　(b)反翼墙平面布置图

(c)扭曲面翼墙平面布置图　　(d)斜降翼墙平面布置图

图 4.6　翼墙平面布置图

任务 4.1.2　涵　　洞

4.1.2.1　涵洞结构布置形式

在堤防工程建设中,为了使水流顺利穿过堤防不妨碍交通,可利用穿堤涵管连通堤防内外侧,起到灌溉排水的作用。涵管按管道的结构布置形式主要有箱涵、圆管涵、盖板涵及拱涵。

1. 箱涵

箱涵为矩形断面先浇整体式钢筋混凝土结构,其优点为结构承载能力高。流量及孔径较大或内水压力较大时可采用箱涵。

2. 圆管涵

圆管涵为管壁较薄的钢筋混凝土管,主要用于小流量的灌溉排水。由于圆形模板的施工难于平面模板，因此一般很少采用现场浇筑混凝土施工，而是采用预制混凝土管定型产品。预制混凝土管圆管涵的优点是受力条件好，承载能力大，设计施工简单，一般不需要结构设计，可直接根据涵管的设计荷载条件，参照预制混凝土管定型产品的性能指标，选用相应规格的涵管即可。

3. 盖板涵

盖板涵的盖板一般为预制钢筋混凝土结构，侧墙及底板根据洞径及荷载大小，可分别采用浆砌石、素混凝土或钢筋混凝土结构。盖板涵的优点是施工简单，但因盖板为简支结构，因此承载能力相对较低，且防渗条件差，故多用于洞顶填土高度不大的无压涵洞。一般从居民区附近经过的输水暗渠多采用盖板涵洞结构形式。

4. 拱涵

拱涵多为浆砌石结构，也有采用预制素混凝土及钢筋混凝土拱圈的。拱涵的优点是拱圈承载能力较大，能就地取材，当地基基础较好时，拱涵顶部填土高度可超过20m。

4.1.2.2 涵洞的总体布置

涵洞通常位于渠道上，轴线应尽量选在地质条件好、地基承载力较大的地段，以免不均匀沉降引起洞身断裂。其轴线位置取决于渠线走向，轴线一般与堤防正交，进出口高程通常与渠底高程或堤外路面高程相平，主要取决于渠道的水力要素，管身长度取决于堤身断面尺寸。

4.1.2.3 涵洞管身结构布置

1. 箱涵

箱涵断面为方形或矩形，当为矩形断面时，经济高宽比一般为1~1.5。壁厚为跨径的1/8~1/12。双孔顶板厚为跨径的1/9~1/10，侧墙厚为其高度的1/12~1/13，当跨径大于2m时做成双孔或多孔。为了防止施工期间对地基扰动，保证底板钢筋混凝土的浇筑质量，在底板底面一般设10cm厚的素混凝土垫层，其宽度等于或略大于底板宽度。

箱涵纵向需设沉陷缝，每节箱涵的长度一般为10m左右，沉陷缝宽2cm，缝间设止水。箱涵沉陷缝结构如图4.7所示。

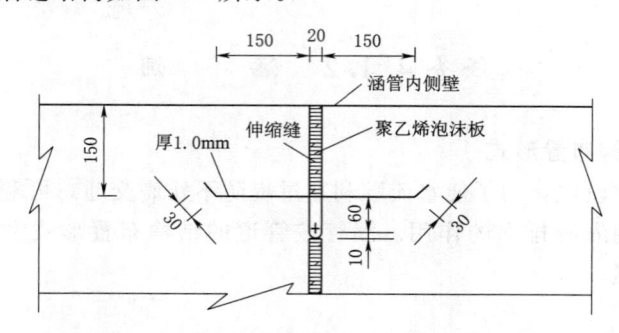

图4.7 箱涵沉陷缝结构图（单位：mm）

2. 圆管涵

圆管涵多为预制钢筋混凝土管，管径一般为0.6m、0.8m、1m、1.2m等。圆形截面的受力条件最好，因此管壁厚度较小。圆管涵需根据地基条件采用相应的基础形式。

(1) 混凝土及浆砌石基础。当地基为较软的土层时，一般采用素混凝土或浆砌石基础，顶部两侧做成八字形斜面，如图 4.8 所示。

(2) 砂砾石垫层基础。当地基为较密实的土层时，可采用砂砾石垫层基础，如图 4.9 所示。

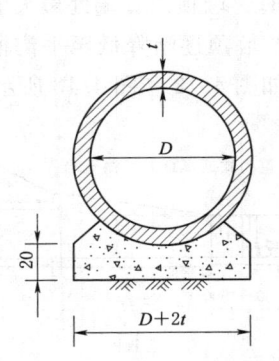

图 4.8 混凝土及浆砌石基础　　图 4.9 砂砾石垫层基础

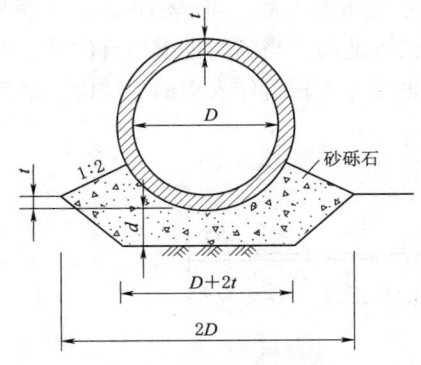

(3) 混凝土平整层。当地基为岩层时，可不做基础，仅在管下铺一层素混凝土垫层，如图 4.10 所示。

3. 盖板涵

盖板涵一般多为单孔，流量较大时也可采用多孔。盖板为预制钢筋混凝土板，简支在侧墙顶部。侧墙为钢筋混凝土及素混凝土结构时，板的支承宽度一般为 15~20cm。侧墙为浆砌石结构时，板的支承宽度可适当加大。盖板端部与墙顶外侧挡板间的缝宽一般为 1~2cm。盖板涵洞纵向分缝的间距一般为 5~10m，沉陷缝宽 2cm，可采用聚乙烯闭孔泡沫板隔缝。单孔盖板涵洞横剖面结构尺寸如图 4.11 所示。

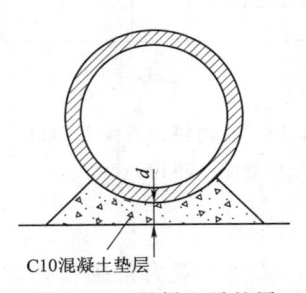

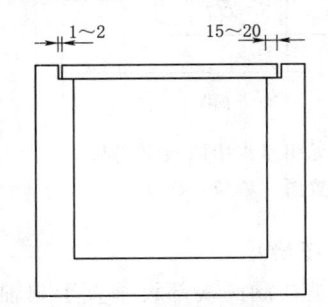

图 4.10 混凝土平整层　　图 4.11 单孔盖板涵洞横剖面结构尺寸图
（单位：cm）

4. 拱涵

拱涵大多为单孔，流量较大时也采用多孔。拱涵洞身宽度一般为 1~3m。拱圈一般采用等截面圆弧拱，拱圈材料有浆砌石、素混凝土或钢筋混凝土等。拱涵纵向分缝间距一般为 5~10m，沉陷缝宽 2cm，可采用聚乙烯闭孔泡沫板隔缝。

4.1.2.4 涵洞进出口连接段布置

涵洞进出口连接段根据涵管类型、河沟断面及地形条件等有多种结构布置形式。

常用的有八字式、端墙（一字墙）、扭曲面式等。

1. 八字式

　　八字式洞口是常用的一种布置形式，由八字形斜降墙组成，墙身一般为浆砌石或素混凝土重力式或半重力式挡墙，平面扩散角一般在30°左右。这种洞口布置结构及施工简单，水流条件平顺。当涵洞进出口无明显沟槽时，墙顶由首端处最大墙高逐渐降低至末端处接近地面。当涵洞进出口有沟槽、渠道时，墙顶逐渐降低至平沟槽顶面后向垂直与沟槽轴线方面转折伸入沟槽边坡内，结构布置如图4.12和图4.13所示。

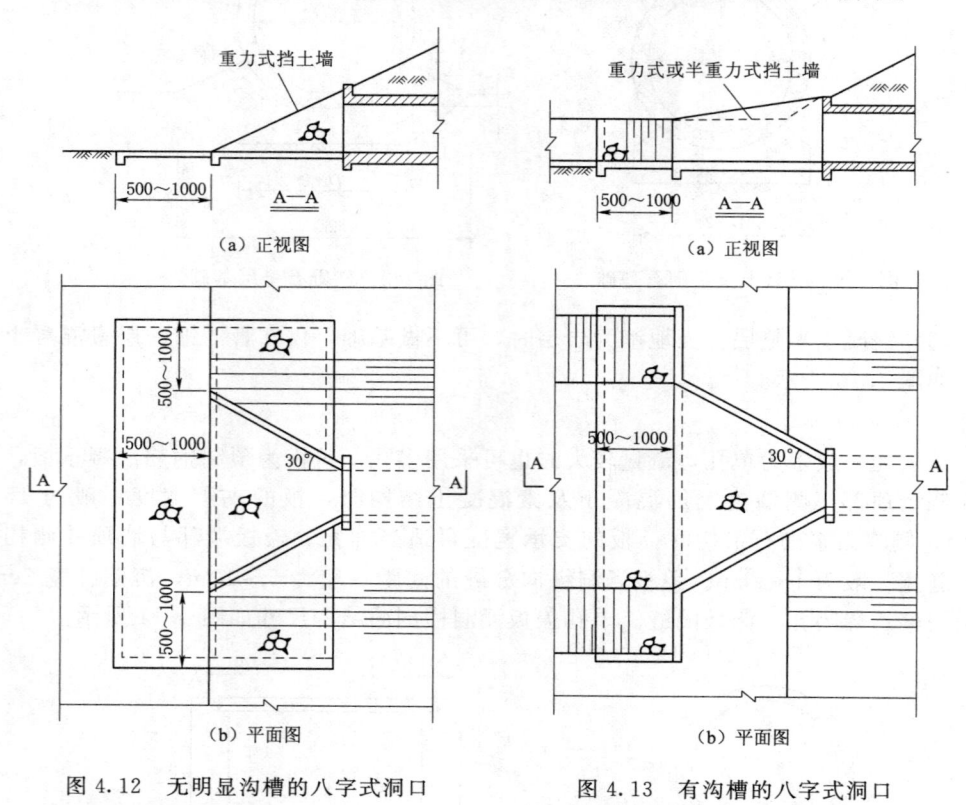

图4.12　无明显沟槽的八字式洞口布置图（单位：cm）

图4.13　有沟槽的八字式洞口布置图（单位：cm）

2. 端墙（一字墙）

　　端墙式洞口是在涵洞端部设垂直于洞轴线的挡墙，墙身一般为浆砌石挡墙或素混凝土重力式（半重力式）挡土墙。这种洞口布置形式简单经济，但水流条件不如八字式洞口好。当涵洞进出口后无明显沟槽时，在端墙外侧以椭圆形锥坡与堤坡相接，结构布置如图4.14所示；当涵洞进出口有沟（渠）槽时，沟槽边坡直接与端墙相接，结构布置如图4.15所示。

3. 扭曲面式

　　扭曲面式洞口常用于有沟（渠）槽的连接段布置，由洞口两侧的扭曲面墙组成，墙身一般采用浆砌石砌筑，由首端墙前为直立的重力式断面逐渐变为末端与沟槽边坡系数相同的护坡式断面，结构形式如图4.16所示。

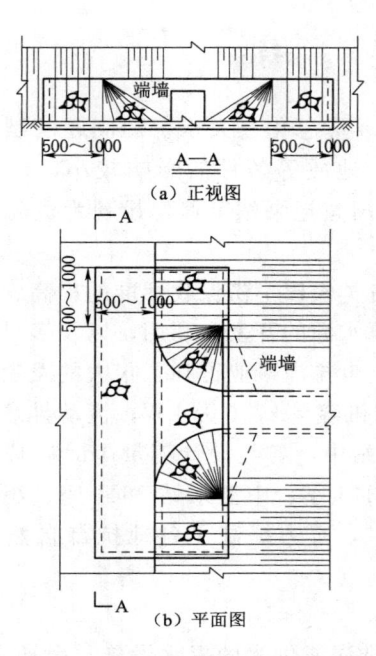

图 4.14 无明显沟槽的端墙式洞口布置图（单位：cm）

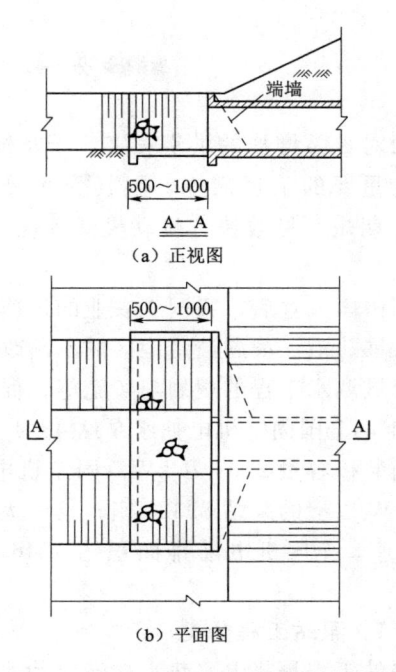

图 4.15 有沟槽的端墙式洞口布置图（单位：cm）

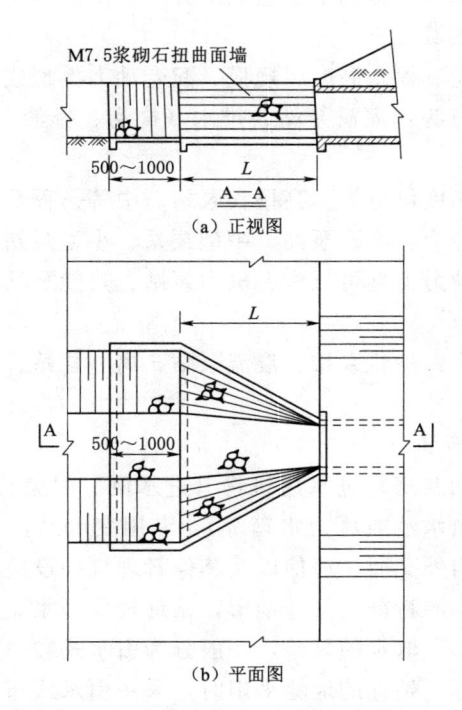

图 4.16 扭曲面式洞口布置图（单位：cm）

任务 4.1.3 泵 站

面对日益增加的洪涝灾害、干旱缺水、水环境恶化三大水资源问题的制约，泵站作为重要的工程措施，因其受水源、地形、地质等条件的影响较小，一次投资省、工期短、见效快、机动灵活等优点，许多国家把泵站工程建设列为优先考虑的重点。

新中国成立后，我国工农业的迅速发展、各类农田旱涝保收标准的提高、灌区的大力发展、沿江滨湖渍涝地区的不断改造、地下水源的开发和利用，以及多目标的大型跨流域调水工程的规划与实施等，促使我国机电排灌事业得到了很大的发展。截至2013年，全国固定机电抽水泵站43.4万座，装机容量2716万kW；流动排灌和喷滴灌设施装机容量2563万kW。固定机电抽水泵站中，各类设计流量1m^3/s或装机容量50kW以上的泵站89328座，其中大型泵站346座、中型泵站3641座、小型泵站85341座。全国机电灌排面积约4246.7万hm^2，有力提高了各地抗御自然灾害的能力。

4.1.3.1 泵站工程分类

泵站工程是将电（热）能转化为水能进行排灌或供水的提水设施。由抽水装置、进出水建筑物、泵房及输配电系统等组成的多功能、多目标的综合水利枢纽，是机电排灌工程的核心，也是水利工程的重要组成部分，广泛应用于农业、工业、城镇供排水及跨流域调水等诸多领域。

泵站工程根据其用途、提水高度、规模、配套动力类型或泵型进行分类。

（1）按泵站用途可分为：灌溉泵站、排水（排涝、排渍）泵站、灌排结合泵站、供水泵站、调水泵站等。

（2）按泵站的提水高度可分为：高扬程泵站、中等扬程泵站、低扬程泵站。

（3）按泵站规模可分为：大型泵站、中型泵站、小型泵站。

（4）按泵站的配套动力类型可分为：电力泵站、热能泵站、水能泵站、风力泵站和太阳能泵站。

（5）按其泵型可分为：轴流泵站、混流泵站、离心泵站、潜水泵站等。

4.1.3.2 泵站枢纽布置

1. 灌溉泵站的枢纽布置

泵站枢纽的组成包括泵房、进水建筑物（进水闸、引渠、前池和进水池等）、出水建筑物（出水管道、出水池或压力水箱等）、专用变电站、其他枢纽建筑物和工程管理用房、职工住房、内外交通、通信以及其他管理维护设施等。它们的组合和布置形式取决于建站目的、水源特征、站址地形、站址地质和水文地质等条件。

从河流（渠道或湖泊）取水的泵站，一般分为引水式和岸边式两种。当水源与灌区控制高程之间距离较远，站址的地势平坦时，采用引水式布置，利用引渠将水从水源引至泵房前，泵房接近灌区，这样可以缩短出水管道的长度。当水源水位变化不大时，可不设进水闸控制。当水源水位变幅较大时，在引渠渠首设进水闸，这样既可控制进水建筑物的水位和流量，又有利于水泵的工作和泵房的防洪。但泵房常处于挖方中，地势较低，影响泵房的通风和散热，如图 4.17 所示。

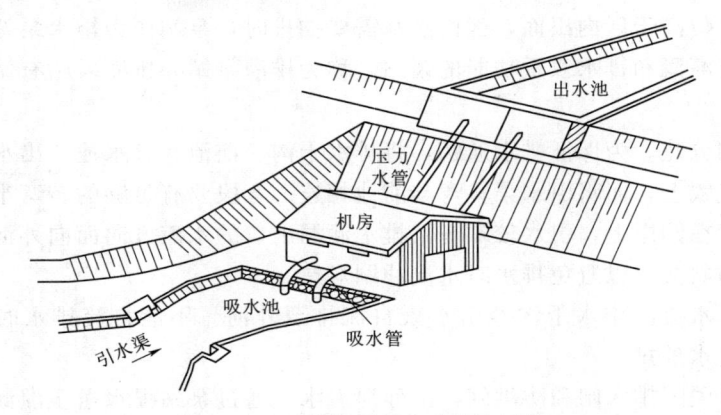

图 4.17　无进水闸引水式取水泵站

当灌区靠近水源，或站址地面坡度较陡时，常采用岸边式布置，即将泵房建在水源的岸边，直接从水源取水。根据泵房与岸边的相对位置，其进水建筑物的前沿有与岸边齐平的，也有稍向水源凸出的。这种布置形式的不足之处是水源水位直接影响到水泵的工作和泵房的防洪，泵房的工程投资较大，如图 4.18 所示。

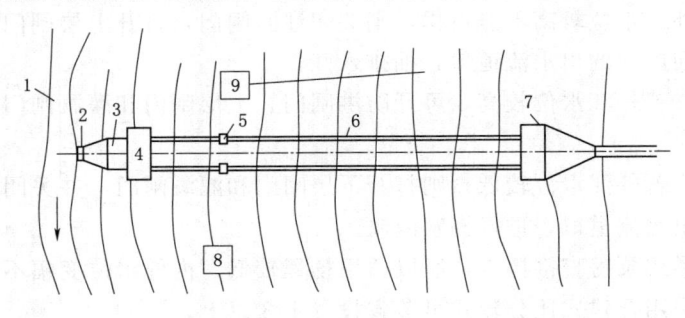

（a）无引渠式

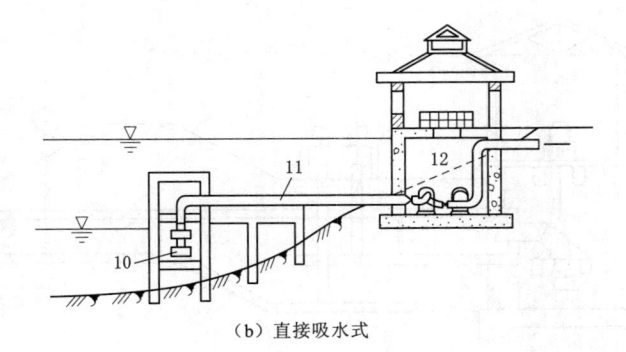

（b）直接吸水式

图 4.18　泵站枢纽布置图

1—河流；2—进水闸；3—前池和进水池；4—泵房；5—镇墩；6—压力水管；7—出水池；
8—管理室；9—变电站；10—取水头部；11—水平吸水管；12—泵房

2. 灌排结合泵站的枢纽布置

当外河水位低于灌区内田面，作物需要灌溉时，泵站作为灌溉泵站进行提水灌溉；当外河水位高于区内田面，区内涝水需要抽排时，泵站作为排水泵站将水排至外河，这种兼有灌溉和排水双重功能的泵站，称为排灌泵站。排灌泵站有站闸分建与站闸合建两类。

（1）站闸分建。为保证排水通畅，将排水干沟、前池、进水池、出水池和排水涵闸布置在一直线上，而将引水渠转弯与前池相连。弯段要有足够的转弯半径。引水渠的取水口布置在凹岸上，引水较顺畅。排水涵洞出口的水流方向面向外河下游，且与外河水流方向斜交，以避免排水时水流冲刷对岸。

排水时，水流由排水干沟经引水渠自流排至外河。不能自流排水时，关闭进水闸，由泵站提水外排。

灌溉时，关闭排水闸和防洪闸，由外河引水，通过泵站提水送至灌溉干渠。当上述两种扬程相差较大时，则应考虑建两个出水池。高池灌溉，低池排涝。

（2）站闸合建。图4.19是站闸合建的布置形式。该站采用双向流道，泵房最下层既是进水流道，又是引水或排水的涵洞，进水流道顶板面上是出水流道。

自排：如外江水位较低，可以关闭上层闸门、打开下层闸门，内河水则可自流排入外江。

电排：若外江水位较高不能自排，则关闭灌溉闸门，打开上层闸门，并关闭下层闸门，封闭通向内河的出水流道口，抽排入江。

自流灌溉：若外江水位较高，可开防洪闸门、上层闸门和灌溉闸门，关闭下层闸门，引江自灌。

提水灌溉：若外江水位较低，则打开下层闸门和灌溉闸门，并关闭上层闸门，封闭通向外江的出水流道口，进行提水灌溉。

这种布置形式泵房直接挡水，所以适用扬程较低、内外水位变幅不大的场合。根据经济比较，采用合建式比分建式可节省投资1/3以上。

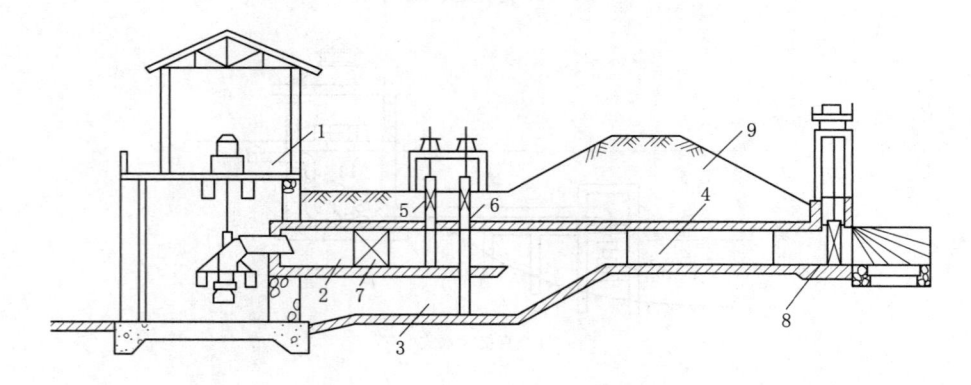

图4.19 站闸合建的布置形式
1—泵房；2—压力水箱；3—底洞；4—压力涵洞；5—上层闸门；
6—下层闸门；7—灌溉闸门；8—防洪闸门；9—防洪堤

3. 排水泵站的枢纽布置

为满足自流排水要求，排水泵站枢纽通常由自排和抽排两种排水系统组成。按照自流排水建筑物和泵房的关系，常见布置方式如下。

(1) 分建式。图 4.20 是分建式的排水泵站建筑物布置的一种形式。特点是自流排水闸与泵房分开建筑。需要自流排水时，涝（渍）水由排水渠经自流排水闸流入容泄区；需要泵站排水时，涝（渍）水通过提排系统泵房、出水池（压力水箱）、防洪闸，最后排至容泄区。这种布置形式的优点是可以充分利用原有围堤上的涵洞，在修建了泵站后继续发挥它们的排水作用。

图 4.20（a）为正向进水、正向出水的布置形式，水泵进水和出水的水流条件均较好。当机组台数较多，受地形地质条件的限制，采用正向进水、正向出水布置有困难时，可采用侧向进水、侧向出水的布置形式，如图 4.20（b）所示。

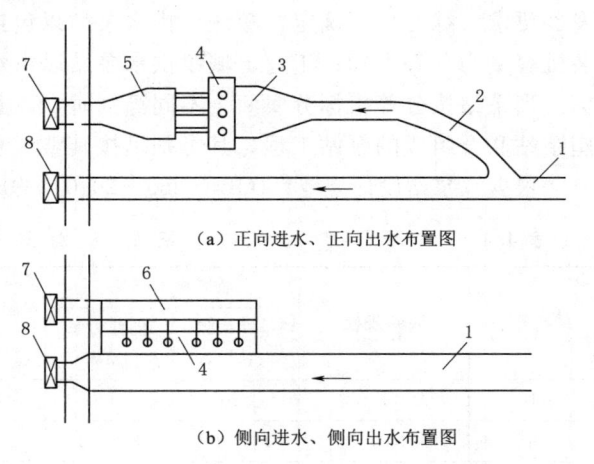

图 4.20　分建式的排水泵站
1—自流排水渠；2—引水渠；3—前池；4—泵房；5—出水池；6—压力水箱；7—防洪闸；8—自排闸

(2) 合建式。图 4.21 是合建式的排水泵站建筑物布置的一种形式。特点是排水闸和泵房合建在一起，布置紧凑，投资较省。当内河水位高于外河时，开闸排水；当外河水位高于内河时，关闸开机排水。

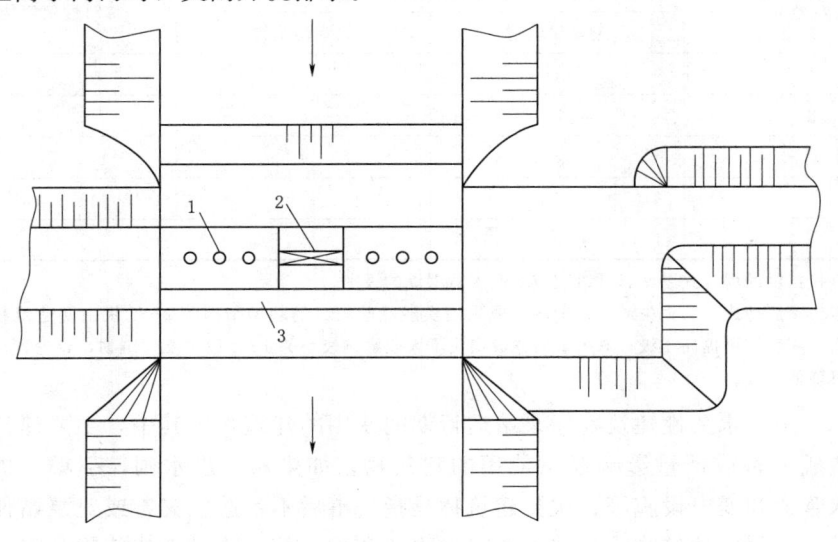

图 4.21　合建式的排水泵站
1—泵房；2—自排闸；3—交通桥

4.1.3.3 泵站等级划分

1. 工程等别

泵站的规模，根据流域或地区规划所规定的任务，以近期目标为主，并考虑远景发展要求，综合分析确定。灌溉、排水泵站以包括备用机组在内的单站总设计流量和装机容量为分等指标；工业、城镇供水泵站以供水对象、供水规模和重要性为分等指标。当泵站按分等指标分属两个不同等别时，以其中的高等别为准。对于由多级或多座泵站联合组成的泵站工程，其等别可按其整个系统的分等指标确定。

根据《泵站设计规范》（GB 50265—2010）的规定，泵站可分为以下 5 级，见表 4.4。

表 4.4　　　　　　　　　　泵站等别划分

泵站等别	泵站规模	灌溉排水泵站 设计流量 /(m^3/s)	灌溉排水泵站 装机功率 /MW	工业、城镇供水泵站	主要建筑物	次要建筑物
Ⅰ	大（1）型	≥200	≥30	特别重要	1	3
Ⅱ	大（2）型	200~50	30~10	重要	2	3
Ⅲ	中型	50~10	10~1	中等	3	4
Ⅳ	小（1）型	10~2	1~0.1	一般	4	5
Ⅴ	小（2）型	<2	<0.1	—	5	5

2. 建筑物级别

泵站各建筑物的级别，根据泵站等别及建筑物在泵站中的作用和重要性，按表 4.5 确定。

表 4.5　　　　　　　　　　泵站建筑物级别划分

泵站等别	永久性建筑物级别 主要建筑物	永久性建筑物级别 次要建筑物	临时性建筑物级别
Ⅰ	1	3	4
Ⅱ	2	3	4
Ⅲ	3	4	5
Ⅳ	4	5	5
Ⅴ	5	5	—

注　1. 直接挡洪的堤身式泵站，其级别应不低于防洪堤的级别。
　　2. 对失事后造成巨大损失或严重影响，或采用实践经验较少的新型结构的 2~5 级主要建筑物，经论证后，其级别可提高 1 级；对失事后造成损失不大或影响较小的 1~4 级主要建筑物，经论证后，其级别可降低 1 级。

表 4.5 中，永久性建筑物指泵站运行期间使用的建筑物。其中，主要建筑物是指失事后造成灾害或严重影响泵站使用的建筑物，如泵房、进水闸、引渠、进、出水池、出水管道和变电设施等；次要建筑物是指失事后不致造成灾害或对泵站使用影响不大并易于修复的建筑物，如挡土墙、导水墙和护岸等。临时性建筑物是指泵站施工期间使用的建筑物，如导流建筑物、围堰等。

3. 防洪标准

泵站建筑物防洪标准应按表 4.6、表 4.7 确定。对于修建在河流、湖泊或平原水库边的堤身式泵站，其建筑物防洪标准不应低于堤坝现有防洪标准。平原、滨海区的泵站，校核防洪标准可视具体情况和需要研究确定。

表 4.6　　　　　　　　　　　泵站建筑物防洪标准

泵站建筑物级别	洪水重现期/年		泵站建筑物级别	洪水重现期/年	
	设计	校核		设计	校核
1	100	300	4	20	50
2	50	200	5	10	30
3	30	100			

表 4.7　　　　　　　　　受潮汐影响泵站建筑物的防洪标准

建筑物级别	1	2	3	4	5
防潮标准重现期/年	100	50	50～30	30～20	20

【综合练习】

一、单选题

1. 水闸是一种具有（　　）的低水头水工建筑物。
  A. 挡水作用　　　　　　　　B. 泄水作用
  C. 挡水与泄水双重作用　　　D. 前述三者都不是

2. 枯水期用以拦截水流、抬高水位，以满足上游取水或航运要求；洪水期则开闸泄洪控制下泄流量的水闸是（　　）。
  A. 节制闸　　B. 排水闸　　C. 分洪闸　　D. 挡潮闸

3. 当水闸的闸孔孔数（　　）时，宜采用单数孔，以利于对称开启闸门。
  A. 少于 6 孔　　B. 多于 6 孔　　C. 少于 8 孔　　D. 多于周孔

4. 当出闸水流不能均匀扩散时，闸后易出现的水流状态是（　　）。
  A. 对冲水流　　B. 折冲水流　　C. 波状水跃　　D. 淹没式水跃

5. 对地基不均匀适应性强的闸底板形式是（　　）。
  A. 低实用堰底板　　　　　　B. 整体式底板
  C. 分离式底板　　　　　　　D. 上述都不是

二、多选题

1. 渗流对水闸造成的不利影响有（　　）。
  A. 水量损失　　B. 渗透变形　　C. 沉降　　D. 滑动破坏

2. 水闸闸室底板的作用是（　　）。
  A. 抗滑　　B. 防渗　　C. 防冲　　D. 承载

3. 地下轮廓线是指（　　）等不透水部分与地基的接触线。
  A. 铺盖　　B. 闸室底板　　C. 板桩　　D. 海漫

4. 为提高闸室的抗滑稳定性，下列可以采取的工程措施是（　　）。

A. 将闸门位置移向高水位一侧，以增加水的重量
B. 增加闸室底板的齿墙深度
C. 适当增大闸室结构尺寸
D. 增加铺盖长度

5. 两岸连接建筑物作用是（　　）。

A. 挡土　　　　　　　　　　B. 引导水流平顺进闸
C. 防冲　　　　　　　　　　D. 防渗

三、简答题

1. 泵站工程按其用途分有哪些类型？应用在哪些地方？
2. 泵站枢纽由哪些建筑物组成？各有何功能和作用？
3. 灌溉泵站选择站址应遵循哪些原则？
4. 灌溉泵站枢纽布置有哪几种形式？选定某种形式取决于哪些因素？
5. 排水泵站选择站址应遵循哪些原则？与灌溉泵站站址选择有哪些异、同点？
6. 进、出水建筑物包括哪几部分？各自的作用是什么？

项目 4.2　涵闸抢险技术

任务 4.2.1　闸（站）渗漏或管涌

4.2.1.1　闸（站）基础渗漏或管涌

1. 险情说明

闸（站）地下轮廓渗径不足、渗流比降大于地基土允许比降，可能产生渗水破坏，形成冲蚀通道；或者地基表层为弱透水薄层，其下埋藏有强透水砂层，承压水与外水相通，当闸（站）下游出逸渗透比降大于土壤允许渗透比降时，也可能发生流土或管涌，危及闸（站）安全。

2. 险情分级标准

针对闸（站）基础渗漏或管涌险情，选取渗漏或管涌险情状况和外水位为研判参数，将险情按严重程度分为一般、较大和重大三级，作为抢险方式选择的重要判别依据，参数由现场观测确定。

3. 险情严重程度判别

闸（站）基础渗漏或管涌险情严重程度判别见表 4.8。

表 4.8　　　　闸（站）基础渗漏或管涌险情严重程度判别表

险情严重程度	渗漏或管涌险情状况	外水位情况
一般险情	闸（站）基础下游有少量清水渗漏	低于警戒水位/低于汛限水位
较大险情	闸（站）基础下游渗漏量较大，偶尔有浑水渗漏，涌水夹沙量小于 0.2kg/L	超警戒水位（<1m）/超汛限水位（<1m）
重大险情	闸（站）基础下游出现浑水管涌和翻砂现象，涌水夹沙量大于 0.2kg/L	超警戒水位（≥1m）/超汛限水位（≥1m）

4. 抢护方法及原则

抢护原则是"上游截渗、下游导渗"和"蓄水平压，减小水位差"。

（1）闸上游落淤阻渗。先关闭闸门，在渗漏进口处用船载黏土袋，由潜水员下水填堵进口或在闸前抛黏土袋，再抛撒黏土落淤阻渗。

（2）闸下游管涌或冒水冒砂区修筑反滤围井。方法是清除地面杂物并挖除软泥，用土袋分层错缝围成井状，井内分层铺设反滤料（如砂石、梢料等），在适当高度设排水管排水。

（3）下游围堤蓄水平压，修筑背水月堤。方法是在背河堤脚出险范围外用土或土袋抢筑月堤，积蓄漏水，抬高水位反压，制止涌水带出砂粒，在适当高度设排水管排水。

反滤围井和蓄水平压的操作要点可参考任务 3.2.2 的管涌险情抢护方法。

4.2.1.2 与堤坝结合部接触冲刷险情抢护

接触冲刷险情发生在有穿堤建筑物的地方或土料层间系数大的堤段。由于穿堤建筑物多为刚性结构，在汛期高水位持续作用下，其与土堤的结合部位，极有可能产生位移滑开，使水沿缝渗漏，形成接触冲刷险情。尤其是一些穿堤建筑物直接坐落在砂基上，其接触面渗水给建筑物安全带来极大的影响。

1. 险情产生的原因

（1）管道周围填土不密实，沿管壁与堤（坝）身土体接触面形成集中渗流，严重时在涵管周边形成流水通道。

（2）建筑物与土体结合部位有生物活动。

（3）止水齿墙（槽、环）失效。

（4）堤（坝）身不均匀沉陷，造成涵管接头开裂或管道断裂变形。

（5）超设计水位的洪水作用。

（6）穿堤建筑物的变形引起结合部位不密实或破坏。

（7）土堤直接修建在卵石堤基上。

（8）堤基土中层间系数太大的地方，如粉沙与卵石间也易产生接触冲刷。该类险情可以结合管涌险情来考虑，这里仅讨论穿堤建筑物的接触冲刷险情。

（9）铸铁管或钢管管壁锈蚀穿孔，漏水沿管壁冲蚀堤（坝）身土体，同时在管内负压水流吸力作用下，将空洞周围的土体吸入管内随水流带走，造成堤（坝）身塌陷。

2. 险情判别

汛期穿堤建筑物处均应有专人把守，同时新建的一些穿堤建筑物应设有安全监测点，如测压管和渗压计等。汛期只要加强观测，及时分析堤身、堤基渗透压力变化，即可分析判定是否有接触冲刷险情发生。没有设置安全监测设施的穿堤建筑物，可以从以下几个方面加以分析判别：

（1）查看建筑物背水侧渠道内水位的变化，也可做一些水位标志进行观测，帮助判别是否产生接触冲刷。

（2）查看堤背水侧渠道水是否浑浊，并判定浑水是从何处流进的，仔细检查各接触带出口处是否有浑水流出。

（3）建筑物轮廓线周边与土结合部位处于水下，可能在水面产生冒泡或浑水，应仔细观察，必要时可进行人工探摸。

（4）接触带位于水上部分，在结合缝处（如八字墙与土体结合缝）有水渗出，说明墙与土体间产生了接触冲刷，应及早处理。

（5）涵管轴线部位上方土体出现塌陷。

3. 处理原则

建筑物与堤身、堤基接触带产生接触冲刷，险情发展很快，直接危及建筑物与堤防的安全，所以抢险时，应抢早抢小，一气呵成。

穿堤管线与堤防结合部发生渗水时，应按"临水封堵、中间截渗、背水导渗"原则进行抢修。抢修时立即关闭穿堤管道进口阀门，采用速凝浆液或高分子化合物充填，快速截渗。

对于虹吸管等输水管道，发现险情应立即关闭进口阀门，排除管内积水，以利观测险情；对于没有安全阀门装置的涵管，洪水到来前要拆除活动管节，用同管径的钢盖板加橡皮垫圈严密封堵涵管进口。基础与建筑物接触部位产生冲刷破坏时，应抬高堤内渠道水位，减小冲刷水流流速。对可能产生建筑物塌陷的，应在堤临水面修筑挡水围堰或重新筑堤等。

4. 抢险方法

接触冲刷险情可以根据具体情况采用以下几种处理技术。

（1）临水堵截。

1）抛填黏土截渗。

a. 适用范围。临水不太深，风浪不大，附近有黏土料，且取土容易，运输方便。由于穿堤建筑物进水口在汛期伸入江河中较远，在抛填黏土时需要的土方量大，为此，要充分备料，抢险时最好能采用机械运输，及时抢护。

b. 坡面清理。黏土抛填前，应清理建筑物两侧临水坡面，将杂草、树木等清除，以使抛填黏土能较好地与临水坡面接触，提高黏土抛填效果。

c. 抛填尺寸。沿建筑物与堤身、堤基结合部抛填，高度以超出水面1m左右为宜，顶宽2～3m。

d. 抛填顺序。一般是从建筑物两侧临水坡开始抛填，依次向建筑物进水口方向抛填，最终形成封闭的防渗黏土斜墙。

2）临水围堰。临水侧有滩地，水流流速不大，而接触冲刷险情又很严重时，可在临水侧抢筑围堰，截断进水，达到制止接触冲刷的目的。穿堤涵闸发生损坏时，应及时关闭闸门，停止过水，抢筑临水围堰一定要绕过建筑物两端，将建筑物与堤防结合部位围在其中，围堰顶部超出临水侧水位约1m，围堰填筑应根据水深、流速等条件采用土袋或散土等方法，临水坡应采取防冲措施，新筑围堰应与原堤防结合紧密。可从建筑物两侧堤顶开始进占抢筑围堰，最后在水中合龙；也可用船连接圆形浮桥进行抛填，加大施工进度，及时抢护。

在临水截渗时，靠近建筑物侧墙和涵管附近不要用土袋抛填，以免产生集中渗漏，切莫乱抛块石或块状物，以免架空，达不到截渗目的。

(2) 堤背水侧导渗。

1) 反滤围井。当堤内渠道水不深时（小于 2.5m），在接触冲刷水流出口处修筑反滤围井，将出口围住并蓄水，再按反滤层要求填充反滤料。为防止因水位抬高，引起新的险情发生，可以调整围井内水位，直至最佳状态为止，即让水顺利排出而不带走沙土。具体方法见任务 3.2.2 管涌抢护方法中的反滤围井。

2) 围堰蓄水反压。在建筑物出口处修筑较大的围堰，将整个穿堤建筑物的下游出口围在其中，然后蓄水反压，达到控制险情的目的。其原理和方法与抢护管涵险情的蓄水反压相同。

在堤背水侧反滤导渗时，切忌用不透水料堵塞，以免引起新的险情。在堤背水侧蓄水反压时，水位不能抬得过高，以免引起围堰倒塌或周围产生新的险情。同时，由于水位高、水压大，围堰要有足够的强度，以免造成围堰倒塌而出现溃口性险情。

(3) 筑堤。当穿堤建筑物已发生严重的接触冲刷险情而无有效抢护措施时，可在堤临水侧或堤背水侧筑新堤封闭，汛后做彻底处理。具体方法如下。

1) 方案确定。首先应考虑抢险预案措施，根据地形、水情、人力、物力、抢护工程量及机械化作业情况，确定是筑临水围堤还是背水围堤。考虑施工难度，一般采取在堤背水侧抢筑新堤。

2) 筑堤线路确定。根据河流流速、滩地的宽窄情况及堤内地形情况确定筑堤线路，同时根据工程量大小以及是否来得及抢护确定筑堤的长短。

3) 筑堤清基要求。确定筑堤方案和线路后，筑堤范围随即确定。首先应清除筑堤范围内的杂草、淤泥等，特别是新、老堤结合部位应清理彻底。否则一旦新堤挡水，造成结合部集中渗漏，将会引起新的险情发生。

4) 筑堤填土要求。一般选用含砂少的壤土或黏土，严格控制填土的含水量、压实度，使填土充分夯实或压实，填筑要求可参考有关堤防填筑标准。

(4) 压力灌浆截渗。在沿管壁周围集中渗流的情况下，可采用压力灌浆措施，堵塞管壁四周孔隙或空洞，浆液用黏土浆或加 10%~15% 的水泥，灌浆浆液宜先浓后稀，为加速凝结提高阻渗效果，浆内可适量加水玻璃或氧化钙等。

(5) 管内防渗补强。对于内径大于 0.7m 的管道，可派抢修人员进入管内，用沥青或桐油麻丝、快凝水泥砂浆或环氧砂浆将管壁上的孔洞和接头裂缝紧密填塞。

(6) 更换涵管。小型泵站出水管出现漏水现象时，可进行涵管更换处理。小管径套管法主要适用于原涵管管径较大且顺直的情况。在原输水管内，套一根小于原涵管的管材（应满足过流要求），采取"前拉后推"方法将管材套入原涵管中。套管后，在原管与套管之间的空隙灌注水泥浆，涵管进口段做好防渗措施，出口段填筑反滤料，以利导渗。

【案例分析】

案例1：某水闸渗漏险情抢护

1. 水闸概况

某水闸主要功能是挡潮与排涝，水闸为单孔，净宽3.5m，设计最大排涝流量为35m³/s，属小型水闸。闸底高程为2.00m（吴淞高程，下同），交通桥高程为8.50m。水闸设计高潮位重现期为20年一遇，相应的高潮位6.60m。闸基地质较差，属软基础，闸室基础采用钻孔灌注桩，上下游连接段采用松木桩处理。闸室部分为钢筋混凝土结构，上下游连接段为浆砌石结构。该闸于1997年7月18日完工交付运行，已运行近20年。

2. 水闸出险及抢险过程

2016年7月1日14时左右，水闸上游左岸闸堤连接处堤防背水坡发生塌陷。

经现场查看采取以下举措：一是在现场采取临时交通管制，禁止车辆、人员等从水闸交通桥通行，并设置简易阻拦设施及安全警示牌；二是立即组织相关人员，调用挖掘机在水闸上游河道约30.0m处筑简易围堰以防止险情进一步扩大；三是对现场实行24h值班管理；四是商定相关各方于7月2日下午待潮水退去到现场勘查后再确定应急抢险方案。21时左右上游围堰基本合龙。

7月2日14时，各方在低潮位时发现上游塌陷处水流出水口位于底板下方，水闸底板下部局部已被淘空，管理局当即决定在围堰上下游两侧增设松木桩，对水闸两侧堤顶路面的简易阻拦设施与安全警示牌予以完善，并采取车辆行人绕行相关措施。7月4日9时，召水闸绕闸渗流应急处理讨论会，形成应急抢险初步方案。

一是先行出具应急处置方案；二是要求及时做好相关防汛应急物资和设施准备工作；三是要求相关各方立即再去现场进一步深入核查险情，为下步处置措施提供决策依据；四是做好水闸周边河网沟通情况核查及必要的疏浚，确保水闸停运期间周边区域排涝安全，并与当地乡镇做好水闸应急处置安排、临时交通管制等相关沟通工作的对接；五是加强各自辖区内类似水闸的深入排查，举一反三，防止类似事件发生。

7月4日14时，在下游设置小围堰，采取多台大功率水泵同时抽水，排空余水，经检查，底板完整情况良好。根据实际情况制定了临时应急加固方案：一是底板与上游铺盖、下游消力池连接脱落处（缝隙长4.0m、宽0.1m）灌注掺入速凝剂混凝土；二是水闸两侧堤防掏空处先用挖掘机把杂土等挖掉，再用黄土、黏土压实回填。

7月5日下午，按临时应急加固方案完成施工任务。本次抢险在底板与上游铺盖、下游消力池连接脱落处灌注掺入速凝剂混凝土5.0m³，水闸两侧堤防掏空处开挖（清理）土方934.8m³，外购黄土回填474.8m³，利用原开挖土回填347.5m³，弃土外运587.3m³。通过以上举措，基本上堵住绕闸渗流通道，也对水闸的结构稳定和水闸应急运行起到很大作用。经各方现场检查验收，确认水闸绕闸渗流抢险成功。不久，水闸投入应急排涝，整体运行平稳。

3. 水闸出险成因分析

（1）施工质量欠佳。均质土堤回填料一般宜采用黏性土，且水闸与堤防连接处需要采用质量更好的黏性土回填。现场检查发现，堤防填筑料为土石混合料，土石混合料的透水性大，若级配不均匀，土颗粒极易被水流带走，因此从塌方处看到较多的碎石，不完全为黏土，达不到预期的防渗效果，这种情况使水闸两侧的侧向防渗功能大大折减，比较容易形成绕闸渗流。同时由于堤身的填筑料质量不佳，含有渗透性较大的土料，极易产生接触渗透破坏，水流通过闸室与堤身填筑料的接触表面渗漏，长时间形成渗漏通道，掏空堤身及闸室底板下的土体，最终形成渗漏破坏。

（2）不均匀沉降。闸室与上游铺盖、下游消力池之间均存在不均匀沉降，闸室段地基采用钻孔灌注桩处理，沉降量相对较小，而上游铺盖段和下游消力池段未进行基础处理，沉降量较大，产生沉降差，致使止水断裂，同时沉降差导致铺盖底板、消力池底板和闸室底板脱离，实际渗径仅只有闸室段，水闸的渗径变短，在长时间渗水作用下，土体颗粒被带走，形成渗透通道，进而将闸室底板与消力池底板缝隙间的土体掏空。

（3）原设计不足。从水闸竣工图可以看出，水闸闸室段未设置防渗刺墙，使水闸渗径有所减少。特别是当闸室段与上游铺盖和下游消力池脱离后，渗径长度大大减少，渗水直接沿着闸室边缘渗漏，进而将土体带走、掏空，造成严重的破坏。若闸室两侧均设置刺墙，则可以延长渗径，减轻绕渗带来的破坏。上下游连接段挡墙结构为浆砌石挡墙，不能起到防渗作用。

案例2：某电排站渗漏险情抢护

1. 基本情况

电排站前池发生泡泉险情。

2. 出险过程

电排站工作人员因工作需要对前池进行抽水，前池水位下降后，水面出现翻滚气泡，冒气泡处水体越来越浑浊，并逐渐变黄。

3. 出险原因分析

经分析，发生险情的原因有两种：①电排站穿堤涵管存在接触渗漏；②汛期外河处于高水位，前池水位下降后，堤防内外侧水头差增大，渗透坡降随即增大，当渗透坡降超过堤基土层允许坡降后，随即发生渗透破坏，堤基形成渗透通道，土层细颗粒被带出，在前池渗流出口处发生泡泉。经与当地村民了解，电排站在往年运行过程中未出现过此现象，且经查阅资料以往并未有接触渗漏的险情记载，故可排除此为接触渗漏险情。

4. 抢护措施及效果

在确定此险情为泡泉险情后，按照"反滤导渗，充水减压"的原则抢护险情：一方面，采用袋装砂卵石将泉眼围起来，并往里铺填约30cm砂卵石；另一方面，打开闸门，对前池进行充水，减小堤内外水头差，降低渗透坡降。约3小时后，泉眼处水面气泡逐渐变小，水体颜色与周边无明显色差，险情得以成功处置。

任务4.2.2 失稳险情抢护

4.2.2.1 险情判断

水闸基础失稳，可能发生水闸向下游滑动的险情。

4.2.2.2 出险原因

修建在软基上浮筏式结构的开敞式水闸，主要靠自重及其上部荷载在闸底板与土基之间产生的摩阻力维持其抗滑稳定，由于下列原因，可能使水闸产生向下游滑动失稳的险情。

（1）上游挡水位超过设计挡水位，使水平水压力增加，同时渗透压力和浮托力增大，从而使水平方向的滑动力超过抗滑摩阻力。

（2）防渗、止水设施破坏，使渗径变短，造成地基土壤渗透破坏甚至冲蚀，地基摩阻力降低。

（3）其他附加荷载超过原设计限值，如地震力等。

4.2.2.3 抢险原则

增加摩阻力、减小滑动力。

4.2.2.4 抢险方法

（1）增加摩阻力：适用于平面缓慢滑动险情的抢险。在闸墩等部位堆放块石、土袋或钢铁等重物，注意加载不得超过地基承载力；堆放重物，应考虑留出必要的通道；不要在闸室内抛物增重，以免压坏闸底板或损坏闸门构件；险情解除后，应及时卸载，并进行加固处理。

（2）下游堆重阻滑：适用于圆弧滑动和混合滑动两种险情抢护。在可能出现的滑动面下端，堆放土袋、块石等重物，防止水闸滑动。重物堆放位置及数量由阻滑稳定计算确定。

（3）下游蓄水平压：在水闸下游一定范围内用土袋或土筑成围堤，充分壅高水位，减小上下游水头差，以减小水平推力。围堤高度应根据允许的水头差所需壅水高度而定，在靠近控制水位高程处设排水管。当水闸下游渠道上建有节制闸且距离较近时，可关闸壅高水位，也可起到同样作用，但必须加强对围堤和渠堤的防护。

（4）圈堤围堵：一般适用于闸前有较宽滩地的情况，可修筑围堤挡御洪水，围堤高度大致与水闸两侧堤防高度相同。圈堤临河侧可堆筑土袋，背水侧填筑土戗；或两侧均堆筑土袋，中间填土夯实。

任务 4.2.3 漫溢险情抢护

涵洞式水闸埋设于堤内，防漫溢措施与堤坝的防漫溢措施基本相同，本节主要是对开敞式水闸的防漫溢处理。

4.2.3.1 险情判断

水闸漫溢是指洪水持续上涨逼近闸门或胸墙顶部，河水将漫顶而过的现象。

4.2.3.2 漫溢原因

设计防洪标准偏低、河床淤积抬高水位，遭遇超标准洪水或闸门启闭失灵，洪水位超过闸门或胸墙顶高程，如不及时采取防护措施，洪水会漫过门顶或胸墙跌入闸室，危及闸身安全。

4.2.3.3 抢险原则

在闸门或胸墙顶部采取临时加高加固措施,避免漫溢险情发生。

4.2.3.4 抢险技术

1. 无胸墙的开敞式水闸

如闸孔跨度不大,可焊接一平面钢架,其网格不大于 0.3m×0.3m,用门机或临时吊具将钢架吊入闸门槽内,放置于关闭的工作闸门顶上,紧靠门槽下游侧,然后在钢架前部的闸门顶部,分层铺放土袋。临水侧放置土工膜或篷布挡水,宽度不足,可以搭接,搭接长度不小于 0.2m,亦可用 2～4cm 厚的木板,严密拼接靠在钢架上,在木板前放一排土袋作前戗,压紧木板防止漂浮。

2. 有胸墙开敞式水闸

利用闸前工作桥在胸墙顶部堆放土袋,临水面压放土工膜或篷布挡水,堆放的土袋应与两侧堤防衔接,共同挡御洪水。也可采取在胸墙顶与启闭台的梁之间砌砖,上游面用砂浆抹面,并将大梁至墙顶空间封死以挡水。如洪水位超过顶高,应考虑抢筑围堤挡水,以保证闸的安全。

任务 4.2.4 裂缝或止水破坏险情

4.2.4.1 险情判断

裂缝或止水破坏险情是指建筑物混凝土结构出现开裂,或伸缩缝止水破损失效的现象,通常会使工程结构受力状况恶化和工程整体性受损,并对建筑物稳定、强度、防渗能力等产生不利影响。

4.2.4.2 原因分析

产生混凝土裂缝或止水破坏的主要原因有:建筑物超载或受力分布不均,使工程结构应力超过设计安全值;地基承载力不均或地基土体遭受渗透破坏,地基发生不均匀沉陷;地震、爆破等因素使建筑物震动造成断裂、错动或地基液化、显著下沉。

4.2.4.3 抢险原则

填缝堵漏补强,恢复原有功能。

4.2.4.4 抢险方法

(1)涵闸外部裂缝的处理方法主要有:表面处理、内部灌浆处理、凿槽补强加固处理。

1)表面处理。采取的处理方法如下:

a. 表面涂抹,即用水泥浆、水泥砂浆、防水快凝砂浆、环氧基液及环氧砂浆等涂抹在裂缝部位的混凝土表面。表面涂抹处理只能用于非流水表面的堵缝截漏。

b. 表面粘补,即用胶黏剂把橡皮或其他材料粘贴在裂缝部位的混凝土表面上,达到封闭裂缝、防渗堵漏的目的。表面粘补主要用于修理对水工建筑物强度没有影响的裂缝,尤其用在修补伸缩缝及温度缝上。

2)内部灌浆处理。一般采用钻孔灌浆方法。对于浅缝和某些仅需防渗堵漏的裂缝可采用骑缝灌浆方法。灌浆材料常用水泥和化学材料,视裂缝的性质、开度和施工条件等具体情况而定。对于开度大于 0.3mm 的裂缝，一般用水泥灌浆；对于开度小于 0.3mm 的裂缝，宜采用化学灌浆。

3) 凿槽补强加固处理。

a. 凿槽嵌补，即沿混凝土裂缝凿一深槽，槽内嵌填防水材料，如环氧砂浆、沥青油膏、干硬性砂浆、聚氯乙烯胶泥、预缩砂浆等，以防内水外渗或外水内渗。凿槽嵌补主要用于对结构强度没有影响的裂缝。

b. 喷浆修补，即在裂缝部位并已经凿毛处理的混凝土表面上喷射一层密实且高强度的水泥砂浆保护层，达到封闭裂缝、防渗堵漏、提高混凝土表面抗冲耐蚀能力的目的。根据裂缝部位、性质和修理要求等，可采用无筋素喷浆、挂网喷浆、挂网喷浆与凿槽嵌补相结合的方法。

（2）伸缩缝止水失效处理。伸缩缝一般是以白铁皮、紫铜片、沥青杉板止水，经多年运行后已老化失效，导致产生渗漏。一般采取表层处理方法治理，如粘贴表面保护材料或嵌填弹性材料，满足伸缩缝止水和变形的需要。

由于穿堤涵管等建筑结构处于涵闸底层，加固处理时常须做临时围堰、抽排水进行施工，加上存在水位差，伸缩缝止水失效漏水，以致缝面积水难以完全排除，因此必须选择能水下进行施工的粘贴材料，采用环氧砂浆粘贴平板橡皮能满足这种条件下的伸缩缝处理。

在可能做到干燥工作面的地方可嵌填弹性材料处理伸缩缝，如嵌填弹性聚氨酯密封胶，可以冷嵌施工，适用于水工混凝土伸缩缝的修补。也可以把上述两种方式结合起来，做二道止水，内嵌一道弹性聚氨酯密封胶，外贴平板橡皮。

【案例分析】

某电排站前池出现泡泉群、涵管管壁周边渗漏严重、止水已失效，涵管及泵室底板出现裂缝、集水前池悬臂式挡土墙出现位移裂缝。根据该站险情采用先进行灌浆处理，后做伸缩缝处理（图 4.22）。

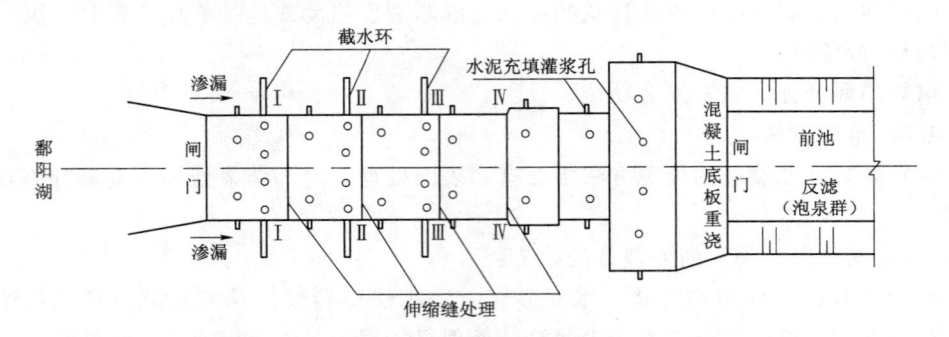

图 4.22 电排站除险加固示意图

（1）伸缩缝处理采用改良性环氧砂浆贴平板橡皮，平板橡皮厚 4～5mm，宽 20cm，凿槽面宽 22cm 左右，深 3cm，环氧砂浆采用 E-44 环氧树脂和 T31 固化剂等材料配制而成。平板橡皮注意锉毛，各结合面须涂刷环氧基液，在缝两侧用环氧砂浆粘贴橡皮，缝间留有 5cm 左右的伸缩余量。粘贴完后，平板橡皮表层采用聚合物砂浆抹面防护（图4.23）。

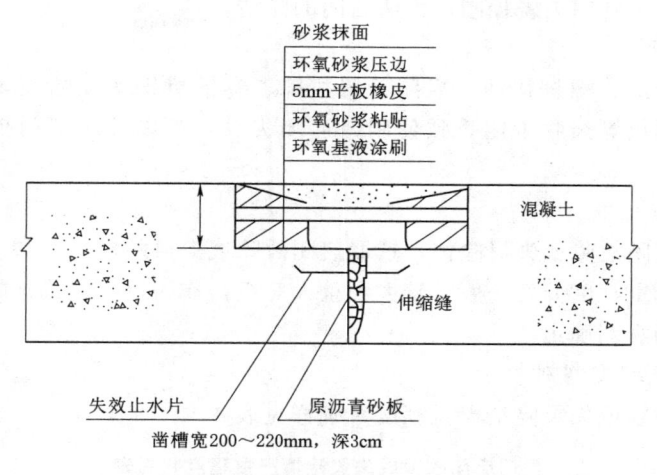

图4.23 涵管伸缩缝处理示意图

（2）由于基础渗漏并且存在泡泉群，先对前池进水渠进行反滤层施工，泡泉出水口集中在一处形成围井采取反滤潜水泵抽排集水，然后对集水前池底板翻修浇筑混凝土。围井抽水处，留待灌浆时处理。

采取的灌浆措施：从穿堤涵管到泵房60m段均匀布置三道截水环，每一道截水环均匀钻取8孔，采用花管伸入土层1.5m进行水泥灌浆，然后对涵管周边水泥充填灌浆，每个序孔有4孔，排距2.5m，呈梅花形布孔，分Ⅰ、Ⅱ两序孔进行灌浆，浆液水灰比为0.5∶1和1∶1，灌浆压力为0.15～0.2MPa（图4.24）。

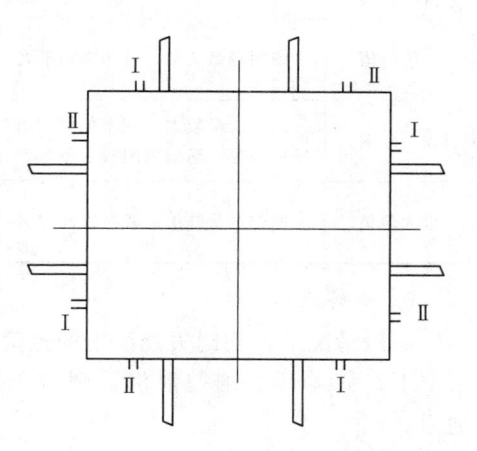

图4.24 水泥灌浆孔布置示意图
（注：Ⅰ为Ⅰ序孔，Ⅱ为Ⅱ序孔，其余为截水环布孔）

当灌至机泵室段，发现进浆量明显加大，可见多年渗漏使得基础被掏空，泡泉处也明显地流出了水泥浆液，暂停灌浆。此时前池底板混凝土已达到一定强度，将泡泉处围井封固，继续灌浆，直到将渗漏通道灌满为止。

任务4.2.5 闸门险情

4.2.5.1 闸门失控

1. 险情说明

闸门启闭故障或失灵不仅危及闸（站）或水库自身安全，而且由于控制洪水作用减弱甚至失去对洪水的控制，对下游地区将造成严重危害，必须引起高度重视。

2. 险情判断

闸门失控是指闸门失去控制、无法启闭的险情。

3. 原因分析

由于闸门变形、螺杆扭曲、启闭装置故障、卷扬机钢丝绳断裂等，或者闸门底部、门槽内有石块等杂物卡阻，致使闸门启闭失灵，难以关闭闸门挡水或开启闸门放水。

4. 险情分级标准

针对闸门启闭故障或失灵险情，选取启闭故障或失灵险情状况和外水位为研判参数，将险情按严重程度分为一般、较大和重大三级，作为抢险方式选择的重要判别依据，参数由现场观测确定。

5. 险情严重程度判别

闸门启闭故障或失灵险情严重程度判别详见表4.9。

表4.9　　　　　　　闸门启闭故障或失灵险情严重程度判别表

险情严重程度	启闭故障或失灵险情状况	外水位情况
一般险情	闸门轻微变形，启闭影响不大	低于警戒水位/低于汛限水位
较大险情	闸门变形较大，或闸门槽、丝杠扭曲，启闭装置发生故障或机座损坏等，造成启闭较为困难	超警戒水位（＜1m）/超汛限水位（＜1m）
重大险情	闸门严重变形，或牛腿断裂，闸身倾斜等原因使闸门无法启闭	超警戒水位（≥1m）/超汛限水位（≥1m）

6. 抢险原则

一般情况下，闸门失控险情的抢险原则是：汛期封堵度汛，汛后整治险情。特殊情况下，如需开启闸门泄洪，则需采取非常规手段开启闸门，或开辟非常规泄洪通道。

7. 抢险方法

（1）钢、木叠梁堵口。吊放检修闸门或叠梁，如闸身设有事故检修闸门门槽而无检修闸门时，可将临时调用的钢、木叠梁逐条放入门槽，如漏水仍较严重，可在工作门与检修门之间抛填土料，或在检修门前铺放防水布帘堵塞孔口。

（2）钢框架堵口。对无检修门槽的涵闸，根据工作门槽或闸孔跨度焊制钢框架，框架网格在0.3m×0.3m左右。钢框架一般为长方形或正方形，其长度和宽度均应大于进水口的两倍以上。沉堵前，先架浮桥用作通道，在进水口前扎排并加以固定，然后在排上将钢筋网沉下。待盖住进口后，在框架前抛填土袋，堵塞网格，直至高出水面，根据情况，如需断流闭气，可在土袋前抛填黏土或灰渣。

（3）钢筋混凝土管封堵。当闸门不能完全关闭时，采用直径大于闸门开度20~30cm、长度略小于闸孔净宽的钢筋混凝土管。管的外围包扎一层棉絮或棉毯，用铅丝捆紧，混凝土管内穿一根钢管，钢管两头各系一条绳索，沿闸门上游侧将钢筋混凝土管缓缓放下，在水压力作用下将孔封堵，然后用土袋和散土断流闭气。

4.2.5.2 闸门漏水

1. 险情判断

闸门漏水是指在闸门关闭状态下,水流沿闸门与底板、闸槽结合部严重泄漏的现象。

2. 原因分析

由于闸门止水安装不善或止水失效、异物卡阻等,造成闸门重漏水。

3. 抢险原则

闸门漏水险情的抢险原则是在闸门临水侧快速堵漏。

4. 抢险方法

(1) 在闸门关闭挡水条件下,应从闸上游接近闸门,用沥青麻丝、棉纱团、棉等堵塞缝隙,并用木楔挤紧,也可在闸门临水面水中投放灰渣,利用水的吸力堵漏。如系木闸门漏水,也可用木条、木板或布条柏油进行修补或堵塞。如闸门局部损坏漏水,可用木板外包棉絮堵塞后抛填土料封闭。

(2) 因异物阻塞导致闸门关闭不严漏水,或闸门被异物卡住而出现故障,抛投软捆或软布,利用进水压力进行封闭。

4.2.5.3 启闭机螺杆弯曲

1. 险情判断

该险情是指启闭机螺杆出现纵向弯曲变形的现象。

2. 原因分析

对于使用手电两用螺杆式启闭机的涵闸,由于开度指示器不准确,或限位开关失灵,电机接线相序错误、闸门底部有石块等障碍物,致使启闭力量过大,超过螺杆允许压力而引起螺杆纵向弯曲变形。

3. 抢险原则

对于启闭机螺杆弯曲现象,应及时矫正螺杆,恢复原状,保证闸门正常启闭。

4. 抢险方法

在不可能将螺杆从启闭机拆卸下来时,可在现场使用活动扳手、千斤顶、支撑杆件及钢撬等器具进行矫直恢复原状。将闸门与螺杆的连接销子或螺栓拆除,将螺杆向上提升,使弯曲段靠近启闭机,在弯曲段的两端靠近闸室侧墙处设置反向支撑,然后在弯曲段凸面用千斤顶缓慢加压,将弯曲段矫直。若螺杆直径较小,经拆卸并支撑定位后,可用手动螺杆矫正器将弯曲段矫直。螺杆矫正器具如图 4.25 所示。

4.2.5.4 启闭机失灵

1. 险情判断

启闭机失灵险情是指闸门启闭机出现不运行或运行不正常的现象。

2. 原因分析

由于电路或电动机故障、部件老化失效等,会导致启闭机失灵。

3. 抢险原则

若发生启闭机失灵险情,应消除启闭机荷载,仔细全面检查,更换维修故障部件,对启闭系统实施保养。

（a）千斤顶矫正螺杆　　　　　　（b）手动螺杆矫正器

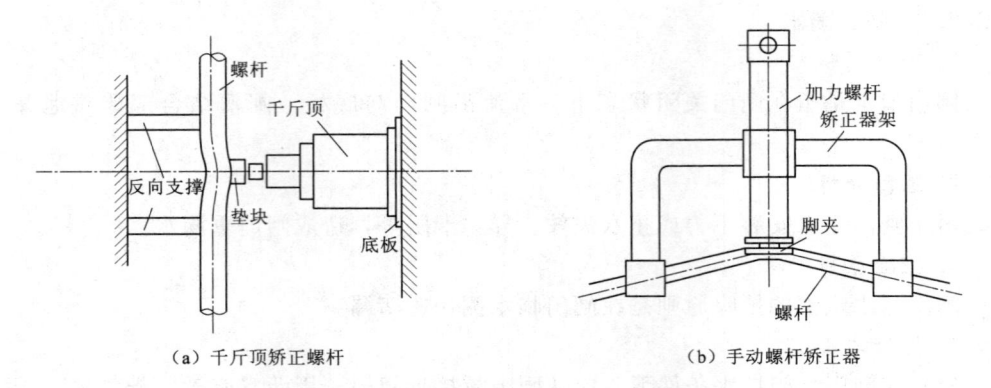

图 4.25　螺杆矫正器具示意图

4. 抢险方法

(1) 对运行时间较长的少数老化失效部件进行报废和更换。

(2) 启闭机与导向滑轮或闸门中心线不垂直对正时，应重新安装和调整启闭机。

(3) 启闭机无法正常启闭闸门时，可检查丝杆、拉杆、吊耳和闸门连接部位有无脱节，闸门顶部和吊耳有无破口。发现此类问题时应及时开展维修。

(4) 启闭机运行不正常时，可打开启闭机防护罩，检查内部传动件有无卡壳。对卡壳部件进行更换，并对传动部件进行保养。

(5) 启闭机电动传动不运行时，应暂停操作，断开闸刀，检查电路及电动机有无故障，排除故障后方可继续操作，操作前，需全面检查启闭机系统各部位润滑情况是否良好、螺栓有无松动、电路是否连通等。

(6) 汛期必须开启闸门泄洪时，可采用闸门割洞或特殊炸药炸出孔洞的方法处理。

【案例分析】

案例 1：某电灌站进水闸闸门漏水险情抢护

某电灌站始建于 1984 年，位于圩堤桩号 15+300 处，总装机容量 110kW，穿堤箱涵孔径 1.2m×1.2m，闸门为钢筋混凝土闸门。

1. 出险过程

2020 年 7 月 16 日 14 时 30 分，在巡堤查险过程中，发现灌溉闸进水闸闸门存在漏水情况，进水渠道有水流入。

2. 抢护措施及效果

发现情况后，立即联系潜水员到现场实地处理，潜水员于 7 月 16 日 17 时 15 分到达，潜水查勘后，发现漏水原因为灌溉闸闸门密封不严。

结合现场物料情况以及险情处置的紧迫程度，现场决定采取用棉絮对闸门渗漏处进行封堵。封堵后，漏水水量明显减少。

案例 2：某电排站防洪闸闸门断裂启闭困难险情抢护

某电排站始建于 20 世纪 60 年代，位于圩堤桩号 12+237 处。因年久失修、设备老化，该电排站于 2010 年前后进行了拆除重建，电排站装机总容量 280kW，穿堤涵管孔径1.3m×1.3m，采用平板钢闸门。

1. 出险过程

农业承包户为了农田灌溉取水，擅自开启防洪闸门（开启高度约10cm）放水经穿堤箱涵进入堤内压力水箱后，打开左右两个灌溉闸，放水进入灌溉渠道，10多分钟后，发现出水很大，随即关闭防洪闸门，却发现已经不能关到底，从闸门启闭丝杆看，大约有8cm高度关不下去，强行关闭启闭机导致启闭机座左边（面朝河流方向）的两个固定螺栓已经松动破坏，启闭机座呈倾斜状。

在无法关闭防洪闸门的情况下，在堤内关两个灌溉闸门，灌溉闸门亦不能关死。其中，左边灌溉闸面朝外河方向（下同），巨大水流冲垮了灌渠边坡浆砌石挡墙，冲毁堤脚；右边灌溉闸上冲水柱高达4~5m，险情严重，若不及时排除会造成重大损失和重大社会影响。

2. 抢护措施及效果

封堵灌溉闸门。采用抛投袋装卵石封堵两个灌溉闸门来消杀水势，避免造成闸门的进一步破坏。

水下探摸防洪闸实际情况。经潜水员多次下水探摸，基本摸清了防洪闸门断裂破损的基本情况。该闸门为铸铁闸门，平面尺寸为2m×2m，无检修门槽，闸门已断裂成两块，其中一块最大宽1m的不规则门体已经倾斜变形，但未脱离原门槽，上下端仍卡在门槽内，由于位于水下7.5m左右，潜水员无法移动。

随后在潜水员的配合下，将连夜赶制出的简易门体吊装入位，并用1.5m长槽钢平铺在闸槽顶部混凝土板上，紧接着用棉被四周塞缝，用棉被平摊闸槽顶部的槽钢上，然后抛投谷包和砂袋若干。整个抢险工作基本结束，两个灌溉闸冒水问题大大减少，防洪闸门断裂破损重大险情处置基本完成，经后期巡查，处理效果良好。

任务4.2.6 上下游险情抢护

涵闸发生冲刷破坏的现象常见于下游（或反向引水的上游），在汛期高水位时，水闸关门挡水或泄洪闸开闸泄洪，时常会出现上下游护坡、防冲槽、护底、消力池及翼墙等被淘刷、沉陷、倾斜甚至倒塌等险情，如不及时抢护，必将危及闸涵安全。

4.2.6.1 出险原因

闸前遭受水流顶冲、淘刷，闸下游泄流不匀，出现折冲水流，或泄水渠道超标准运用，消能设计不合理，使消能工、岸墙、护坡、海漫及防冲槽等受到严重冲刷，导致砌体断裂、坍陷形成淘刷坑。涵闸上下游挡土墙由于墙后土体、水压力的增大，易使墙体发生断裂或倾斜。

4.2.6.2 抢护原则及处理技术

上下游险情的抢护原则是固基缓流，增强抗冲能力。

4.2.6.3 抢险方法

（1）抛投抗冲体。在冲刷部位抛投块石、混凝土块、铅丝石笼、竹石笼，装土的麻袋、草包、土工布编织袋，也可抛柳石枕等，以防止继续冲刷，汛后再进行修缮。

抛投时尽可能关闭闸门，将抛投料运至抛投地点依次投放，避免斜乱架空的现象。

（2）涵闸上、下游护坡损坏时，为防止破坏范围扩大和险情恶化，可先采取临时性抢护。当护坡局部松动脱落时，可用沙袋压盖损坏部位；当护坡局部塌陷时，则采用抛石压盖。若垫层及土体已被淘刷，应先抛填 0.3~0.5m 厚碎石，再抛压沙袋或块石。

（3）挡土墙损坏时可采用减压排水和抛石加撑墙两种方法抢护。

1）减压排水。当墙后水压力增大或墙后的含水土层膨胀，使挡墙损坏时，可挖除墙后土体减载，在墙下增设排水孔。如原来的排水孔堵塞，应予疏通。

2）抛石加撑墙。墙前水较深时，在不影响挡土墙前面正常使用的情况下，可以在挡墙前抛石加做撑墙，抛石高度视具体情况而定。

【案例分析】

1. 基本情况

某水闸位于龙江河中下游，距离出海口 14km，是一座以灌溉为主、发电为辅的大型水闸工程。水闸全长 168m，共设闸门 34 孔，排水总净宽 133m。闸址上游集水面积 1020km^2，采用 20 年一遇设计、50 年一遇校核洪水标准，相应排水流量 3830m^3/s、3210m^3/s。工程兴建于 1970 年 2 月，同年 12 月竣工。由于工程先天不足，河道下游出口改道，河床逐年刷深，闸下水位下降，工程运行期间曾多次出险，于 1994 年进行抢险加固，在原有一级消力池的基础上增设二级消力池。

2. 工程出险情况

1994 年工程加固完成以来，由于河床逐年继续刷深，闸下水位急剧下降，海漫段与下游河床形成不稳定的坡降，1995 年 6 月水闸连续排洪，在排洪洪水的冲刷下，主河床海漫段砌石被冲毁。

据历史资料及河道测量，1994 年加固时水闸下游河床高程 0.50~1.20m（珠基，下同），实测河床高程 -4.50~-2.20m，冲刷深度 3.3~5.0m。海漫段长 27m。包含浆砌石段长 10m，厚 0.6m；干砌石段长 13m，厚 0.6m；防冲槽段长 4m，深 2m。

砌石面高程 -0.90~-1.30m，消力池从第 5~26 孔均被冲毁。其中第 7~10 孔二级消力池后河床高程冲刷至 -3.96~-3.00m，相比消力槛顶高程 -0.90m，冲刷深度达到 3.06~2.10m，消力池底板下悬空深度最高达 1.26m，水平方向悬空长度达 3.68m；第 17~21 孔河床高程冲刷深度至 -4.8~-3.30m，相比消力槛顶高程 -0.90m，冲刷深度达到 3.9~2.4m，消力池底板下悬空深度最高达 2.10m，水平向悬空长度达 6.50m。

3. 工程应急抢险方案

经对水闸出险情况及原因的分析，制订了如下的应急抢险工程方案：

（1）开启全部排洪闸放空库容，在工程抢险完成前严禁下闸蓄水。

（2）消力池后海漫段采用抛石防护，抛石横向长度 105m、纵向长度 20m，抛石顶高程抛至原设计海漫砌石面高程 13.4m；二级消力池下淘空部分采用水下混凝土灌实。

（3）加强工程管理，确保 24 小时值班，加强工程建筑物的日常观测，水闸每次排洪后均对水闸水下部分和下游河道进行全面检查。

（4）进一步落实工程防汛责任制，备足防汛抢险物资。

4. 工程应急抢险方案

工程应急抢险方案经指挥部批准，于2005年7月开始实施，由于工程为水下作业，且在汛期施工，时间紧，施工难度大，本工程的施工任务为水下抛石和二级消力池悬空部分水下混凝土灌实。

水下抛石施工方法：采用以自卸汽车运输，挖掘机搞平，以抛石中心线为中心填筑一条面宽7m，抛石面高程0.6m（面高程比施工时高水位高0.4m），上下游坡坡比1∶2的汽车运输道路，面层填筑碎石、土、砂三合土，利于汽车通行，全部抛石填筑完成后，超过抛石面设计高程部分用挖掘机挖除向上下游填筑，达到抛石的设计要求。

为保证二级消力池底板悬空部分浇灌混凝土施工质量，需满足以下要求：一是必须确保在静水条件下施工，防止水泥浆流失，影响混凝土质量；二是底板悬空部分混凝土必须浇灌密实确保混凝土浇筑质量；三是采取防护措施防止混凝土向下游流出，造成浪费。

为了达到以上的施工要求，工程施工采用泵送混凝土施工。

泵送混凝土施工方法：利用抛石路面作为施工道路，每5m埋设一条与泵送管道同管径的钢管，伸入二级消力池底板水平悬空长度的2/3；悬空部分的二级消力池下游采用抛填块石灌砂作为模板，使二级消力池底板悬空部分完全密封，既能防止混凝土向下游流失，又确保浇灌混凝土时处于静水状态；浇灌混凝土采用加压泵送，在较高压力的作用下，混凝土向四周挤压，达到混凝土浇灌密实的要求。

混凝土泵送完成后，用挖掘机挖开作为模板封堵的块石灌砂，由潜水员潜水检查，悬空部分的二级消力池下游混凝土已全部浇灌密实，达到设计要求。

以上是涵闸常见险情在汛期紧急抢险时的一般抢护原则和方法。汛期抢险是防汛紧急时刻所采取的应急措施，技术上难以达到规范要求，所以一旦险情稳定，要抓住洪水的间隙时间，认真分析发生险情的原因，判断抢险措施的可靠性及防御能力，进行整修加固。汛后要进一步查清险情发生的原因、险情规模和破坏程度，进行彻底修复。

【综合练习】

一、填空题

1. 水闸滑动抢险原则是：_____以稳固工程基础。
2. 建筑物上下游险情抢护原则是_____。
3. 水工建筑物结合部渗水抢护原则是_____。

二、问答题

1. 建筑物裂缝及止水破坏的出险原因是什么？
2. 建筑物裂缝及止水破坏的抢救方法有哪些？
3. 闸门失控的原因主要有哪些？
4. 水闸漫溢的原因是什么？
5. 水工建筑物结合部渗水及漏洞的出险原因是什么？
6. 建筑物上下游险情抢护的具体方法有哪些？
7. 水工建筑物结合部渗水及漏洞的抢护原则是什么？

附录 相关法律法规

中华人民共和国防洪法

(1997年8月29日第八届全国人民代表大会常务委员会第二十七次会议通过。根据2016年7月2日第十二届全国人民代表大会常务委员会第二十一次会议《关于修改〈中华人民共和国节约能源法〉等六部法律的决定》第三次修正)

第一章 总 则

第一条 为了防治洪水,防御、减轻洪涝灾害,维护人民的生命和财产安全,保障社会主义现代化建设顺利进行,制定本法。

第二条 防洪工作实行全面规划、统筹兼顾、预防为主、综合治理、局部利益服从全局利益的原则。

第三条 防洪工程设施建设,应当纳入国民经济和社会发展计划。防洪费用按照政府投入同受益者合理承担相结合的原则筹集。

第四条 开发利用和保护水资源,应当服从防洪总体安排,实行兴利与除害相结合的原则。

江河、湖泊治理以及防洪工程设施建设,应当符合流域综合规划,与流域水资源的综合开发相结合。

本法所称综合规划是指开发利用水资源和防治水害的综合规划。

第五条 防洪工作按照流域或者区域实行统一规划、分级实施和流域管理与行政区域管理相结合的制度。

第六条 任何单位和个人都有保护防洪工程设施和依法参加防汛抗洪的义务。

第七条 各级人民政府应当加强对防洪工作的统一领导,组织有关部门、单位,动员社会力量,依靠科技进步,有计划地进行江河、湖泊治理,采取措施加强防洪工程设施建设,巩固、提高防洪能力。

各级人民政府应当组织有关部门、单位,动员社会力量,做好防汛抗洪和洪涝灾害后的恢复与救济工作。

各级人民政府应当对蓄滞洪区予以扶持;蓄滞洪后,应当依照国家规定予以补偿或者救助。

第八条 国务院水行政主管部门在国务院的领导下,负责全国防洪的组织、协调、监督、指导等日常工作。国务院水行政主管部门在国家确定的重要江河、湖泊设立的流域管理机构,在所管辖的范围内行使法律、行政法规规定和国务院水行政主管部门授权的防洪协调和监督管理职责。

国务院建设行政主管部门和其他有关部门在国务院的领导下,按照各自的职责,负责有关的防洪工作。

县级以上地方人民政府水行政主管部门在本级人民政府的领导下,负责本行政区域内防洪的组织、协调、监督、指导等日常工作。县级以上地方人民政府建设行政主管部门和其他有关部门在本级人民政府的领导下,按照各自的职责,负责有关的防洪工作。

第二章 防 洪 规 划

第九条 防洪规划是指为防治某一流域、河段或者区域的洪涝灾害而制定的总体部署,包括国家确定的重要江河、湖泊的流域防洪规划,其他江河、河段、湖泊的防洪规划以及区域防洪规划。

防洪规划应当服从所在流域、区域的综合规划;区域防洪规划应当服从所在流域的流域防洪规划。

防洪规划是江河、湖泊治理和防洪工程设施建设的基本依据。

第十条 国家确定的重要江河、湖泊的防洪规划,由国务院水行政主管部门依据该江河、湖泊的流域综合规划,会同有关部门和有关省、自治区、直辖市人民政府编制,报国务院批准。

其他江河、河段、湖泊的防洪规划或者区域防洪规划,由县级以上地方人民政府水行政主管部门分别依据流域综合规划、区域综合规划,会同有关部门和有关地区编制,报本级人民政府批准,并报上一级人民政府水行政主管部门备案;跨省、自治区、直辖市的江河、河段、湖泊的防洪规划由有关流域管理机构会同江河、河段、湖泊所在地的省、自治区、直辖市人民政府水行政主管部门、有关主管部门拟定,分别经有关省、自治区、直辖市人民政府审查提出意见后,报国务院水行政主管部门批准。

城市防洪规划,由城市人民政府组织水行政主管部门、建设行政主管部门和其他有关部门依据流域防洪规划、上一级人民政府区域防洪规划编制,按照国务院规定的审批程序批准后纳入城市总体规划。

修改防洪规划,应当报经原批准机关批准。

第十一条 编制防洪规划,应当遵循确保重点、兼顾一般,以及防汛和抗旱相结合、工程措施和非工程措施相结合的原则,充分考虑洪涝规律和上下游、左右岸的关系以及国民经济对防洪的要求,并与国土规划和土地利用总体规划相协调。

防洪规划应当确定防护对象、治理目标和任务、防洪措施和实施方案,划定洪泛区、蓄滞洪区和防洪保护区的范围,规定蓄滞洪区的使用原则。

第十二条 受风暴潮威胁的沿海地区的县级以上地方人民政府,应当把防御风暴潮纳入本地区的防洪规划，加强海堤（海塘）、挡潮闸和沿海防护林等防御风暴潮工程体系建设，监督建筑物、构筑物的设计和施工符合防御风暴潮的需要。

第十三条 山洪可能诱发山体滑坡、崩塌和泥石流的地区以及其他山洪多发地区的县级以上地方人民政府，应当组织负责地质矿产管理工作的部门、水行政主管部门和其他有关部门对山体滑坡、崩塌和泥石流隐患进行全面调查，划定重点防治区，采取防治措施。

城市、村镇和其他居民点以及工厂、矿山、铁路和公路干线的布局，应当避开山洪威胁；已经建在受山洪威胁的地方的，应当采取防御措施。

第十四条 平原、洼地、水网圩区、山谷、盆地等易涝地区的有关地方人民政府，应当制定除涝治涝规划，组织有关部门、单位采取相应的治理措施，完善排水系统，发展耐涝农作物种类和品种，开展洪涝、干旱、盐碱综合治理。

城市人民政府应当加强对城区排涝管网、泵站的建设和管理。

第十五条 国务院水行政主管部门应当会同有关部门和省、自治区、直辖市人民政府制定长江、黄河、珠江、辽河、淮河、海河入海河口的整治规划。

在前款入海河口围海造地，应当符合河口整治规划。

第十六条 防洪规划确定的河道整治计划用地和规划建设的堤防用地范围内的土地，经土地管理部门和水行政主管部门会同有关地区核定，报经县级以上人民政府按照国务院规定的权限批准后，可以划定为规划保留区；该规划保留区范围内的土地涉及其他项目用地的，有关土地管理部门和水行政主管部门核定时，应当征求有关部门的意见。

规划保留区依照前款规定划定后，应当公告。前款规划保留区内不得建设与防洪无关的工矿工程设施；在特殊情况下，国家工矿建设项目确需占用前款规划保留区内的土地的，应当按照国家规定的基本建设程序报请批准，并征求有关水行政主管部门的意见。

防洪规划确定的扩大或者开辟的人工排洪道用地范围内的土地，经省级以上人民政府土地管理部门和水行政主管部门会同有关部门、有关地区核定，报省级以上人民政府按照国务院规定的权限批准后，可以划定为规划保留区，适用前款规定。

第十七条 在江河、湖泊上建设防洪工程和其他水工程、水电站等，应当符合防洪规划的要求；水库应当按照防洪规划的要求留足防洪库容。

前款规定的防洪工程和其他水工程、水电站未取得有关水行政主管部门签署的符合防洪规划要求的规划同意书的，建设单位不得开工建设。

第三章 治理与防护

第十八条 防治江河洪水，应当蓄泄兼施，充分发挥河道行洪能力和水库、洼淀、湖泊调蓄洪水的功能，加强河道防护，因地制宜地采取定期清淤疏浚等措施，保持行洪畅通。

防治江河洪水，应当保护、扩大流域林草植被，涵养水源，加强流域水土保持综合治理。

第十九条 整治河道和修建控制引导河水流向、保护堤岸等工程，应当兼顾上下游、左右岸的关系，按照规划治导线实施，不得任意改变河水流向。

国家确定的重要江河的规划治导线由流域管理机构拟定，报国务院水行政主管部门批准。其他江河、河段的规划治导线由县级以上地方人民政府水行政主管部门拟定，报本级人民政府批准；跨省、自治区、直辖市的江河、河段和省、自治区、直辖市之间的省界河道的规划治导线由有关流域管理机构组织江河、河段所在地的省、自治区、直辖市人民政府水行政主管部门拟定，经有关省、自治区、直辖市人民政府审查提出意见后，报国务院水行政主管部门批准。

第二十条 整治河道、湖泊，涉及航道的，应当兼顾航运需要，并事先征求交通主管部门的意见。整治航道，应当符合江河、湖泊防洪安全要求，并事先征求水行政主管部门的意见。

在竹木流放的河流和渔业水域整治河道的，应当兼顾竹木水运和渔业发展的需要，并事先征求林业、渔业行政主管部门的意见。在河道中流放竹木，不得影响行洪和防洪工程设施的安全。

第二十一条 河道、湖泊管理实行按水系统一管理和分级管理相结合的原则，加强防护，确保畅通。国家确定的重要江河、湖泊的主要河段，跨省、自治区、直辖市的重要河段、湖泊，省、自治区、直辖市之间的省界河道、湖泊以及国（边）界河道、湖泊，由流域管理机构和江河、湖泊所在地的省、自治区、直辖市人民政府水行政主管部门按照国务院水行政主管部门的划定依法实施管理。其他河道、湖泊，由县级以上地方人民政府水行政主管部门按照国务院水行政主管部门或者国务院水行政主管部门授权的机构的划定依法实施管理。

有堤防的河道、湖泊，其管理范围为两岸堤防之间的水域、沙洲、滩地、行洪区和堤防及护堤地；无堤防的河道、湖泊，其管理范围为历史最高洪水位或者设计洪水位之间的水域、沙洲、滩地和行洪区。流域管理机构直接管理的河道、湖泊管理范围，由流域管理机构会同有关县级以上地方人民政府依照前款规定界定；其他河道、湖泊管理范围，由有关县级以上地方人民政府依照前款规定界定。

第二十二条 河道、湖泊管理范围内的土地和岸线的利用，应当符合行洪、输水的要求。

禁止在河道、湖泊管理范围内建设妨碍行洪的建筑物、构筑物，倾倒垃圾、渣土，从事影响河势稳定、危害河岸堤防安全和其他妨碍河道行洪的活动。禁止在行洪河道内种植阻碍行洪的林木和高秆作物。

在船舶航行可能危及堤岸安全的河段，应当限定航速。限定航速的标志，由交通主管部门与水行政主管部门商定后设置。

第二十三条 禁止围湖造地。已经围垦的，应当按照国家规定的防洪标准进行治理，有计划地退地还湖。禁止围垦河道。确需围垦的，应当进行科学论证，经水行政主管部门确认不妨碍行洪、输水后，报省级以上人民政府批准。

第二十四条 对居住在行洪河道内的居民，当地人民政府应当有计划地组织外迁。

第二十五条　护堤护岸的林木，由河道、湖泊管理机构组织营造和管理。护堤护岸林木，不得任意砍伐。采伐护堤护岸林木的，应当依法办理采伐许可手续，并完成规定的更新补种任务。

第二十六条　对壅水、阻水严重的桥梁、引道、码头和其他跨河工程设施，根据防洪标准，有关水行政主管部门可以报请县级以上人民政府按照国务院规定的权限责令建设单位限期改建或者拆除。

第二十七条　建设跨河、穿河、穿堤、临河的桥梁、码头、道路、渡口、管道、缆线、取水、排水等工程设施，应当符合防洪标准、岸线规划、航运要求和其他技术要求，不得危害堤防安全、影响河势稳定、妨碍行洪畅通；其工程建设方案未经有关水行政主管部门根据前述防洪要求审查同意的，建设单位不得开工建设。

前款工程设施需要占用河道、湖泊管理范围内土地，跨越河道、湖泊空间或者穿越河床的，建设单位应当经有关水行政主管部门对该工程设施建设的位置和界限审查批准后，方可依法办理开工手续；安排施工时，应当按照水行政主管部门审查批准的位置和界限进行。

第二十八条　对于河道、湖泊管理范围内依照本法规定建设的工程设施，水行政主管部门有权依法检查；水行政主管部门检查时，被检查者应当如实提供有关的情况和资料。

前款规定的工程设施竣工验收时，应当有水行政主管部门参加。

第四章　防洪区和防洪工程设施的管理

第二十九条　防洪区是指洪水泛滥可能淹及的地区，分为洪泛区、蓄滞洪区和防洪保护区。

洪泛区是指尚无工程设施保护的洪水泛滥所及的地区。

蓄滞洪区是指包括分洪口在内的河堤背水面以外临时贮存洪水的低洼地区及湖泊等。

防洪保护区是指在防洪标准内受防洪工程设施保护的地区。洪泛区、蓄滞洪区和防洪保护区的范围，在防洪规划或者防御洪水方案中划定，并报请省级以上人民政府按照国务院规定的权限批准后予以公告。

第三十条　各级人民政府应当按照防洪规划对防洪区内的土地利用实行分区管理。

第三十一条　地方各级人民政府应当加强对防洪区安全建设工作的领导，组织有关部门、单位对防洪区内的单位和居民进行防洪教育，普及防洪知识，提高水患意识；按照防洪规划和防御洪水方案建立并完善防洪体系和水文、气象、通信、预警以及洪涝灾害监测系统，提高防御洪水能力；组织防洪区内的单位和居民积极参加防洪工作，因地制宜地采取防洪避洪措施。

第三十二条　洪泛区、蓄滞洪区所在地的省、自治区、直辖市人民政府应当组织有关地区和部门，按照防洪规划的要求，制定洪泛区、蓄滞洪区安全建设计划，控制蓄滞洪区人口增长，对居住在经常使用的蓄滞洪区的居民，有计划地组织外迁，并采取其他必要的安全保护措施。

因蓄滞洪区而直接受益的地区和单位,应当对蓄滞洪区承担国家规定的补偿、救助义务。国务院和有关的省、自治区、直辖市人民政府应当建立对蓄滞洪区的扶持和补偿、救助制度。

国务院和有关的省、自治区、直辖市人民政府可以制定洪泛区、蓄滞洪区安全建设管理办法以及对蓄滞洪区的扶持和补偿、救助办法。

第三十三条 在洪泛区、蓄滞洪区内建设非防洪建设项目,应当就洪水对建设项目可能产生的影响和建设项目对防洪可能产生的影响作出评价,编制洪水影响评价报告,提出防御措施。洪水影响评价报告未经有关水行政主管部门审查批准的,建设单位不得开工建设。

在蓄滞洪区内建设的油田、铁路、公路、矿山、电厂、电信设施和管道,其洪水影响评价报告应当包括建设单位自行安排的防洪避洪方案。建设项目投入生产或者使用时,其防洪工程设施应当经水行政主管部门验收。

在蓄滞洪区内建造房屋应当采用平顶式结构。

第三十四条 大中城市,重要的铁路、公路干线,大型骨干企业,应当列为防洪重点,确保安全。

受洪水威胁的城市、经济开发区、工矿区和国家重要的农业生产基地等,应当重点保护,建设必要的防洪工程设施。

城市建设不得擅自填堵原有河道沟叉、贮水湖塘洼淀和废除原有防洪围堤。确需填堵或者废除的,应当经城市人民政府批准。

第三十五条 属于国家所有的防洪工程设施,应当按照经批准的设计,在竣工验收前由县级以上人民政府按照国家规定,划定管理和保护范围。

属于集体所有的防洪工程设施,应当按照省、自治区、直辖市人民政府的规定,划定保护范围。

在防洪工程设施保护范围内,禁止进行爆破、打井、采石、取土等危害防洪工程设施安全的活动。

第三十六条 各级人民政府应当组织有关部门加强对水库大坝的定期检查和监督管理。对未达到设计洪水标准、抗震设防要求或者有严重质量缺陷的险坝,大坝主管部门应当组织有关单位采取除险加固措施,限期消除危险或者重建,有关人民政府应当优先安排所需资金。对可能出现垮坝的水库,应当事先制定应急抢险和居民临时撤离方案。

各级人民政府和有关主管部门应当加强对尾矿坝的监督管理,采取措施,避免因洪水导致垮坝。

第三十七条 任何单位和个人不得破坏、侵占、毁损水库大坝、堤防、水闸、护岸、抽水站、排水渠系等防洪工程和水文、通信设施以及防汛备用的器材、物料等。

第五章 防 汛 抗 洪

第三十八条 防汛抗洪工作实行各级人民政府行政首长负责制,统一指挥、分级分部门负责。

第三十九条 国务院设立国家防汛指挥机构,负责领导、组织全国的防汛抗洪工作,其办事机构设在国务院水行政主管部门。

在国家确定的重要江河、湖泊可以设立由有关省、自治区、直辖市人民政府和该江河、湖泊的流域管理机构负责人等组成的防汛指挥机构,指挥所管辖范围内的防汛抗洪工作,其办事机构设在流域管理机构。

有防汛抗洪任务的县级以上地方人民政府设立由有关部门、当地驻军、人民武装部负责人等组成的防汛指挥机构,在上级防汛指挥机构和本级人民政府的领导下,指挥本地区的防汛抗洪工作,其办事机构设在同级水行政主管部门;必要时,经城市人民政府决定,防汛指挥机构也可以在建设行政主管部门设城市市区办事机构,在防汛指挥机构的统一领导下,负责城市市区的防汛抗洪日常工作。

第四十条 有防汛抗洪任务的县级以上地方人民政府根据流域综合规划、防洪工程实际状况和国家规定的防洪标准,制定防御洪水方案(包括对特大洪水的处置措施)。

长江、黄河、淮河、海河的防御洪水方案,由国家防汛指挥机构制定,报国务院批准;跨省、自治区、直辖市的其他江河的防御洪水方案,由有关流域管理机构会同有关省、自治区、直辖市人民政府制定,报国务院或者国务院授权的有关部门批准。

防御洪水方案经批准后,有关地方人民政府必须执行。

各级防汛指挥机构和承担防汛抗洪任务的部门和单位,必须根据防御洪水方案做好防汛抗洪准备工作。

第四十一条 省、自治区、直辖市人民政府防汛指挥机构根据当地的洪水规律,规定汛期起止日期。当江河、湖泊的水情接近保证水位或者安全流量,水库水位接近设计洪水位,或者防洪工程设施发生重大险情时,有关县级以上人民政府防汛指挥机构可以宣布进入紧急防汛期。

第四十二条 对河道、湖泊范围内阻碍行洪的障碍物,按照谁设障、谁清除的原则,由防汛指挥机构责令限期清除;逾期不清除的,由防汛指挥机构组织强行清除,所需费用由设障者承担。

在紧急防汛期,国家防汛指挥机构或者其授权的流域、省、自治区、直辖市防汛指挥机构有权对壅水、阻水严重的桥梁、引道、码头和其他跨河工程设施作出紧急处置。

第四十三条 在汛期,气象、水文、海洋等有关部门应当按照各自的职责,及时向有关防汛指挥机构提供天气、水文等实时信息和风暴潮预报;电信部门应当优先提供防汛抗洪通信的服务;运输、电力、物资材料供应等有关部门应当优先为防汛抗洪服务。中国人民解放军、中国人民武装警察部队和民兵应当执行国家赋予的抗洪抢险任务。

第四十四条 在汛期,水库、闸坝和其他水工程设施的运用,必须服从有关的防汛指挥机构的调度指挥和监督。

在汛期,水库不得擅自在汛期限制水位以上蓄水,其汛期限制水位以上的防洪库容的运用,必须服从防汛指挥机构的调度指挥和监督。

在凌汛期，有防凌汛任务的江河的上游水库的下泄水量必须征得有关的防汛指挥机构的同意，并接受其监督。

  第四十五条 在紧急防汛期，防汛指挥机构根据防汛抗洪的需要，有权在其管辖范围内调用物资、设备、交通运输工具和人力，决定采取取土占地、砍伐林木、清除阻水障碍物和其他必要的紧急措施；必要时，公安、交通等有关部门按照防汛指挥机构的决定，依法实施陆地和水面交通管制。

  依照前款规定调用的物资、设备、交通运输工具等，在汛期结束后应当及时归还；造成损坏或者无法归还的，按照国务院有关规定给予适当补偿或者作其他处理。取土占地、砍伐林木的，在汛期结束后依法向有关部门补办手续；有关地方人民政府对取土后的土地组织复垦，对砍伐的林木组织补种。

  第四十六条 江河、湖泊水位或者流量达到国家规定的分洪标准，需要启用蓄滞洪区时，国务院，国家防汛指挥机构，流域防汛指挥机构，省、自治区、直辖市人民政府，省、自治区、直辖市防汛指挥机构，按照依法经批准的防御洪水方案中规定的启用条件和批准程序，决定启用蓄滞洪区。依法启用蓄滞洪区，任何单位和个人不得阻拦、拖延；遇到阻拦、拖延时，由有关县级以上地方人民政府强制实施。

  第四十七条 发生洪涝灾害后，有关人民政府应当组织有关部门、单位做好灾区的生活供给、卫生防疫、救灾物资供应、治安管理、学校复课、恢复生产和重建家园等救灾工作以及所管辖地区的各项水毁工程设施修复工作。水毁防洪工程设施的修复，应当优先列入有关部门的年度建设计划。

  国家鼓励、扶持开展洪水保险。

第六章 保 障 措 施

  第四十八条 各级人民政府应当采取措施，提高防洪投入的总体水平。

  第四十九条 江河、湖泊的治理和防洪工程设施的建设和维护所需投资，按照事权和财权相统一的原则，分级负责，由中央和地方财政承担。城市防洪工程设施的建设和维护所需投资，由城市人民政府承担。受洪水威胁地区的油田、管道、铁路、公路、矿山、电力、电信等企业、事业单位应当自筹资金，兴建必要的防洪自保工程。

  第五十条 中央财政应当安排资金，用于国家确定的重要江河、湖泊的堤坝遭受特大洪涝灾害时的抗洪抢险和水毁防洪工程修复。省、自治区、直辖市人民政府应当在本级财政预算中安排资金，用于本行政区域内遭受特大洪涝灾害地区的抗洪抢险和水毁防洪工程修复。

  第五十一条 国家设立水利建设基金，用于防洪工程和水利工程的维护和建设。具体办法由国务院规定。

  受洪水威胁的省、自治区、直辖市为加强本行政区域内防洪工程设施建设，提高防御洪水能力，按照国务院的有关规定，可以规定在防洪保护区范围内征收河道工程修建维护管理费。

  第五十二条 任何单位和个人不得截留、挪用防洪、救灾资金和物资。

  各级人民政府审计机关应当加强对防洪、救灾资金使用情况的审计监督。

第七章 法 律 责 任

第五十三条 违反本法第十七条规定，未经水行政主管部门签署规划同意书，擅自在江河、湖泊上建设防洪工程和其他水工程、水电站的，责令停止违法行为，补办规划同意书手续；违反规划同意书的要求，严重影响防洪的，责令限期拆除；违反规划同意书的要求，影响防洪但尚可采取补救措施的，责令限期采取补救措施，可以处一万元以上十万元以下的罚款。

第五十四条 违反本法第十九条规定，未按照规划治导线整治河道和修建控制引导河水流向、保护堤岸等工程，影响防洪的，责令停止违法行为，恢复原状或者采取其他补救措施，可以处一万元以上十万元以下的罚款。

第五十五条 违反本法第二十二条第二款、第三款规定，有下列行为之一的，责令停止违法行为，排除阻碍或者采取其他补救措施，可以处五万元以下的罚款：

（一）在河道、湖泊管理范围内建设妨碍行洪的建筑物、构筑物的；

（二）在河道、湖泊管理范围内倾倒垃圾、渣土，从事影响河势稳定、危害河岸堤防安全和其他妨碍河道行洪的活动的；

（三）在行洪河道内种植阻碍行洪的林木和高秆作物的。

第五十六条 违反本法第十五条第二款、第二十三条规定，围海造地、围湖造地、围垦河道的，责令停止违法行为，恢复原状或者采取其他补救措施，可以处五万元以下的罚款；既不恢复原状也不采取其他补救措施的，代为恢复原状或者采取其他补救措施，所需费用由违法者承担。

第五十七条 违反本法第二十七条规定，未经水行政主管部门对其工程建设方案审查同意或者未按照有关水行政主管部门审查批准的位置、界限，在河道、湖泊管理范围内从事工程设施建设活动的，责令停止违法行为，补办审查同意或者审查批准手续；工程设施建设严重影响防洪的，责令限期拆除，逾期不拆除的，强行拆除，所需费用由建设单位承担；影响行洪但尚可采取补救措施的，责令限期采取补救措施，可以处一万元以上十万元以下的罚款。

第五十八条 违反本法第三十三条第一款规定，在洪泛区、蓄滞洪区内建设非防洪建设项目，未编制洪水影响评价报告或者洪水影响评价报告未经审查批准开工建设的，责令限期改正；逾期不改正的，处五万元以下的罚款。

违反本法第三十三条第二款规定，防洪工程设施未经验收，即将建设项目投入生产或者使用的，责令停止生产或者使用，限期验收防洪工程设施，可以处五万元以下的罚款。

第五十九条 违反本法第三十四条规定，因城市建设擅自填堵原有河道沟叉、贮水湖塘洼淀和废除原有防洪围堤的，城市人民政府应当责令停止违法行为，限期恢复原状或者采取其他补救措施。

第六十条 违反本法规定，破坏、侵占、毁损堤防、水闸、护岸、抽水站、排水渠系等防洪工程和水文、通信设施以及防汛备用的器材、物料的，责令停止违法行为，采取补救措施，可以处五万元以下的罚款；造成损坏的，依法承担民事责任；应当给予治安管理处罚的，依照治安管理处罚条例的规定处罚；构成犯罪的，依法追究刑事责任。

第六十一条 阻碍、威胁防汛指挥机构、水行政主管部门或者流域管理机构的工作人员依法执行职务，构成犯罪的，依法追究刑事责任；尚不构成犯罪，应当给予治安管理处罚的，依照治安管理处罚条例的规定处罚。

第六十二条 截留、挪用防洪、救灾资金和物资，构成犯罪的，依法追究刑事责任；尚不构成犯罪的，给予行政处分。

第六十三条 除本法第六十条的规定外，本章规定的行政处罚和行政措施，由县级以上人民政府水行政主管部门决定，或者由流域管理机构按照国务院水行政主管部门规定的权限决定。但是，本法第六十一条、第六十二条规定的治安管理处罚的决定机关，按照治安管理处罚条例的规定执行。

第六十四条 国家工作人员，有下列行为之一，构成犯罪的，依法追究刑事责任；尚不构成犯罪的，给予行政处分：

（一）违反本法第十七条、第十九条、第二十二条第二款、第二十二条第三款、第二十七条或者第三十四条规定，严重影响防洪的；

（二）滥用职权，玩忽职守，徇私舞弊，致使防汛抗洪工作遭受重大损失的；

（三）拒不执行防御洪水方案、防汛抢险指令或者蓄滞洪方案、措施、汛期调度运用计划等防汛调度方案的；

（四）违反本法规定，导致或者加重毗邻地区或者其他单位洪灾损失的。

第八章　附　　则

第六十五条 本法自 1998 年 1 月 1 日起施行。

中华人民共和国防汛条例

（1991年7月2日中华人民共和国国务院令第86号公布 根据2005年7月15日《国务院关于修改〈中华人民共和国防汛条例〉的决定》第一次修订 根据2011年1月8日国务院令第588号《国务院关于废止和修改部分行政法规的决定》第二次修订）

第一章 总 则

第一条 为了做好防汛抗洪工作，保障人民生命财产安全和经济建设的顺利进行，根据《中华人民共和国水法》，制定本条例。

第二条 在中华人民共和国境内进行防汛抗洪活动，适用本条例。

第三条 防汛工作实行"安全第一，常备不懈，以防为主，全力抢险"的方针，遵循团结协作和局部利益服从全局利益的原则。

第四条 防汛工作实行各级人民政府行政首长负责制，实行统一指挥，分级分部门负责。各有关部门实行防汛岗位责任制。

第五条 任何单位和个人都有参加防汛抗洪的义务。

中国人民解放军和武装警察部队是防汛抗洪的重要力量。

第二章 防 汛 组 织

第六条 国务院设立国家防汛总指挥部，负责组织领导全国的防汛抗洪工作，其办事机构设在国务院水行政主管部门。

长江和黄河，可以设立由有关省、自治区、直辖市人民政府和该江河的流域管理机构（以下简称流域机构）负责人等组成的防汛指挥机构，负责指挥所辖范围的防汛抗洪工作，其办事机构设在流域机构。长江和黄河的重大防汛抗洪事项须经国家防汛总指挥部批准后执行。

国务院水行政主管部门所属的淮河、海河、珠江、松花江、辽河、太湖等流域机构，设立防汛办事机构，负责协调本流域的防汛日常工作。

第七条 有防汛任务的县级以上地方人民政府设立防汛指挥部，由有关部门、当地驻军、人民武装部负责人组成，由各级人民政府首长担任指挥。各级人民政府防汛指挥部在上级人民政府防汛指挥部和同级人民政府的领导下，执行上级防汛指令，制定各项防汛抗洪措施，统一指挥本地区的防汛抗洪工作。

各级人民政府防汛指挥部办事机构设在同级水行政主管部门；城市市区的防汛指挥部办事机构也可以设在城建主管部门，负责管理所辖范围的防汛日常工作。

第八条 石油、电力、邮电、铁路、公路、航运、工矿以及商业、物资等有防汛任务的部门和单位，汛期应当设立防汛机构，在有管辖权的人民政府防汛指挥部统一领导下，负责做好本行业和本单位的防汛工作。

第九条 河道管理机构、水利水电工程管理单位和江河沿岸在建工程的建设单位，必须加强对所辖水工程设施的管理维护，保证其安全正常运行，组织和参加防汛抗洪工作。

第十条 有防汛任务的地方人民政府应当组织以民兵为骨干的群众性防汛队伍，并责成有关部门将防汛队伍组成人员登记造册，明确各自的任务和责任。

河道管理机构和其他防洪工程管理单位可以结合平时的管理任务，组织本单位的防汛抢险队伍，作为紧急抢险的骨干力量。

第三章 防 汛 准 备

第十一条 有防汛任务的县级以上人民政府，应当根据流域综合规划、防洪工程实际状况和国家规定的防洪标准，制定防御洪水方案（包括对特大洪水的处置措施）。

长江、黄河、淮河、海河的防御洪水方案，由国家防汛总指挥部制定，报国务院批准后施行；跨省、自治区、直辖市的其他江河的防御洪水方案，有关省、自治区、直辖市人民政府制定后，经有管辖权的流域机构审查同意，由省、自治区、直辖市人民政府报国务院或其授权的机构批准后施行。

有防汛抗洪任务的城市人民政府，应当根据流域综合规划和江河的防御洪水方案，制定本城市的防御洪水方案，报上级人民政府或其授权的机构批准后施行。

防御洪水方案经批准后，有关地方人民政府必须执行。

第十二条 有防汛任务的地方，应当根据经批准的防御洪水方案制定洪水调度方案。长江、黄河、淮河、海河（海河流域的永定河、大清河、漳卫南运河和北三河）、松花江、辽河、珠江和太湖流域的洪水调度方案，由有关流域机构会同有关省、自治区、直辖市人民政府制定，报国家防汛总指挥部批准。跨省、自治区、直辖市的其他江河的洪水调度方案，由有关流域机构会同有关省、自治区、直辖市人民政府制定，报流域防汛指挥机构批准；没有设立流域防汛指挥机构的，报国家防汛总指挥部批准。其他江河的洪水调度方案，由有管辖权的水行政主管部门会同有关地方人民政府制定，报有管辖权的防汛指挥机构批准。

洪水调度方案经批准后，有关地方人民政府必须执行。修改洪水调度方案，应当报经原批准机关批准。

第十三条 有防汛抗洪任务的企业应当根据所在流域或者地区经批准的防御洪水方案和洪水调度方案，规定本企业的防汛抗洪措施，在征得其所在地县级人民政府水行政主管部门同意后，由有管辖权的防汛指挥机构监督实施。

第十四条 水库、水电站、拦河闸坝等工程的管理部门，应当根据工程规划设计、经批准的防御洪水方案和洪水调度方案以及工程实际状况，在兴利服从防洪，保证安全的前提下，制定汛期调度运用计划，经上级主管部门审查批准后，报有管辖权的人民政府防汛指挥部备案，并接受其监督。

经国家防汛总指挥部认定的对防汛抗洪关系重大的水电站，其防洪库容的汛期调度运用计划经上级主管部门审查同意后，须经有管辖权的人民政府防汛指挥部批准。

汛期调度运用计划经批准后，由水库、水电站、拦河闸坝等工程的管理部门负责执行。

有防凌任务的江河,其上游水库在凌汛期间的下泄水量,必须征得有管辖权的人民政府防汛指挥部的同意,并接受其监督。

第十五条 各级防汛指挥部应当在汛前对各类防洪设施组织检查,发现影响防洪安全的问题,责成责任单位在规定的期限内处理,不得贻误防汛抗洪工作。

各有关部门和单位按照防汛指挥部的统一部署,对所管辖的防洪工程设施进行汛前检查后,必须将影响防洪安全的问题和处理措施报有管辖权的防汛指挥部和上级主管部门,并按照该防汛指挥部的要求予以处理。

第十六条 关于河道清障和对壅水、阻水严重的桥梁、引道、码头和其他跨河工程设施的改建或者拆除,按照《中华人民共和国河道管理条例》的规定执行。

第十七条 蓄滞洪区所在地的省级人民政府应当按照国务院的有关规定,组织有关部门和市、县,制定所管辖的蓄滞洪区的安全与建设规划,并予实施。

各级地方人民政府必须对所管辖的蓄滞洪区的通信、预报警报、避洪、撤退道路等安全设施,以及紧急撤离和救生的准备工作进行汛前检查,发现影响安全的问题,及时处理。

第十八条 山洪、泥石流易发地区,当地有关部门应当指定预防监测员及时监测。雨季到来之前,当地人民政府防汛指挥部应当组织有关单位进行安全检查,对险情征兆明显的地区,应当及时把群众撤离险区。

风暴潮易发地区,当地有关部门应当加强对水库、海堤、闸坝、高压电线等设施和房屋的安全检查,发现影响安全的问题,及时处理。

第十九条 地区之间在防汛抗洪方面发生的水事纠纷,由发生纠纷地区共同的上一级人民政府或其授权的主管部门处理。

前款所指人民政府或者部门在处理防汛抗洪方面的水事纠纷时,有权采取临时紧急处置措施,有关当事各方必须服从并贯彻执行。

第二十条 有防汛任务的地方人民政府应当建设和完善江河堤防、水库、蓄滞洪区等防洪设施,以及该地区的防汛通信、预报警报系统。

第二十一条 各级防汛指挥部应当储备一定数量的防汛抢险物资,由商业、供销、物资部门代储的,可以支付适当的保管费。受洪水威胁的单位和群众应当储备一定的防汛抢险物料。

防汛抢险所需的主要物资,由计划主管部门在年度计划中予以安排。

第二十二条 各级人民政府防汛指挥部汛前应当向有关单位和当地驻军介绍防御洪水方案,组织交流防汛抢险经验。有关方面汛期应当及时通报水情。

第四章 防汛与抢险

第二十三条 省级人民政府防汛指挥部,可以根据当地的洪水规律,规定汛期起止日期。当江河、湖泊、水库的水情接近保证水位或者安全流量时,或者防洪工程设施发生重大险情,情况紧急时,县级以上地方人民政府可以宣布进入紧急防汛期,并报告上级人民政府防汛指挥部。

第二十四条 防汛期内,各级防汛指挥部必须有负责人主持工作。有关责任人员必须坚守岗位，及时掌握汛情，并按照防御洪水方案和汛期调度运用计划进行调度。

第二十五条 在汛期，水利、电力、气象、海洋、农林等部门的水文站、雨量站，必须及时准确地向各级防汛指挥部提供实时水文信息；气象部门必须及时向各级防汛指挥部提供有关天气预报和实时气象信息；水文部门必须及时向各级防汛指挥部提供有关水文预报；海洋部门必须及时向沿海地区防汛指挥部提供风暴潮预报。

第二十六条 在汛期，河道、水库、闸坝、水运设施等水工程管理单位及其主管部门在执行汛期调度运用计划时，必须服从有管辖权的人民政府防汛指挥部的统一调度指挥或者监督。

在汛期，以发电为主的水库，其汛限水位以上的防洪库容以及洪水调度运用必须服从有管辖权的人民政府防汛指挥部的统一调度指挥。

第二十七条 在汛期，河道、水库、水电站、闸坝等水工程管理单位必须按照规定对水工程进行巡查，发现险情，必须立即采取抢护措施，并及时向防汛指挥部和上级主管部门报告。其他任何单位和个人发现水工程设施出现险情，应当立即向防汛指挥部和水工程管理单位报告。

第二十八条 在汛期，公路、铁路、航运、民航等部门应当及时运送防汛抢险人员和物资；电力部门应当保证防汛用电。

第二十九条 在汛期，电力调度通信设施必须服从防汛工作需要；邮电部门必须保证汛情和防汛指令的及时、准确传递，电视、广播、公路、铁路、航运、民航、公安、林业、石油等部门应当运用本部门的通信工具优先为防汛抗洪服务。

电视、广播、新闻单位应当根据人民政府防汛指挥部提供的汛情，及时向公众发布防汛信息。

第三十条 在紧急防汛期，地方人民政府防汛指挥部必须由人民政府负责人主持工作，组织动员本地区各有关单位和个人投入抗洪抢险。所有单位和个人必须听从指挥，承担人民政府防汛指挥部分配的抗洪抢险任务。

第三十一条 在紧急防汛期，公安部门应当按照人民政府防汛指挥部的要求，加强治安管理和安全保卫工作。必要时须由有关部门依法实行陆地和水面交通管制。

第三十二条 在紧急防汛期，为了防汛抢险需要，防汛指挥部有权在其管辖范围内，调用物资、设备、交通运输工具和人力，事后应当及时归还或者给予适当补偿。因抢险需要取土占地、砍伐林木、清除阻水障碍物的，任何单位和个人不得阻拦。

前款所指取土占地、砍伐林木的，事后应当依法向有关部门补办手续。

第三十三条 当河道水位或者流量达到规定的分洪、滞洪标准时，有管辖权的人民政府防汛指挥部有权根据经批准的分洪、滞洪方案，采取分洪、滞洪措施。采取上述措施对毗邻地区有危害的，须经有管辖权的上级防汛指挥机构批准，并事先通知有关地区。

在非常情况下，为保护国家确定的重点地区和大局安全，必须作出局部牺牲时，在报经有管辖权的上级人民政府防汛指挥部批准后，当地人民政府防汛指挥部可以采取非常紧急措施。

实施上述措施时，任何单位和个人不得阻拦，如遇到阻拦和拖延时，有管辖权的人民政府有权组织强制实施。

第三十四条　当洪水威胁群众安全时，当地人民政府应当及时组织群众撤离至安全地带，并做好生活安排。

第三十五条　按照水的天然流势或者防洪、排涝工程的设计标准，或者经批准的运行方案下泄的洪水，下游地区不得设障阻水或者缩小河道的过水能力；上游地区不得擅自增大下泄流量。

未经有管辖权的人民政府或其授权的部门批准，任何单位和个人不得改变江河河势的自然控制点。

第五章　善　后　工　作

第三十六条　在发生洪水灾害的地区，物资、商业、供销、农业、公路、铁路、航运、民航等部门应当做好抢险救灾物资的供应和运输；民政、卫生、教育等部门应当做好灾区群众的生活供给、医疗防疫、学校复课以及恢复生产等救灾工作；水利、电力、邮电、公路等部门应当做好所管辖的水毁工程的修复工作。

第三十七条　地方各级人民政府防汛指挥部，应当按照国家统计部门批准的洪涝灾害统计报表的要求，核实和统计所管辖范围的洪涝灾情，报上级主管部门和同级统计部门，有关单位和个人不得虚报、瞒报、伪造、篡改。

第三十八条　洪水灾害发生后，各级人民政府防汛指挥部应当积极组织和帮助灾区群众恢复和发展生产。修复水毁工程所需费用，应当优先列入有关主管部门年度建设计划。

第六章　防　汛　经　费

第三十九条　由财政部门安排的防汛经费，按照分级管理的原则，分别列入中央财政和地方财政预算。

在汛期，有防汛任务的地区的单位和个人应当承担一定的防汛抢险的劳务和费用，具体办法由省、自治区、直辖市人民政府制定。

第四十条　防御特大洪水的经费管理，按照有关规定执行。

第四十一条　对蓄滞洪区，逐步推行洪水保险制度，具体办法另行制定。

第七章　奖　励　与　处　罚

第四十二条　有下列事迹之一的单位和个人，可以由县级以上人民政府给予表彰或者奖励：

（一）在执行抗洪抢险任务时，组织严密，指挥得当，防守得力，奋力抢险，出色完成任务者；

（二）坚持巡堤查险，遇到险情及时报告，奋力抗洪抢险，成绩显著者；

（三）在危险关头，组织群众保护国家和人民财产，抢救群众有功者；

（四）为防汛调度、抗洪抢险献计献策，效益显著者；

（五）气象、雨情、水情测报和预报准确及时，情报传递迅速，克服困难，抢测洪水，因而减轻重大洪水灾害者；

（六）及时供应防汛物料和工具，爱护防汛器材，节约经费开支，完成防汛抢险任务成绩显著者；

（七）有其他特殊贡献，成绩显著者。

第四十三条 有下列行为之一者，视情节和危害后果，由其所在单位或者上级主管机关给予行政处分；应当给予治安管理处罚的，依照《中华人民共和国治安管理处罚法》的规定处罚；构成犯罪的，依法追究刑事责任：

（一）拒不执行经批准的防御洪水方案、洪水调度方案，或者拒不执行有管辖权的防汛指挥机构的防汛调度方案或者防汛抢险指令的；

（二）玩忽职守，或者在防汛抢险的紧要关头临阵逃脱的；

（三）非法扒口决堤或者开闸的；

（四）挪用、盗窃、贪污防汛或者救灾的钱款或者物资的；

（五）阻碍防汛指挥机构工作人员依法执行职务的；

（六）盗窃、毁损或者破坏堤防、护岸、闸坝等水工程建筑物和防汛工程设施以及水文监测、测量设施、气象测报设施、河岸地质监测设施、通信照明设施的；

（七）其他危害防汛抢险工作的。

第四十四条 违反河道和水库大坝的安全管理，依照《中华人民共和国河道管理条例》和《水库大坝安全管理条例》的有关规定处理。

第四十五条 虚报、瞒报洪涝灾情，或者伪造、篡改洪涝灾害统计资料的，依照《中华人民共和国统计法》及其实施细则的有关规定处理。

第四十六条 当事人对行政处罚不服的，可以在接到处罚通知之日起十五日内，向作出处罚决定机关的上一级机关申请复议；对复议决定不服的，可以在接到复议决定之日起十五日内，向人民法院起诉。当事人也可以在接到处罚通知之日起十五日内，直接向人民法院起诉。

当事人逾期不申请复议或者不向人民法院起诉，又不履行处罚决定的，由作出处罚决定的机关申请人民法院强制执行；在汛期，也可以由作出处罚决定的机关强制执行；对治安管理处罚不服的，依照《中华人民共和国治安管理处罚法》的规定办理。

当事人在申请复议或者诉讼期间，不停止行政处罚决定的执行。

第八章 附 则

第四十七条 省、自治区、直辖市人民政府，可以根据本条例的规定，结合本地区的实际情况，制定实施细则。

第四十八条 本条例由国务院水行政主管部门负责解释。

第四十九条 本条例自发布之日起施行。

国家防汛抗旱应急预案

1 总则

1.1 指导思想

以习近平新时代中国特色社会主义思想为指导，深入贯彻落实习近平总书记关于防灾减灾救灾的重要论述和关于全面做好防汛抗旱工作的重要指示精神，按照党中央、国务院决策部署，立足新发展阶段，完整、准确、全面贯彻新发展理念，构建新发展格局，坚持人民至上、生命至上，统筹发展和安全，进一步完善体制机制，依法高效有序做好水旱灾害突发事件防范与处置工作，最大限度减少人员伤亡和财产损失，为经济社会持续健康发展提供坚强保证。

1.2 编制依据

《中华人民共和国防洪法》、《中华人民共和国水法》、《中华人民共和国防汛条例》、《中华人民共和国抗旱条例》、《水库大坝安全管理条例》和《国家突发公共事件总体应急预案》等。

1.3 适用范围

本预案适用于我国境内突发性水旱灾害的防范和处置。突发性水旱灾害包括：江河洪水和渍涝灾害、山洪灾害（指由降雨引发的山洪、泥石流灾害）、台风风暴潮灾害、干旱灾害、供水危机以及由洪水、风暴潮、地震等引发的水库垮坝、堤防决口、水闸倒塌、堰塞湖等次生衍生灾害。

1.4 工作原则

1.4.1 坚持统一领导、协调联动，分级负责、属地为主。防汛抗旱工作在党的领导下，实行各级人民政府行政首长负责制。各级防汛抗旱指挥机构在同级党委和政府、上级防汛抗旱指挥机构领导下，组织指挥管辖范围内防汛抗旱工作，贯彻落实同级党委和政府、上级防汛抗旱指挥机构的部署要求。

1.4.2 坚持安全第一、常备不懈，以防为主、防抗救相结合。防汛抗旱工作坚持依法防抗、科学防控，实行公众参与、专群结合、军民联防、平战结合，切实把确保人民生命安全放在第一位落到实处，保障防洪安全和城乡供水安全。

1.4.3 坚持因地制宜、城乡统筹，统一规划、局部利益服从全局利益。防汛抗旱工作要按照流域或区域统一规划，科学处理上下游左右岸之间、地区之间、部门之间、近期与长远之间等各项关系，突出重点，兼顾一般，做到服从大局、听从指挥。

1.4.4 坚持科学调度、综合治理，除害兴利、防汛抗旱统筹。在确保防洪安全的前提下，尽可能利用洪水资源。抗旱用水以水资源承载能力为基础，实行先生活、后生产，先地表、后地下，先节水、后调水，科学调度，优化配置，最大限度满足城乡生活、生态、生产用水需求。

2 组织指挥体系及职责

国务院设立国家防汛抗旱指挥机构，县级以上地方人民政府、有关流域设立防汛抗旱指挥机构，负责本区域的防汛抗旱工作。有关单位可根据需要设立防汛抗旱指挥机构，负责本单位防汛抗旱工作。

2.1 国家防汛抗旱总指挥部

国务院设立国家防汛抗旱总指挥部（以下简称国家防总），负责领导、组织全国的防汛抗旱工作，其办事机构国家防总办公室设在应急部。

2.1.1 国家防总组织机构

国家防总由国务院领导同志任总指挥，应急部、水利部主要负责同志，中央军委联合参谋部负责同志和国务院分管副秘书长任副总指挥，应急部分管副部长任秘书长，根据需要设副秘书长，中央宣传部、国家发展改革委、教育部、工业和信息化部、公安部、财政部、自然资源部、住房城乡建设部、交通运输部、水利部、农业农村部、商务部、文化和旅游部、国家卫生健康委、应急部、广电总局、中国气象局、国家粮食和储备局、国家能源局、国家铁路局、中央军委联合参谋部、中央军委国防动员部、中国红十字会总会、中国国家铁路集团有限公司、中国安能建设集团有限公司等部门和单位为国家防总成员单位。

2.1.2 国家防总职责

贯彻落实党中央、国务院关于防汛抗旱工作的决策部署，领导、组织全国防汛抗旱工作，研究拟订国家防汛抗旱政策、制度等；依法组织制定长江、黄河、淮河、海河等重要江河湖泊和重要水工程的防御洪水方案，按程序决定启用重要蓄滞洪区、弃守堤防或破堤泄洪；组织开展防汛抗旱检查，督促地方党委和政府落实主体责任，监督落实重点地区和重要工程防汛抗旱责任人，组织协调、指挥决策和指导监督重大水旱灾害应急抢险救援救灾工作，指导监督防汛抗旱重大决策部署的贯彻落实；指导地方建立健全各级防汛抗旱指挥机构，完善组织体系，建立健全与流域防汛抗旱总指挥部（以下简称流域防总）、省级防汛抗旱指挥部的应急联动、信息共享、组织协调等工作机制。

2.2 流域防汛抗旱总指挥部

长江、黄河、淮河、海河、珠江、松花江、太湖等流域设立流域防总，负责落实国家防总以及水利部防汛抗旱的有关要求，执行国家防总指令，指挥协调所管辖范围内的防汛抗旱工作。流域防总由有关省、自治区、直辖市人民政府和该流域管理机构等有关单位以及相关战区或其委托的单位负责人等组成，其办事机构（流域防总办公室）设在该流域管理机构。国家防总相关指令统一由水利部下达到各流域防总及其办事机构执行。

2.3 地方各级人民政府防汛抗旱指挥部

有防汛抗旱任务的县级以上地方人民政府设立防汛抗旱指挥部，在上级防汛抗旱指挥机构和本级人民政府的领导下，强化组织、协调、指导、督促职能，指挥本地区的防汛抗旱工作。防汛抗旱指挥部由本级人民政府和有关部门、当地解放军和武警部队等有关单位负责人组成。防汛压力大、病险水库多、抢险任务重、抗旱任务重的地方，政府主要负责同志担任防汛抗旱指挥部指挥长。

乡镇一级人民政府根据当地实际情况明确承担防汛抗旱防台风工作的机构和

人员。

2.4 其他防汛抗旱指挥机构

有防汛抗旱任务的部门和单位根据需要设立防汛抗旱机构，在本级或属地人民政府防汛抗旱指挥机构统一领导下开展工作。针对重大突发事件，可以组建临时指挥机构，具体负责应急处理工作。

3 预防和预警机制

3.1 预防预警信息

3.1.1 气象水文海洋信息

（1）各级自然资源（海洋）、水利、气象部门应加强对当地灾害性天气的监测和预报预警，并将结果及时报送有关防汛抗旱指挥机构。

（2）各级自然资源（海洋）、水利、气象部门应当组织对重大灾害性天气的联合监测、会商和预报，尽可能延长预见期，对重大气象、水文灾害作出评估，按规定及时发布预警信息并报送本级人民政府和防汛抗旱指挥机构。

（3）当预报即将发生严重水旱灾害和风暴潮灾害时，当地防汛抗旱指挥机构应提早通知有关区域做好相关准备。当江河发生洪水时，水利部门应加密测验时段，及时上报测验结果，为防汛抗旱指挥机构适时指挥决策提供依据。

3.1.2 工程信息

（1）堤防工程信息。

a. 当江河出现警戒水位以上洪水或海洋出现风暴潮黄色警戒潮位以上的高潮位时，各级堤防管理单位应加强工程监测，并将堤防、涵闸、泵站等工程设施的运行情况报同级防汛抗旱指挥机构和上级主管部门。发生洪水地区的省级防汛抗旱指挥机构应在每日9时前向国家防总报告工程出险情况和防守情况，大江大河干流重要堤防、涵闸等发生重大险情应在险情发生后4小时内报到国家防总。

b. 当堤防和涵闸、泵站等穿堤建筑物出现险情或遭遇超标准洪水袭击，以及其他不可抗拒因素而可能决口时，工程管理单位必须立即采取抢护措施，并在第一时间向预计淹没区域的有关基层人民政府和基层组织发出预警，同时向同级防汛抗旱指挥机构和上级主管部门准确报告出险部位、险情种类、抢护方案以及处理险情的行政责任人、技术责任人、通信联络方式、除险情况，以利加强指导或作出进一步的抢险决策。

（2）水库工程信息。

a. 当水库水位超过汛限水位时，水库管理单位应对大坝、溢洪道、输水管等关键部位加密监测，并按照批准的洪水调度方案调度，其工程运行状况应向同级防汛抗旱指挥机构和上级主管部门报告。大型和防洪重点中型水库发生的重大险情应在险情发生后1小时内报到国家防总办公室。

b. 当水库出现险情征兆时，水库管理单位必须立即采取抢护措施，并在第一时间向预计垮坝淹没区域的有关基层人民政府和基层组织发出预警，同时向同级防汛抗旱指挥机构和上级主管部门报告出险部位、险情种类、抢护方案以及处理险情的行政责任人、技术责任人、通信联络方式、除险情况,以进一步采取相应措施。

c. 当水库遭遇超标准洪水或其他不可抗拒因素而可能垮坝时,水库管理单位应提早向预计垮坝淹没区域的有关基层人民政府和基层组织发出预警,为群众安全转移和工程抢护争取时间。

3.1.3 洪涝灾情信息

(1) 洪涝灾情信息主要包括:灾害发生的时间、地点、范围、受灾人口、因灾死亡失踪人口、紧急转移安置人口、因灾伤病人口、需紧急生活救助人口等信息,以及居民房屋等财产、农林牧渔、交通运输、邮电通信、水利、水电气设施等方面的损失信息。

(2) 洪涝灾情发生后,有关部门应及时向防汛抗旱指挥机构和应急管理部门报告洪涝受灾情况,防汛抗旱指挥机构和应急管理部门应及时组织研判灾情和气象趋势,收集动态灾情,全面掌握受灾情况,并及时向同级人民政府、上级防汛抗旱指挥机构和应急管理部门报告。对人员伤亡和较大财产损失的灾情,应立即上报,重大灾情在灾害发生后4小时内将初步情况报到国家防总和应急部,并对实时灾情组织核实,核实后及时上报,为抗灾救灾提供准确依据。

(3) 地方各级人民政府、防汛抗旱指挥机构应按照水旱灾害信息报送有关制度规定上报洪涝灾情。

3.1.4 旱情信息

(1) 旱情信息主要包括:干旱发生的时间、地点、程度、受旱范围、影响人口等信息,以及对工农业生产、城乡生活、生态环境等方面造成的影响信息。

(2) 防汛抗旱指挥机构应掌握雨水情变化、当地蓄水情况、农业旱情和城乡供水等情况。水利、农业农村、气象等部门应加强旱情监测预测,并将干旱情况及时报同级防汛抗旱指挥机构。地方各级人民政府、防汛抗旱指挥机构应按照水旱灾害信息报送有关制度规定及时上报受旱情况,遇旱情急剧发展时应及时加报。

3.2 预防预警行动

3.2.1 预防准备工作

(1) 思想准备。加强宣传,增强全民预防水旱灾害和自我保护的意识,做好防大汛抗大旱的思想准备。

(2) 组织准备。建立健全防汛抗旱组织指挥机构,落实防汛抗旱责任人、防汛抗旱队伍和山洪易发重点区域的监测网络及预警措施,加强防汛抗旱应急抢险救援专业队伍建设。

(3) 工程准备。按时完成水毁工程修复和水源工程建设任务,对存在病险的堤防、水库、涵闸、泵站等各类防洪排涝工程设施及时除险加固;对跨汛期施工的涉水工程,要落实安全度汛责任和方案措施。

(4) 预案准备。修订完善江河湖库和城市防洪排涝预案、台风风暴潮防御预案、洪水预报方案、防洪排涝工程调度规程、堤防决口和水库垮坝应急方案、堰塞湖应急处置预案、蓄滞洪区安全转移预案、山丘区防御山洪灾害预案和抗旱预案、城市抗旱预案等各类应急预案和方案。研究制订防御超标准洪水的应急方案,主动应对大洪水。针对江河堤防险工险段，要制订工程抢险方案。大江大河干流重要河段堤防决口抢险方案由流域管理机构组织审批。

(5) 物资准备。按照分级负责的原则，储备必需的防汛抗旱抢险救援救灾物资。在防汛重点部位应储备一定数量的抢险物资，以应急需。

(6) 通信准备。充分利用公众通信网，确保防汛通信专网、蓄滞洪区的预警反馈系统完好和畅通。健全水文、气象测报站网，确保雨情、水情、工情、灾情信息和指挥调度指令及时传递。

(7) 防汛抗旱检查。实行以查组织、查工程、查预案、查物资、查通信为主要内容的分级检查制度，发现薄弱环节要明确责任、限时整改。

(8) 防汛日常管理工作。加强防汛日常管理工作，对在江河、湖泊、水库、滩涂、人工水道、蓄滞洪区内建设的非防洪建设项目应当编制洪水影响评价报告，并经有审批权的水利部门审批，对未经审批并严重影响防洪的项目，依法强行拆除。

3.2.2 江河洪水预警

(1) 当江河即将出现洪水时，各级水利部门应做好洪水预报和预警工作，及时向同级防汛抗旱指挥机构报告水位、流量的实测情况和洪水走势。各级气象部门应做好天气监测预报工作，及时向防汛抗旱指挥机构报告降雨实况、预报等。

(2) 各级水利部门应按照分级负责原则，确定洪水预警区域、级别和洪水信息发布范围，按照权限向社会发布。

(3) 各级水利部门应跟踪分析江河洪水的发展趋势，及时滚动预报最新水情，为抗灾救灾提供基本依据和技术支撑。

3.2.3 渍涝灾害预警

(1) 城市内涝预警。当气象预报将出现强降雨，并可能发生城市内涝灾害时，各级防汛抗旱指挥机构应按照分级分部门负责原则，组织住房城乡建设、水利、应急管理、气象等部门开展联合会商，研判形势。地方住房城乡建设、水利、应急管理、气象等有关部门按任务分工及时发布有关预警信息，当地防汛抗旱指挥机构按照预案启动相应级别的应急响应。当地人民政府视情及时组织做好人员转移、停工、停学、停业、停运和暂停户外活动等工作，对重点部位和灾害易发区提前预置抢险救援力量。

(2) 乡村渍涝预警。当气象预报将出现强降雨，村庄和农田可能发生渍涝灾害时，当地防汛抗旱指挥机构应及时组织会商，有关部门按职责及时发布预警，并按预案和分工提前采取措施减轻灾害损失。

3.2.4 山洪灾害预警

(1) 可能遭受山洪灾害威胁的地方，应根据山洪灾害的成因和特点，主动采取预防和避险措施。自然资源、水利、气象等部门应密切联系，相互配合，实现信息共享，提高预报水平，及时发布预警。

(2) 有山洪灾害防治任务的地方，水利部门应加强日常防治和监测预警。地方各级人民政府组织自然资源、水利、应急管理、气象等部门编制山洪灾害防御预案，绘制区域内山洪灾害风险图，划分并确定区域内易发生山洪灾害的地点及范围，制订安全转移方案，明确组织机构的设置及职责，指导行政村（社区）编制山洪灾害防御预案。具体工作由基层人民政府组织实施。

(3) 山洪灾害易发区应建立专业监测与群测群防相结合的监测体系，落实监测措施，汛期坚持 24 小时值班巡逻制度，降雨期间，加密监测、加强巡逻。每个乡镇（街道）、村（社区）、组和相关单位都要落实信号发送员，一旦发现危险征兆，立即向周边群众发出警报，实现快速转移，并报告本地防汛抗旱指挥机构，以便及时组织抗灾救灾。

3.2.5　台风风暴潮灾害预警

(1) 各级气象部门应密切监视台风动向，及时发布台风（含热带低压等）监测预警信息，做好未来趋势预报，并及时将台风中心位置、强度、移动方向、速度等信息报告同级人民政府和防汛抗旱指挥机构。自然资源（海洋）部门根据台风预报做好风暴潮监测预报预警工作。

(2) 可能遭遇台风袭击的地方，各级防汛抗旱指挥机构应加强值班，跟踪台风动向，并将有关信息及时向社会发布。

(3) 水利部门应根据台风影响的范围，及时通知有关水库、主要湖泊和河道堤防管理单位，做好防范工作。各工程管理单位应组织人员分析水情和台风带来的影响，加强工程检查，必要时实施预泄预排措施。

(4) 预报将受台风影响的沿海地区，当地防汛抗旱指挥机构应及时通知有关部门和人员做好防台风工作。

(5) 有关部门要加强对城镇危房、在建工地、仓库、交通运输、电信电缆、电力电线、户外广告牌等公用设施的检查，及时采取加固措施，组织船只回港避风和沿海养殖人员撤离工作。当地人民政府视情及时做好人员转移、停工、停学、停业、停运和暂停户外活动等工作。

3.2.6　蓄滞洪区预警

(1) 蓄滞洪区所在地县级防汛抗旱指挥机构应组织蓄滞洪区管理单位等拟订群众安全转移方案，由所在地县级人民政府组织审批。

(2) 蓄滞洪区工程管理单位应加强工程运行监测，发现问题及时处理，并报告本级防汛抗旱指挥机构和上级主管部门。

(3) 运用蓄滞洪区，当地人民政府和防汛抗旱指挥机构应把人民群众生命安全放在第一位，迅速启动预警系统，按照群众安全转移方案实施转移。

3.2.7　干旱灾害预警

(1) 各级水利部门应加强旱情监测和管理，针对干旱灾害的成因、特点，因地制宜采取预警防范措施。

(2) 各级防汛抗旱指挥机构应及时掌握旱情灾情，根据干旱发展趋势，及时组织和督促有关部门做好抗旱减灾工作。

(3) 各级防汛抗旱指挥机构应当鼓励和支持社会力量开展抗旱减灾工作。

3.2.8　供水危机预警

当因供水水源短缺或被破坏、供水线路中断、供水设施损毁、供水水质被侵害等原因而出现供水危机，有关部门应按相关规定及时向社会发布预警信息，及时报告同级防汛抗旱指挥机构并通报水行政主管部门，居民、企事业单位应做好储备应急用水的准备，有关部门做好应急供水的准备。

3.3 预警支持系统

3.3.1 洪涝、干旱和台风风暴潮风险图

（1）各级防汛抗旱指挥机构应组织有关部门，研究绘制本地区的城市洪涝风险图、蓄滞洪区洪水风险图、流域洪水风险图、山洪灾害风险图、水库洪水风险图、干旱风险图、台风风暴潮风险图。

（2）防汛抗旱指挥机构应以各类洪涝、干旱和台风风暴潮风险图作为抗洪抢险救灾、群众安全转移安置和抗旱救灾决策的技术依据。

3.3.2 洪涝防御方案

（1）防汛抗旱指挥机构应根据需要，组织水行政、住房城乡建设等有关部门编制和修订防御江河洪水方案、城市排涝方案，主动应对江河洪水和城市渍涝。长江、黄河、淮河、海河等重要江河湖泊和重要水工程的防御洪水方案，由水利部组织编制，按程序报国务院批准。重要江河湖泊和重要水工程的防洪抗旱调度和应急水量调度方案由水利部流域管理机构编制，报水利部审批后组织实施。调度方案和指令须抄国家防总、应急部。

（2）水行政主管部门应根据情况变化，修订和完善洪水调度方案。

3.3.3 抗旱预案

各级水利部门应编制抗旱预案，主动应对不同等级的干旱灾害。

3.4 预警响应衔接

（1）自然资源、住房城乡建设、交通运输、水利、应急管理、气象等部门按任务分工健全预警机制，规范预警发布内容、范围、程序等。有关部门应按专群有别、规范有序的原则，科学做好预警信息发布。

（2）自然资源、住房城乡建设、交通运输、水利、应急管理、气象等部门要加强监测预报和信息共享。

（3）各级防汛抗旱指挥机构要健全多部门联合会商机制，预测可能出现致灾天气过程或有关部门发布预警时，防汛抗旱指挥机构办公室要组织联合会商，分析研判灾害风险，综合考虑可能造成的危害和影响程度，及时提出启动、调整应急响应的意见和建议。

（4）各级防汛抗旱指挥机构应急响应原则上与本级有关部门的预警挂钩，把预警纳入应急响应的启动条件。省级防汛抗旱指挥机构要指导督促下级防汛抗旱指挥机构做好相关预警与应急响应的衔接工作。

（5）预警发布部门发布预警后，要滚动预报预警，及时向本级防汛抗旱指挥机构报告。

（6）有关部门要建立预报预警评估制度，每年汛后对预报预警精确性、有效性进行评估。

4 应急响应

4.1 应急响应的总体要求

4.1.1 按洪涝、干旱、台风、堰塞湖等灾害严重程度和范围，将应急响应行动

分为一、二、三、四级。一级应急响应级别最高。

4.1.2 进入汛期、旱期，各级防汛抗旱指挥机构及有关成员单位应实行24小时值班制度，全程跟踪雨情、水情、风情、险情、灾情、旱情，并根据不同情况启动相关应急程序。国家防总成员单位启动防汛抗旱相关应急响应时，应及时通报国家防总。国家防总各成员单位应按照统一部署和任务分工开展工作并及时报告有关工作情况。

4.1.3 当预报发生大洪水或突发险情时，水利部组织会商，应急部等部门派员参加。涉及启用重要蓄滞洪区、弃守堤防或破堤泄洪时，由水利部提出运用方案报国家防总，按照总指挥的决定执行。重大决定按程序报国务院批准。

4.1.4 洪涝、干旱、台风、堰塞湖等灾害发生后，由地方人民政府和防汛抗旱指挥机构负责组织实施抢险救灾和防灾减灾等方面的工作。灾害应对关键阶段，应有党政负责同志在防汛抗旱指挥机构坐镇指挥，相关负责同志根据预案和统一安排靠前指挥，确保防汛抢险救灾工作有序高效实施。

4.1.5 洪涝、干旱、台风、堰塞湖等灾害发生后，由当地防汛抗旱指挥机构向同级人民政府和上级防汛抗旱指挥机构报告情况。造成人员伤亡的突发事件，可越级上报，并同时报上级防汛抗旱指挥机构。任何个人发现堤防、水库发生险情时，应立即向有关部门报告。

4.1.6 对跨区域发生的上述灾害，或者突发事件将影响到临近行政区域的，在报告同级人民政府和上级防汛抗旱指挥机构的同时，应及时向受影响地区的防汛抗旱指挥机构通报情况。

4.1.7 因上述灾害而衍生的疾病流行、水陆交通事故等次生灾害，当地防汛抗旱指挥机构应及时向同级人民政府和上级防汛抗旱指挥机构报告，并由当地人民政府组织有关部门全力抢救和处置，采取有效措施切断灾害扩大的传播链，防止次生或衍生灾害蔓延。

4.2 一级应急响应

4.2.1 出现下列情况之一者，为一级应急响应：
（1）某个流域发生特大洪水；
（2）多个流域同时发生大洪水；
（3）多个省（自治区、直辖市）启动防汛抗旱一级应急响应；
（4）大江大河干流重要河段堤防发生决口；
（5）重点大型水库发生垮坝；
（6）多个省（自治区、直辖市）发生特大干旱；
（7）多座特大及以上城市发生特大干旱；
（8）其他需要启动一级应急响应的情况。

根据汛情、险情、灾情、旱情发展变化，当发生符合启动一级应急响应条件的事件时，国家防总办公室提出启动一级应急响应的建议，由副总指挥审核后，报总指挥批准；遇紧急情况，由总指挥决定。必要时，国务院直接决定启动一级应急响应。

4.2.2 一级应急响应行动
（1）由国家防总总指挥或党中央、国务院指定的负责同志主持会商，统一指挥调度，国家防总成员参加。视情启动经国务院批准的防御特大洪水方案，作出防汛抗旱应急工作部署，加强工作指导，并将情况上报党中央、国务院。应急响应期内，根据汛情、险情、灾情、旱情发展变化，可由副总指挥主持，有关成员单位参加，随时滚动会商，并将情况报总指挥。按照党中央、国务院安排派出工作组赴一线指导防汛抗旱工作。国家防总加强值守，密切监视汛情、险情、灾情、旱情，做好预测预报，做好重点工程调度，并在8小时内派出由国家防总领导或成员带队的工作组、专家组赴一线指导防汛抗旱工作，及时在中央主要媒体及新媒体通报有关情况，报道汛（旱）情及抗洪抢险、抗旱减灾工作。财政部为灾区及时提供资金帮助。国家粮食和储备局按照国家防总办公室要求为灾区紧急调运防汛抗旱物资；铁路、交通运输、民航部门为防汛抗旱物资提供运输保障。水利部做好汛情旱情预测预报，做好重点工程调度和防汛抢险技术支撑。应急部组织协调水旱灾害抢险和应急救援工作，转移安置受洪水威胁人员，及时救助受灾群众。国家卫生健康委根据需要，及时派出卫生应急队伍或专家赴灾区协助开展紧急医学救援、灾后卫生防疫和应急心理干预等工作。国家防总其他成员单位按照任务分工，全力做好有关工作。

（2）有关流域防汛抗旱指挥机构按照权限调度水利、防洪工程，为国家防总和水利部提供调度参谋意见。派出工作组、专家组，支援地方抗洪抢险和抗旱减灾。

（3）有关省、自治区、直辖市的防汛抗旱指挥机构启动一级应急响应，可依法宣布本地区进入紧急防汛期或紧急抗旱期，按照《中华人民共和国防洪法》和突发事件应对相关法律的规定行使权力。同时，增加值班人员，加强值班，由防汛抗旱指挥机构的主要负责同志主持会商，动员部署防汛抗旱工作；按照权限组织调度水利、防洪工程；根据预案转移危险地区群众，组织强化巡堤查险和堤防防守，及时控制险情或组织强化抗旱工作。受灾地区的各级防汛抗旱指挥机构负责人、成员单位负责人，应按照职责到分管的区域组织指挥防汛抗旱工作，或驻点具体帮助重灾区做好防汛抗旱工作。有关省、自治区、直辖市的防汛抗旱指挥机构应将工作情况上报当地人民政府、国家防总及流域防汛抗旱指挥机构。有关省、自治区、直辖市的防汛抗旱指挥机构成员单位按任务分工全力配合做好防汛抗旱和抗灾救灾工作。

4.3 二级应急响应

4.3.1 出现下列情况之一者，为二级应急响应：

（1）一个流域发生大洪水；

（2）多个省（自治区、直辖市）启动防汛抗旱二级或以上应急响应；

（3）大江大河干流一般河段及主要支流堤防发生决口；

（4）多个省（自治区、直辖市）发生严重洪涝灾害；

（5）一般大中型水库发生垮坝；

（6）预报超强台风登陆或严重影响我国；

（7）正在发生大范围强降雨过程，中央气象台发布暴雨红色预警，会商研判有两个以上省（自治区、直辖市）大部地区可能发生严重洪涝灾害；

（8）同一时间发生两个以上极高风险的堰塞湖；

（9）一省（自治区、直辖市）发生特大干旱或多个省（自治区、直辖市）发生严重干旱；

（10）多个大城市发生严重干旱；

（11）其他需要启动二级应急响应的情况。

根据汛情、险情、灾情、旱情发展变化，当发生符合启动二级应急响应条件的事件时，国家防总办公室提出启动二级应急响应的建议，由国家防总秘书长审核后，报副总指挥批准；遇紧急情况，由副总指挥决定。

4.3.2　二级应急响应行动

（1）国家防总副总指挥主持会商，国家防总成员单位派员参加会商，作出相应工作部署，加强防汛抗旱工作的指导，在 2 小时内将情况上报国务院领导同志并通报国家防总成员单位。应急响应期内，根据汛情、险情、灾情、旱情发展变化，可由国家防总秘书长主持，随时滚动会商。国家防总加强值班力量，密切监视汛情、险情、灾情、旱情，做好预测预报，做好重点工程调度，并在 12 小时内派出由成员单位组成的联合工作组、专家组赴一线指导防汛抗旱工作。水利部密切监视汛情、旱情、工情发展变化，做好汛情、旱情预测预报预警，做好重点工程调度和抗洪应急抢险技术支撑。国家防总组织协调有关方面不定期在中央主要媒体及新媒体平台通报有关情况。根据灾区请求及时调派抢险救援队伍、调拨防汛抗旱物资支援地方抢险救灾。国家防总各成员单位按照任务分工做好有关工作。

（2）有关流域防汛抗旱指挥机构密切监视汛情、险情、灾情、旱情发展变化，做好洪水预测预报，派出工作组、专家组，支援地方抗洪抢险救援和抗旱救灾；按照权限调度水利、防洪工程；为国家防总和水利部提供调度参谋意见。

（3）有关省、自治区、直辖市防汛抗旱指挥机构可根据情况，依法宣布本地区进入紧急防汛期或紧急抗旱期，按照《中华人民共和国防洪法》和突发事件应对相关法律的规定行使相关权力。同时，增加值班人员，加强值班。有关省级防汛抗旱指挥机构应将工作情况上报当地人民政府主要负责同志、国家防总及流域防汛抗旱指挥机构。有关省、自治区、直辖市的防汛抗旱指挥机构成员单位按任务分工全力配合做好防汛抗旱和抗灾救灾工作。

4.4　三级应急响应

4.4.1　出现下列情况之一者，为三级应急响应：

（1）多个省（自治区、直辖市）同时发生洪涝灾害；

（2）一省（自治区、直辖市）发生较大洪水；

（3）多个省（自治区、直辖市）启动防汛抗旱三级或以上应急响应；

（4）大江大河干流堤防出现重大险情；

（5）大中型水库出现严重险情或小型水库发生垮坝；

（6）预报强台风登陆或严重影响我国；

（7）正在发生大范围强降雨过程，中央气象台发布暴雨橙色预警，会商研判有两个以上省（自治区、直辖市）大部地区可能发生较重洪涝灾害；

（8）发生极高风险的堰塞湖；

（9）多个省（自治区、直辖市）同时发生中度干旱；

(10) 多座中等以上城市同时发生中度干旱或一座大城市发生严重干旱；

(11) 其他需要启动三级应急响应的情况。

根据汛情、险情、灾情、旱情发展变化，当发生符合启动三级应急响应条件的事件时，国家防总办公室提出启动三级应急响应的建议，报国家防总秘书长批准；遇紧急情况，由国家防总秘书长决定。

4.4.2 三级应急响应行动

(1) 国家防总秘书长主持会商，中国气象局、水利部、自然资源部等国家防总有关成员单位参加，作出相应工作安排，加强防汛抗旱工作的指导，有关情况及时上报国务院并通报国家防总成员单位。水利部密切监视汛情、旱情发展变化。国家防总办公室在 18 小时内派出由司局级领导带队的工作组、专家组赴一线指导防汛抗旱工作。

(2) 有关流域防汛抗旱指挥机构加强汛（旱）情监视，加强洪水预测预报，做好相关工程调度，派出工作组、专家组到一线协助防汛抗旱。

(3) 有关省、自治区、直辖市的防汛抗旱指挥机构，由防汛抗旱指挥机构负责同志主持会商，具体安排防汛抗旱工作；按照权限调度水利、防洪工程；根据预案组织防汛抢险或组织抗旱，派出工作组、专家组，并将防汛抗旱的工作情况上报当地人民政府分管负责同志、国家防总及流域防总。省级防汛抗旱指挥机构在省级主要媒体及新媒体平台发布防汛抗旱有关情况。省级防汛抗旱指挥机构各成员单位按照任务分工做好有关工作。

4.5 四级应急响应

4.5.1 出现下列情况之一者，为四级应急响应：

(1) 多个省（自治区、直辖市）启动防汛抗旱四级或以上应急响应；

(2) 多个省（自治区、直辖市）同时发生一般洪水；

(3) 大江大河干流堤防出现险情；

(4) 大中型水库出现险情；

(5) 预报热带风暴、强热带风暴、台风登陆或影响我国；

(6) 预测或正在发生大范围强降雨过程，中央气象台发布暴雨黄色预警，会商研判有两个以上省（自治区、直辖市）可能发生洪涝灾害；

(7) 发生高风险的堰塞湖；

(8) 多个省（自治区、直辖市）同时发生轻度干旱；

(9) 多座中等以上城市同时因旱影响正常供水；

(10) 其他需要启动四级应急响应的情况。

根据汛情、险情、灾情、旱情发展变化，当发生符合启动四级应急响应条件的事件时，国家防总办公室主任决定并宣布启动四级应急响应。

4.5.2 四级应急响应行动

(1) 国家防总办公室负责同志主持会商，中国气象局、水利部、自然资源部等国家防总有关成员单位参加，分析防汛抗旱形势，作出相应工作安排，加强对汛（旱）情的监视，在 24 小时内派出由司局级领导带队的工作组、专家组赴一线指导防汛抗旱工作，将情况上报国务院并通报国家防总成员单位。

（2）有关流域防总加强汛情、旱情监视，做好洪水预测预报，并将情况及时报国家防总办公室。

（3）有关省、自治区、直辖市的防汛抗旱指挥机构由防汛抗旱指挥机构负责同志主持会商，具体安排防汛抗旱工作；按照权限调度水利、防洪工程；按照预案采取相应防守措施或组织抗旱；派出工作组、专家组赴一线指导防汛抗旱工作；将防汛抗旱的工作情况上报当地人民政府和国家防总办公室。

4.6 不同灾害的应急响应措施

4.6.1 江河洪水

（1）当江河水位超过警戒水位时，当地防汛抗旱指挥机构应按照经批准的防洪预案和防汛责任制的要求，组织专业和群众防汛队伍巡堤查险，严密布防，必要时动用解放军和武警部队、民兵参加重要堤段、重点工程的防守或突击抢险。

（2）当江河水位继续上涨，危及重点保护对象时，各级防汛抗旱指挥机构和承担防汛任务的部门、单位，应根据江河水情和洪水预报，按照规定的权限和防御洪水方案、洪水调度方案，适时调度运用防洪工程，调节水库拦洪错峰，开启节制闸泄洪，启动泵站抢排，启用分洪河道、蓄滞洪区行蓄洪水，清除河道阻水障碍物、临时抢护加高堤防增加河道泄洪能力等。

（3）在实施蓄滞洪区调度运用时，根据洪水预报和经批准的洪水调度方案，由防汛抗旱指挥机构决定做好蓄滞洪区启用的准备工作，主要包括：组织蓄滞洪区内人员转移、安置，分洪设施的启用和无闸分洪口门爆破准备。当江河水情达到洪水调度方案规定的条件时，按照启用程序和管理权限由相应的防汛抗旱指挥机构批准下达命令实施分洪。

（4）在紧急情况下，按照《中华人民共和国防洪法》有关规定，有关县级以上人民政府防汛抗旱指挥机构可以宣布进入紧急防汛期，并行使相关权力、采取特殊措施，保障抗洪抢险的顺利实施。

4.6.2 渍涝灾害

渍涝灾害应急处置工作由当地防汛抗旱指挥机构组织实施。各级防汛抗旱指挥机构要加强组织协调，督促指导有关部门做好排涝工作。

（1）城市内涝。住房城乡建设、交通运输、水利等有关部门以及铁路等有关单位按任务分工全面排查城市易涝风险点，要突出抓好轨道交通、市政道路隧道、立交桥、地下空间、下沉式建筑、在建工程基坑等易涝积水点（区）隐患排查，并逐项整治消险。对主要易涝点要按照"一点一案"制定应急处置方案，明确责任人、队伍和物资，落实应急措施。

当出现城市内涝灾害时，当地防汛抗旱指挥机构应根据应急预案，及时组织有关部门和力量转移安置危险区域人员；对低洼积水等危险区域、路段，有关部门要及时采取警戒、管控等措施，避免人员伤亡。要及时通过广播、电视、新媒体等对灾害信息进行滚动预警；情况危急时，停止有关生产和社会活动。

住房城乡建设、水利等部门应加强协调和配合，科学调度防洪排涝工程、正确处理外洪内涝关系，确保防洪防涝安全。交通运输、电力、通信、燃气、供水等有关部门和单位应保障城市生命线工程和其他重要基础设施安全,保证城市正常运行。

(2)当村庄和农田发生渍涝灾害时,有关部门要及时组织专业人员和设备抢排涝水,尽快恢复生产和生活,减少灾害损失。

4.6.3 山洪灾害

(1)山洪灾害日常防治和监测预警工作由水利部门负责,应急处置和抢险救灾工作由应急管理部门负责,具体工作由基层人民政府组织实施。各级防汛抗旱指挥机构要加强组织协调,指导自然资源、生态环境、住房城乡建设、水利、应急管理、消防、气象等各有关部门按任务分工做好相关工作。

(2)当山洪灾害易发区观测到降雨量达到预警阈值时,水利等有关部门应及时发出预警,基层人民政府及时按预案组织受威胁人员安全撤离。

(3)转移受威胁地区的群众,应本着就近、迅速、安全、有序的原则进行,先人员后财产,先老幼病残后其他人员,先转移危险区人员和警戒区人员,防止出现道路堵塞和发生意外事件。

(4)当发生山洪灾害时,当地防汛抗旱指挥机构应组织自然资源、水利、应急管理、气象等有关部门的专家和技术人员,及时赶赴现场,加强观测,采取应急措施,防止造成更大损失。

(5)发生山洪灾害后,若导致人员伤亡,应立即组织国家综合性消防救援队伍、民兵、抢险突击队紧急抢救,必要时向当地解放军和武警部队及上级人民政府请求救援。

(6)如山洪、泥石流、滑坡体堵塞河道,当地防汛抗旱指挥机构应召集有关部门、专家研究处理方案,尽快采取应急措施,避免发生更大的灾害。

4.6.4 台风风暴潮灾害

(1)台风风暴潮(含热带低压)灾害应急处理由当地人民政府防汛抗旱指挥机构负责。

(2)发布台风蓝色、黄色预警阶段。

a.气象部门对台风发展趋势提出具体的分析和预报意见,并立即报告同级人民政府及防汛抗旱指挥机构。

b.自然资源(海洋)部门根据台风动向,分析、预报风暴潮,并及时报告同级人民政府及防汛抗旱指挥机构。

c.沿海地区各级防汛抗旱指挥机构负责同志及水利工程防汛负责人应根据台风预警上岗到位值班,并部署防御台风的各项准备工作。

d.防汛抗旱指挥机构督促有关地区和部门组织力量加强巡查,督促对病险堤防、水库、涵闸进行抢护或采取必要的紧急处置措施。台风可能明显影响的地区,超汛限水位的水库应将水位降到汛限水位,平原河网水位高的应适当预排。水利部门做好洪水测报的各项准备。做好受台风威胁地区群众的安全转移准备工作。

e.海上作业单位通知出海渔船回港避风,提醒商船落实避风措施。自然资源(海洋)、渔业、海运、海上安全等部门检查归港船只锚固情况,敦促沿海地区做好建设工地、滩涂养殖、网箱加固及渔排上人员安全转移、港口大型机械加固、人员避险、货物避水等工作。

f. 新闻媒体及时播发台风预警信息和防汛抗旱指挥机构的防御部署情况。

（3）发布台风橙色、红色预警阶段。

a. 台风可能影响地区的各级防汛抗旱指挥机构负责同志及水利工程防汛负责人应立即上岗到位值班，根据当地防御洪水（台风）方案进一步检查各项防御措施落实情况。对台风可能登陆地区和可能严重影响的地区，当地县级以上人民政府应发布防台风动员令，组织防台风工作，派出工作组深入第一线，做好宣传发动工作，落实防台风措施和群众安全转移措施，指挥防台风和抢险工作。

b. 气象部门应作出台风可能登陆地点、时间以及台风暴雨量级和雨区的预报。自然资源（海洋）部门应作出风暴潮预报。水利部门应根据气象部门的降雨预报，提早作出江河洪水的预报。

c. 海上作业单位应检查船只进港情况，尚未回港的应采取应急措施。对停港避风的船只应落实防撞等保安措施。

d. 水利工程管理单位应做好工程的保安工作，并根据降雨量、洪水预报，控制运用水库、水闸及江河洪水调度运行，落实蓄滞洪区分洪的各项准备。抢险人员加强对工程的巡查。

e. 洪水预报将要受淹的地区，做好人员、物资的转移。山洪灾害易发地区提高警惕，落实应急措施。

f. 台风将登陆影响和台风中心可能经过的地区，居住在危房的人员应及时转移；成熟的农作物、食盐、渔业产品应组织抢收抢护；高空作业设施做好防护工作；建设工地做好大型临时设施固结和工程结构防护等工作；电力、通信部门应做好抢修准备，保障供电和通信畅通；住房城乡建设（园林绿化）部门应按职责做好市区树木的保护工作；卫生健康部门做好抢救伤员的应急处置方案。

g. 新闻媒体应增加对台风预报和防台风措施的播放和刊载。

h. 国家综合性消防救援队伍、驻地解放军和武警部队、民兵根据抢险救灾预案做好各项准备，一旦有任务即迅速赶往现场。卫生健康部门根据实际需要，组织卫生应急队伍集结待命。公安机关做好社会治安工作。

i. 各级防汛抗旱指挥机构应及时向上一级防汛抗旱指挥机构汇报防台风行动情况。

4.6.5 堤防决口、水闸垮塌、水库（水电站）垮坝

（1）当出现堤防决口、水闸垮塌、水库（水电站）垮坝征兆时，防汛责任单位要迅速调集人力、物力全力组织抢险，尽可能控制险情，第一时间向预计淹没区域的有关基层人民政府和基层组织发出警报，并及时向当地防汛抗旱指挥机构和上级主管部门报告。大江大河干流堤防决口、水闸垮塌和大型水库（水电站）垮坝等事件应立即报告国家防总办公室。

（2）堤防决口、水闸垮塌、水库（水电站）垮坝的应急处理，由当地防汛抗旱指挥机构负责，水利部门提供技术支撑。首先应迅速组织受影响群众转移，并视情况抢筑二道防线，控制洪水影响范围，尽可能减少灾害损失。必要时，向上级防汛抗旱指

挥机构提出援助请求。

(3) 当地防汛抗旱指挥机构视情况在适当时机组织实施堤防堵口，按照权限调度有关水利工程，为实施堤防堵口创造条件，并应明确堵口、抢护的行政、技术责任人，启动堵口、抢护应急预案，及时调集人力、物力迅速实施堵口、抢护。上级防汛抗旱指挥机构负责同志应立即带领专家赶赴现场指导。

4.6.6 干旱灾害

县级以上防汛抗旱指挥机构根据本地区实际情况，按特大、严重、中度、轻度4个干旱等级，制定相应的应急抗旱措施，并负责组织抗旱工作。

(1) 特大干旱。

a. 强化地方行政首长抗旱责任制，确保城乡居民生活和重点企业用水安全，维护灾区社会稳定。

b. 防汛抗旱指挥机构强化抗旱工作的统一指挥和组织协调，加强会商。水利部门强化抗旱水源的科学调度和用水管理。各有关部门按照防汛抗旱指挥机构的统一指挥部署，协调联动，全面做好抗旱工作。

c. 启动相关抗旱预案，并报上级指挥机构备案。必要时经省级人民政府批准，省级防汛抗旱指挥机构可依法宣布进入紧急抗旱期，启动各项特殊应急抗旱措施，如应急开源、应急限水、应急调水、应急送水，条件许可时及时开展人工增雨等。

d. 水利、农业农村等有关部门要及时向防汛抗旱指挥机构和应急管理部门报告旱情、灾情及抗旱工作；防汛抗旱指挥机构要加强会商，密切跟踪旱情灾情发展变化趋势及抗旱工作情况，及时分析旱情灾情对经济社会发展的影响，适时向社会通报旱灾信息。

e. 及时动员社会各方面力量支援抗旱救灾工作。

f. 加强旱情灾情及抗旱工作的宣传。

(2) 严重干旱。

a. 有关部门加强旱情监测和分析预报工作，及时向防汛抗旱指挥机构报告旱情灾情及其发展变化趋势，及时通报旱情信息和抗旱情况。

b. 防汛抗旱指挥机构及时组织抗旱会商，研究部署抗旱工作。

c. 适时启动相关抗旱预案，并报上级防汛抗旱指挥机构备案。

d. 督促防汛抗旱指挥机构各成员单位落实抗旱职责，做好抗旱水源的统一管理和调度，落实应急抗旱资金和抗旱物资。

e. 做好抗旱工作的宣传。

(3) 中度干旱。

a. 有关部门要加强旱情监测，密切注视旱情的发展情况，及时向防汛抗旱指挥机构报告旱情信息和抗旱情况。

b. 防汛抗旱指挥机构要加强会商，分析研判旱情发展变化趋势，及时分析预测水量供求变化形势。

c. 及时上报、通报旱情信息和抗旱情况。

d. 关注水量供求变化，组织做好抗旱调度。

e. 根据旱情发展趋势,动员部署抗旱工作。
(4) 轻度干旱。
a. 有关部门及时做好旱情监测、预报工作。
b. 及时掌握旱情变化情况,分析了解社会各方面的用水需求。
c. 协调有关部门做好抗旱水源的管理调度工作。

4.6.7 供水危机

(1) 当发生供水危机时,有关防汛抗旱指挥机构应指导和督促有关部门采取有效措施,做好应急供水工作,最大程度保证城乡居民生活和重点单位用水安全。
(2) 针对供水危机出现的原因,组织有关部门采取措施尽快恢复供水水源,保障供水量和水质正常。

4.7 信息报送和处理

4.7.1 汛情、险情、灾情、旱情等防汛抗旱信息按任务分工实行分级上报,归口处理,同级共享。

4.7.2 防汛抗旱信息的报送和处理,应快速、准确、详实,重要信息应立即上报,因客观原因一时难以准确掌握的信息,应及时报告基本情况,同时抓紧跟踪了解,尽快补报详情。

4.7.3 属一般性汛情、险情、灾情、旱情,按分管权限,分别报送本级防汛抗旱指挥机构和水利、应急管理部门。凡因险情、灾情较重,按分管权限上报一时难以处理,需上级帮助、指导处理的,经本级防汛抗旱指挥机构负责同志审批后,可向上一级防汛抗旱指挥机构和水利、应急管理部门报告。

4.7.4 凡经本级或上级防汛抗旱指挥机构采用和发布的水旱灾害、工程抢险等信息,水利、应急管理等有关部门应立即核查,对存在的问题,及时采取措施,切实加以解决。

4.7.5 洪涝灾害人员伤亡、重大险情及影响范围、处置措施等关键信息,必须严格按照国家防总相关规定和灾害统计报告制度报送,不得虚报、瞒报、漏报、迟报。

4.7.6 国家防总办公室接到特别重大、重大的汛情、险情、灾情、旱情报告后应立即报告国务院,并及时续报。

4.8 指挥和调度

4.8.1 出现水旱灾害后,事发地防汛抗旱指挥机构应立即启动应急预案,并根据需要成立现场指挥部。在采取紧急措施的同时,向上一级防汛抗旱指挥机构报告。根据现场情况,及时收集、掌握相关信息,判明事件性质和危害程度,并及时上报事态发展变化情况。

4.8.2 事发地防汛抗旱指挥机构负责人应迅速上岗到位,分析事件的性质,预测事态发展趋势和可能造成的危害程度,并按规定的处置程序,组织指挥有关部门和单位按照任务分工,迅速采取处置措施,控制事态发展。

4.8.3 发生重大水旱灾害后,上一级防汛抗旱指挥机构应派出由有关负责同志带队的工作组赶赴现场,加强指导,必要时成立前线指挥部。

4.9 抢险救灾

4.9.1 出现水旱灾害或防洪工程发生重大险情后，事发地防汛抗旱指挥机构应根据事件的性质，迅速对事件进行监控、追踪，按照预案立即提出紧急处置措施，统一指挥各部门和单位按照任务分工，各司其职，团结协作，快速反应，高效处置，最大程度减少损失。

4.9.2 在汛期，河道、水库、水电站、闸坝等水工程管理单位必须按照规定对水工程进行巡查，发现险情，必须立即采取抢护措施，第一时间向预计淹没区域的有关基层人民政府和基层组织发出预警，并及时向防汛抗旱指挥机构和上级主管部门报告相关信息。

电力、交通、通信、石油、化工等工程设施因暴雨、洪水、内涝和台风发生险情时，工程管理单位应当立即采取抢护措施，并及时向其行业主管等有关部门报告；行业主管部门应当立即组织抢险，并将险情及抢险行动情况报告同级防汛抗旱指挥机构。

当江河湖泊达到警戒水位并继续上涨时，应急管理部门应组织指导有关地方提前落实抢险队伍、抢险物资，视情开展巡查值守，做好应急抢险和人员转移准备。

洪水灾害发生后，水利部门按照防汛抗旱指挥机构部署，派出水利技术专家组，协助应急管理部门开展险情处置，提供技术支持。

4.9.3 大江大河干流堤防决口的堵复、水库（水电站）重大险情的抢护应按照事先制定的抢险预案进行，并由防汛专业抢险队伍或抗洪抢险专业部队等实施。

4.9.4 必要时协调解放军和武警部队增援，提请上级防汛抗旱指挥机构提供帮助。

4.10 安全防护和医疗救护

4.10.1 各级人民政府和防汛抗旱指挥机构应高度重视应急救援人员的安全，调集和储备必要的防护器材、消毒药品、备用电源和抢救伤员必备的器械等，以备随时应用。

4.10.2 抢险人员进入和撤出现场由防汛抗旱指挥机构视情况作出决定。抢险人员进入受威胁的现场前，应采取防护措施以保证自身安全。参加一线抗洪抢险的人员，必须穿救生衣，携带必要的安全防护器具。当现场受到污染时，应按要求为抢险人员配备防护设施，撤离时应进行消毒、去污处理。

4.10.3 出现水旱灾害后，事发地防汛抗旱指挥机构应及时做好群众的救援、转移和疏散工作。

4.10.4 事发地防汛抗旱指挥机构应按照当地人民政府和上级领导机构的指令，及时发布通告，防止人、畜进入危险区域或饮用被污染的水源。

4.10.5 当地人民政府负责妥善安置受灾群众，提供紧急避难场所，保证基本生活。要加强管理，防止转移群众擅自返回。

4.10.6 出现水旱灾害后，事发地人民政府和防汛抗旱指挥机构应组织卫生健康部门加强受影响地区的传染病和突发公共卫生事件监测、报告工作，落实各项防控措施，必要时派出卫生应急小分队，设立现场医疗点，开展紧急医学救援、灾后卫生防疫和应急心理干预等工作。

4.11 社会力量动员与参与

4.11.1 出现水旱灾害后,事发地防汛抗旱指挥机构可根据事件的性质和危害程度,报经当地人民政府批准,对重点地区和重点部位实施紧急控制,防止事态及其危害进一步扩大。

4.11.2 必要时可通过当地人民政府广泛调动社会力量积极参与应急突发事件处置,紧急情况下可依法征用、调用交通工具、物资、人员等,全力投入抗洪抢险和抗灾救灾。

4.12 信息发布

4.12.1 防汛抗旱的信息发布应当及时、准确、客观、全面。对雨情、汛情、旱情、灾情描述要科学严谨,未经论证不得使用"千年一遇"、"万年一遇"等用语,在防汛救灾中也不得使用"战时状态"等表述。

4.12.2 汛情、旱情由水利部门发布,灾情及防汛抗旱工作情况由各级防汛抗旱指挥机构统一审核和发布。

4.12.3 信息发布形式主要包括授权发布、编发新闻稿、组织报道、接受记者采访、举行新闻发布会等。

4.13 应急终止

4.13.1 当洪水灾害、极度缺水得到有效控制时,事发地防汛抗旱指挥机构可视汛情旱情,宣布终止紧急防汛期或紧急抗旱期。

4.13.2 依照有关紧急防汛期、抗旱期规定征用调用的物资、设备、交通运输工具等,在汛期、旱期结束后应当及时归还;造成损坏或者无法归还的,按照国务院有关规定给予适当补偿或者作其他处理。取土占地、砍伐林木的,在汛期结束后依法向有关部门补办手续;有关地方人民政府对取土后的土地组织复垦,对砍伐的林木组织补种。

4.13.3 紧急处置工作结束后,事发地防汛抗旱指挥机构应协助当地人民政府进一步恢复正常生产生活秩序,指导有关部门修复水毁基础设施,尽可能减少突发事件带来的损失和影响。

5 应急保障

5.1 通信与信息保障

5.1.1 任何通信运营单位都有依法保障防汛抗旱信息畅通的责任。

5.1.2 防汛抗旱指挥机构应按照以公用通信网为主的原则,合理利用专用通信网络,防汛抗旱工程管理单位必须配备通讯设施,确保信息畅通。

5.1.3 防汛抗旱指挥机构应协调通信主管部门,按照防汛抗旱实际需要,将有关要求纳入通信保障应急预案。出现突发事件后,通信主管部门应根据通信保障应急预案,调度应急通信队伍、装备,为防汛抗旱通信和现场指挥提供通信保障,迅速调集力量抢修损坏的通信设施,努力保证防汛抗旱通信畅通。

5.1.4 在紧急情况下,应充分利用广播、电视和新媒体以及手机短信等手段及时发布防汛抗旱防台风预警预报信息，通知群众快速撤离，确保人民生命安全。公共广播、电视、有关政府网站等媒体以及基础电信企业应按主管部门要求发布防汛抗旱防台风预警预报等信息。

5.2 应急支援与装备保障

5.2.1 现场救援和工程抢险保障

（1）对重点险工险段或易出险的水利工程设施，水利部门应提前编制工程应急抢险预案，以备紧急情况下因险施策；当出现新的险情后，水利部门应派工程技术人员赶赴现场，研究优化除险方案，并由防汛抗旱行政首长负责组织实施。

（2）防汛抗旱指挥机构和防洪工程管理单位以及受洪水威胁的其他单位储备的常规抢险机械、抗旱设备、物资和救生器材，应能满足抢险急需。

5.2.2 应急队伍保障

（1）防汛队伍。

a. 任何单位和个人都有依法参加防汛抗洪的义务。

b. 防汛抢险队伍分为专业抢险队伍和非专业抢险队伍。国家综合性消防救援队伍、解放军和武警部队抗洪抢险应急专业力量和年度重点准备任务部队、民兵应急专业救援队伍、部门和地方以及中央企业组建的专业抢险队伍作为常备力量或突击力量，主要完成急、难、险、重的抢险任务；非专业抢险队伍主要为抢险提供劳动力，完成对抢险技术设备要求不高的抢险任务。

c. 调动防汛抢险队伍程序：一是本级防汛抗旱指挥机构管理的防汛抢险队伍，由本级防汛抗旱指挥机构负责调动。二是上级防汛抗旱指挥机构管理的防汛抢险队伍，由本级防汛抗旱指挥机构向上级防汛抗旱指挥机构提出调动申请，由上级防汛抗旱指挥机构批准。三是同级其他区域防汛抗旱指挥机构管理的防汛抢险队伍，由本级防汛抗旱指挥机构向上级防汛抗旱指挥机构提出调动申请，上级防汛抗旱指挥机构协商调动。国家综合性消防救援队伍调动按应急部有关规定执行。

（2）抗旱队伍。

a. 在抗旱期间，地方各级人民政府和防汛抗旱指挥机构应组织动员社会公众力量投入抗旱救灾工作。

b. 抗旱服务组织是农业社会化服务体系的重要组成部分，在干旱时期应直接为受旱地区农民提供流动灌溉、生活用水，维修保养抗旱机具，租赁、销售抗旱物资，提供抗旱信息和技术咨询等方面的服务。

c. 必要时，可申请动用国家综合性消防救援队伍等力量进行抗旱救灾。

5.2.3 供电保障

电力管理部门主要负责抗洪抢险、抢排渍涝、抗旱救灾、生命线工程运行等方面的供电保障和应急救援现场的临时供电。

5.2.4 交通运输保障

交通运输部门主要负责优先保证防汛抢险人员、防汛抗旱救灾物资运输；蓄滞洪区分洪时，负责群众安全转移所需车辆、船舶的调配；负责分泄大洪水时河道航行安全；负责大洪水时用于抢险、救灾车辆、船舶的及时调配；负责防御台风海上搜救有关工作。

5.2.5 医学救援保障

卫生健康部门主要负责水旱灾区疾病防治的业务技术指导；组织卫生应急队伍或专家赴灾区，开展伤病人员救治，指导灾区开展卫生防疫和应急心理干预等工作。

5.2.6 治安保障

公安机关依法做好水旱灾区治安管理、交通秩序维护工作，依法查处扰乱抗灾救灾秩序、危害工程设施安全等违法犯罪行为；组织实施防汛抢险、分洪爆破时的警戒守护、交通管制以及受灾群众集中安置点等重点部位的安全保卫工作。

5.2.7 物资保障

财政、应急管理、粮食和储备部门应按国家有关规定依照各自职责，加强衔接配合，做好防汛抗旱物资规划计划、资金保障、储备管理、调拨使用等工作，优化收储轮换及日常管理，提高物资使用效率。

（1）物资储备。

a. 国家粮食和储备局负责中央防汛抗旱物资的收储、轮换和日常管理，根据国家防总办公室的动用指令承担调出和运送任务。重点防洪工程管理单位以及受洪水威胁的其他单位应按规范储备防汛抢险物资。各级防汛抗旱指挥机构要做好应急抢险物资储备和保障有关工作，了解掌握新材料、新设备、新技术、新工艺的更新换代情况，及时调整储备物资品种，提高科技含量。

b. 中央防汛抗旱物资主要用于解决遭受特大洪水和特大干旱灾害地区防汛抢险和抗旱应急物资不足，保障大江大河（湖）及其重要支流、重要防洪设施抗洪抢险、防汛救灾以及严重干旱地区抗旱减灾需要。

c. 洪涝灾害频繁地区可通过政府购买服务方式解决空中、水上应急抢险救援大型设备（装备）需求，承接主体应当具有国家相关专业资质。

d. 地方各级防汛抗旱指挥机构根据规范储备的防汛抢险物资品种和数量，由各级防汛抗旱指挥机构结合本地抗洪抢险具体情况确定。

e. 抗旱物资储备。干旱频繁发生地区县级以上地方人民政府应当储备一定数量的抗旱物资，由本级防汛抗旱指挥机构负责调用。

f. 抗旱水源储备。严重缺水城市应当建立应急供水机制，建设应急供水备用水源。

（2）物资调拨。

a. 中央防汛抗旱物资调拨在坚持就近调拨和保证抢险需求的同时，应优先调用周边仓库接近储备年限的物资，尽量避免或减少物资报废。当有多处申请调用中央防汛抗旱物资时，应优先保证重点地区的防汛抗旱抢险应急物资需求。

b. 中央防汛抗旱物资调拨程序：中央防汛抗旱物资的调用，由流域防总或省级防汛抗旱指挥机构向国家防总提出申请，经批准后，由国家防总办公室向国家粮食和储备局下达调令。

c. 当储备物资消耗过多，不能满足抗洪抢险和抗旱需要时，应及时启动防汛抗旱物资生产流程和生产能力储备，紧急调运、生产所需物资，必要时可向社会公开征集。

5.2.8 资金保障

中央财政安排资金补助地方政府、新疆生产建设兵团以及流域管理机构防汛抗旱工作。省、自治区、直辖市人民政府应当在本级财政预算中安排资金，用于本行政区域内的防汛抗旱工作。

5.2.9 社会动员保障

（1）防汛抗旱是社会公益性事业，任何单位和个人都有保护防汛抗旱工程设施和防汛抗旱的责任。

（2）汛期或旱期，各级防汛抗旱指挥机构应根据水旱灾害的发展，做好动员工作，组织社会力量投入防汛抗旱。

（3）各级防汛抗旱指挥机构的成员单位，在严重水旱灾害期间，应按照分工，特事特办，急事急办，解决防汛抗旱实际问题，同时充分调动本系统力量，全力支持抗灾救灾和灾后重建工作。

（4）各级人民政府应加强对防汛抗旱工作的统一领导，组织有关部门和单位，动员全社会力量，做好防汛抗旱工作。在防汛抗旱关键时刻，各级防汛抗旱行政首长应靠前指挥，组织广大干部群众奋力抗灾减灾。

（5）国家制定政策措施，鼓励社会专业队伍参与抗洪抢险救援和抗旱救灾工作。

5.3 技术保障

5.3.1 信息技术支撑

（1）加强防汛抗旱信息化建设。国家防总办公室在充分利用各成员单位既有成果的基础上，组织加强信息化建设，促进互联互通，建立信息共享机制。

（2）完善协同配合和衔接机制。应急部会同自然资源部、住房城乡建设部、水利部、中国气象局等有关部门建立统一的应急管理信息平台。自然资源部、住房城乡建设部、水利部、应急部、中国气象局等部门建立定期会商和信息共享机制，共同分析研判汛情旱情和险情灾情，实时共享相关监测预报预警和重要调度信息。

5.3.2 专家支撑

各级防汛抗旱指挥机构应建立专家库，当发生水旱灾害时，由防汛抗旱指挥机构统一调度，派出专家组指导防汛抗旱工作。水利部门承担防汛抗旱抢险技术支撑工作。

5.4 宣传

（1）各级防汛抗旱指挥机构要重视宣传舆论引导工作。防汛抗旱指挥机构办公室要把防汛抗旱宣传工作纳入议事日程，建立宣传工作机制，指定专人负责，加强与有关宣传机构的协作配合。

（2）各级防汛抗旱指挥机构要及时准确向社会通报防汛抗旱工作情况及水旱灾害信息。汛情、旱情形势严峻时期要加强防汛抗旱宣传工作力度，建立舆情监测机制，加强舆情引导和正面宣传，及时澄清虚假信息，为防汛抗旱工作营造良好氛围。

（3）发生重特大水旱（台风）灾害时，防汛抗旱指挥机构要按有关规定及时向社会和媒体通报情况，并根据事态发展及时召开新闻发布会，发布有关情况；对防汛形势、抢险救援、人员伤亡、经济损失、灾区秩序、群众生活等社会普遍关注的热点问题，要主动回应社会关切。对防汛救灾专业知识，要组织专家科学解读，有针对性解疑释惑。

5.5 培训和演练

5.5.1 培训

（1）按照分级负责的原则，各级防汛抗旱指挥机构组织实施防汛抗旱知识与技能培训。省级防汛抗旱指挥机构负责市、县级防汛抗旱指挥机构负责人及其办公室工作人员、防汛抢险专业队伍负责人和防汛抢险技术骨干的培训；市、县级防汛抗旱指挥机构负责乡镇（街道）、村（社区）防汛抗旱负责人、防汛抢险技术人员的培训。

（2）培训工作应做到合理规范课程、严格考核、分类指导，保证培训工作质量。

（3）培训工作应结合实际，采取多种组织形式，定期与不定期相结合，每年汛前至少组织一次培训。

5.5.2 演练

（1）各级防汛抗旱指挥机构应定期举行不同类型的应急演练，以检验、改善和强化应急准备和应急响应能力。

（2）专业抢险队伍必须针对当地易发生的各类险情有针对性地每年进行抗洪抢险演练。

（3）多个部门联合进行的专业演练，一般2～3年举行一次，由省级防汛抗旱指挥机构负责组织。

6 善后工作

发生水旱灾害地区的地方人民政府应组织有关部门做好灾区生活供给、卫生防疫、救灾物资供应、治安管理、学校复课、水毁修复、恢复生产和重建家园等善后工作。

6.1 救灾

6.1.1 发生重大灾情时，灾区人民政府负责灾害救助的组织、协调和指挥工作。

6.1.2 应急管理部门负责受灾群众基本生活救助，会同有关部门及时调拨救灾款物，组织安置受灾群众，保障受灾群众基本生活，做好因灾倒损民房的恢复重建，组织开展救灾捐赠，保证受灾群众有饭吃、有衣穿、有干净水喝、有临时安全住处、有医疗服务。

6.1.3 卫生健康部门负责调配卫生应急力量，开展灾区伤病人员医疗救治，指导对污染源进行消毒处理，指导落实灾后各项卫生防疫措施，严防灾区传染病疫情发生。

6.1.4 当地人民政府应组织对可能造成环境污染的污染物进行清除。

6.2 防汛抗旱物资补充

针对当年防汛抢险及抗旱物资消耗情况，按照分级管理的原则，及时补充到位。

6.3 水毁工程修复

6.3.1 对影响当年防洪安全和城乡供水安全的水毁工程，应尽快修复。防洪工程应力争在下次洪水到来之前，做到恢复主体功能；抗旱水源工程应尽快恢复功能。

6.3.2　遭到毁坏的交通、电力、通信、水文以及防汛专用通信设施，应尽快组织修复，恢复功能。

6.4　蓄滞洪区运用补偿

国家蓄滞洪区分洪运用后，按照《蓄滞洪区运用补偿暂行办法》进行补偿。其他蓄滞洪区由地方人民政府参照《蓄滞洪区运用补偿暂行办法》补偿。

6.5　灾后重建

各有关部门应尽快组织灾后重建工作。灾后重建原则上按原标准恢复，在条件允许情况下，可提高标准重建。

6.6　工作评价与灾害评估

每年各级防汛抗旱指挥机构应针对防汛抗旱工作各方面和环节组织应急管理等有关部门进行定性和定量总结、分析，总结经验，查找问题，改进工作。总结情况要及时报上一级防汛抗旱指挥机构。

应急部按照有关规定组织开展重特大水旱灾害调查评估工作。

7　附则

7.1　名词术语定义

7.1.1　洪水风险图：是融合地理、社会经济、洪水特征信息，通过资料调查、洪水计算和成果整理，以地图形式直观反映某一地区发生洪水后可能淹没的范围和水深，用以分析和预评估不同量级洪水可能造成的风险和危害的工具。

7.1.2　干旱风险图：是融合地理、社会经济、水资源特征信息，通过资料调查、水资源计算和成果整理，以地图形式直观反映某一地区发生干旱后可能影响的范围，用以分析和预评估不同干旱等级造成的风险和危害的工具。

7.1.3　台风风暴潮风险图：是融合地理、社会经济、台风风暴潮特征信息，通过资料调查、台风风暴潮计算和成果整理，以地图形式直观反映某一地区发生台风风暴潮后可能影响的范围，用以分析和预评估不同级别台风风暴潮造成的风险和危害的工具。

7.1.4　防御洪水方案：是对有防汛抗洪任务的县级以上地方人民政府根据流域综合规划、防洪工程实际状况和国家规定的防洪标准，制定的防御江河洪水（包括特大洪水）、山洪灾害（指由降雨引发的山洪、泥石流灾害）、台风风暴潮灾害等方案的统称。长江、黄河、淮河、海河等重要江河湖泊和重要水工程的防御洪水方案，由水利部组织编制，按程序报国务院批准；跨省、自治区、直辖市的其他江河的防御洪水方案，由有关流域管理机构会同有关省、自治区、直辖市人民政府制定，报国务院或者国务院授权的有关部门批准。防御洪水方案经批准后，有关地方人民政府必须执行。各级防汛抗旱指挥机构和承担防汛抗洪任务的部门和单位，必须根据防御洪水方案做好防汛抗洪准备工作。

7.1.5　抗旱预案：是在现有工程设施条件和抗旱能力下，针对不同等级、程度的干旱，而预先制定的对策和措施，是各级防汛抗旱指挥机构实施指挥决策的依据。

7.1.6 抗旱服务组织：是由水利部门组建的事业性服务实体，以抗旱减灾为宗旨，围绕群众饮水安全、粮食用水安全、经济发展用水安全和生态环境用水安全开展抗旱服务工作。其业务工作受同级水利部门领导和上一级抗旱服务组织的指导。国家支持和鼓励社会力量兴办各种形式的抗旱社会化服务组织。

7.1.7 生命线工程：根据《破坏性地震应急条例》，生命线工程是指对社会生活、生产有重大影响的交通、通信、供水、排水、供电、供气、输油等工程系统。

7.1.8 洪水等级

根据《水文情报预报规范》（GB/T 22482—2008）：

小洪水：洪水要素重现期小于5年的洪水。

中洪水：洪水要素重现期为5年～20年的洪水。

大洪水：洪水要素重现期为20年～50年的洪水。

特大洪水：洪水要素重现期大于50年的洪水。

7.1.9 热带气旋等级

根据《热带气旋等级》（GB/T 19201—2006）：

热带低压：热带气旋底层中心附近最大平均风速达到10.8m/s～17.1m/s（风力6～7级）。

热带风暴：热带气旋底层中心附近最大平均风速达到17.2m/s～24.4m/s（风力8～9级）。

强热带风暴：热带气旋底层中心附近最大平均风速达到24.5m/s～32.6m/s（风力10～11级）。

台风：热带气旋底层中心附近最大平均风速达到32.7m/s～41.4m/s（风力12～13级）。

强台风：热带气旋底层中心附近最大平均风速达到41.5m/s～50.9m/s（风力14～15级）。

超强台风：热带气旋底层中心附近最大平均风速达到或大于51.0m/s（风力16级或以上）。

7.1.10 堰塞湖风险等级

堰塞体危险性判别、堰塞湖淹没和溃决损失严重性、堰塞湖风险等级划分参照《堰塞湖风险等级划分与应急处置技术规范》（SL/T 450—2021）。

7.1.11 干旱等级

区域农业旱情等级、区域牧业旱情等级、区域农牧业旱情等级、区域因旱饮水困难等级、城市旱情等级划分参照《区域旱情等级》（GB/T 32135—2015）。

7.1.12 关于城市规模的规定参照《国务院关于调整城市规模划分标准的通知》（国发〔2014〕51号）。

7.1.13 紧急防汛期：根据《中华人民共和国防洪法》规定，当江河、湖泊的水情接近保证水位或者安全流量，水库水位接近设计洪水位，或者防洪工程设施发生重大险情时，有关县级以上人民政府防汛指挥机构可以宣布进入紧急防汛期。在紧急防汛期，国家防汛指挥机构或者其授权的流域、省、自治区、直辖市防汛指挥机构有权对壅水、阻水严重的桥梁、引道、码头和其他跨河工程设施作出紧急处置。防汛指挥机构根据防汛抗洪的需要，有权在其管辖范围内调用物资、设备、交通运输工具和人力，决定采取取土占地、砍伐林木、清除阻水障碍物和其他必要的紧急措施；必要时，公安、交通等有关部门按照防汛指挥机构的决定，依法实施陆地和水面交通管制。

本预案有关数量的表述中，除有特殊说明外，"以上"含本数，"以下"不含本数。

7.2 预案管理与更新

本预案按照国务院办公厅印发的《突发事件应急预案管理办法》相关规定进行管理与更新。

7.3 国际沟通与协作

按照国家外事纪律的有关规定，积极开展防汛抗旱减灾国际交流，借鉴发达国家防汛抗旱减灾工作的经验，进一步做好我国水旱灾害突发事件防范与处置工作。

7.4 奖励与责任追究

对防汛抢险和抗旱工作作出突出贡献的劳动模范、先进集体和个人，由人力资源社会保障部、国家防总联合表彰；对防汛抢险和抗旱工作中英勇献身的人员，按有关规定追认为烈士；对防汛抗旱工作中玩忽职守造成损失的，依据《中华人民共和国防洪法》、《中华人民共和国公务员法》、《中华人民共和国防汛条例》追究当事人的责任，并予以处罚，构成犯罪的，依法追究其刑事责任。

7.5 预案解释部门

本预案由国家防总办公室负责解释。

7.6 预案实施时间

本预案自印发之日起实施。

参 考 文 献

[1] 水利部水旱灾害防御司. 防汛抢险技术手册 [M]. 北京：中国水利水电出版社，2021.
[2] 徐卫明. 防汛抢险典型案例实操手册 [M]. 北京：中国水利水电出版社，2020.
[3] 马晓忠. 堤防工程防汛抢险 [M]. 北京：中国水利水电出版社，2019.
[4] 郭雪莽. 水利工程概论 [M]. 郑州：黄河水利出版社，2018.
[5] 吴宏平，陶家俊，刘春晖. 水泵与水泵站 [M]. 郑州：黄河水利出版社，2016.
[6] GB 50286—2013 堤防设计规范 [S].
[7] SL 265—2016 水闸设计规范 [S].
[8] GB 50265—2010 泵站设计规范 [S].
[9] SL/T 436—2023 堤防隐患探测规程 [S].
[10] SL/T 595—2023 堤防工程养护修理规程 [S].
[11] 程永辉，陈航，熊勇. 2020 年鄱阳湖圩堤险情应急抢险技术回顾与思考 [J]. 人民长江，2020，(12) 64-70，81.
[12] 张利荣，严匡柠，张海英. 唱凯堤决口封堵抢险方案及关键技术措施 [J]. 施工技术，2014，43 (12)：26-28，83.
[13] 吴月. 小型堤防决口封堵中六棱四角钢架的应用研究 [D]. 扬州：扬州大学，2018.
[14] 熊启钧. 取水输水建筑物丛书 涵洞 [M]. 北京：中国水利水电出版社，2006.